上册

严寒干燥区
常态混凝土拱坝关键技术
研究与应用

石泉　夏世法　刘涛　董芸　秦明豪　等　著

中国电力出版社
CHINA ELECTRIC POWER PRESS

内 容 提 要

基于国家能源战略和西部大开发战略的需要，20 世纪 80 年代以来，我国水电建设事业迅猛发展，水电站大坝建设数量和规模不断扩大，拱坝因其良好的工程适应性和经济性，逐渐成为大型水库和水电站枢纽的主要坝型之一。虽然国内混凝土拱坝筑坝技术已达到较高水平，但在极端严酷条件下修建混凝土拱坝仍然面临诸多难题，受严寒地区年平均气温低、寒潮频繁、年温差大、施工过程停浇越冬等因素的影响，拱坝混凝土在施工期及运行期极易开裂。

《严寒干燥区常态混凝土拱坝关键技术研究与应用》共分上、下两册，依托布尔津山口混凝土拱坝成功建设案例，总结混凝土拱坝设计、施工关键技术和工程建设经验，主要内容包括：严寒地区拱坝体型优化设计研究、严寒地区拱坝混凝土性能研究、严寒地区拱坝温控防裂关键技术研究、大坝安全监测成果分析及评价、过鱼设施、严寒地区混凝土拱坝施工关键技术、三维真实感混凝土拱坝浇筑仿真系统开发与应用。

本书可供水利水电工程设计、施工、管理、材料分析等相关专业技术人员，尤其是从事严寒干燥地区混凝土设计、施工的专业技术人员阅读，并可供相关科研院所、高等院校等参考使用。

图书在版编目（CIP）数据

严寒干燥区常态混凝土拱坝关键技术研究与应用. 上册/石泉等著. —北京：中国电力出版社，2020.7

ISBN 978-7-5198-4797-5

Ⅰ. ①严…　Ⅱ. ①石…　Ⅲ. ①寒冷地区－拱坝－工程技术－试验－研究　Ⅳ. ①TV649-33

中国版本图书馆 CIP 数据核字（2020）第 119797 号

出版发行：中国电力出版社
地　　址：北京市东城区北京站西街 19 号（邮政编码 100005）
网　　址：http://www.cepp.sgcc.com.cn
责任编辑：安小丹（010-63412367）
责任校对：黄　蓓　常燕昆
装帧设计：赵姗姗
责任印制：吴　迪

印　　刷：三河市万龙印装有限公司
版　　次：2020 年 7 月第一版
印　　次：2020 年 7 月北京第一次印刷
开　　本：787 毫米×1092 毫米　16 开本
印　　张：17.75
字　　数：373 千字
印　　数：0001—1000 册
定　　价：128.00 元

前言

基于国家能源战略和西部大开发战略的需要，20 世纪 80 年代以来，我国水电建设事业迅猛发展，水电站大坝建设数量和规模不断扩大，拱坝因其良好的工程适应性和经济性，逐渐成为大型水库和水电站枢纽的主要坝型之一。据统计，已建成的 100m 以上的混凝土高坝中，拱坝和重力坝约各占一半；而坝高在 150m 以上的枢纽中，70%以上采用拱坝坝型。我国经过“七五”至“九五”科技攻关，在拱坝技术上取得了令世界瞩目的科研成果，混凝土拱坝数量增长迅速。截至 2019 年，我国已建成拱坝近千座，以锦屏一级、白鹤滩为代表的一批世界级的特高坝相继建成或开工，最大坝高已突破 300m 量级。

虽然国内混凝土拱坝筑坝技术已达到较高水平，但在极端严酷条件下修建混凝土拱坝仍然面临诸多难题，主要原因是拱坝为固接于基岩的高次超静定空间壳体结构，受严寒地区年平均气温低、寒潮频繁、年温差大、施工过程停浇越冬等因素的影响，拱坝结构在体型优化、混凝土配合比设计、封拱灌浆、温控防裂等方面具有独特的特点。从国内外已建类似工程来看，受上述因素的影响，拱坝混凝土在施工期及运行期极易开裂，给大坝带来不利影响，甚至严重影响坝体结构安全，被迫花费巨资进行维修加固。

布尔津山口混凝土拱坝是我国在纬度最高地区（北纬 48°）修建的一座混凝土拱坝，受准噶尔盆地古尔班通古特沙漠的影响，其坝址区气候特点是：空气干燥，夏季气温较高，冬季漫长且多严寒，气温日较差明显，年较差悬殊。坝址区年平均气温 5℃，极端年温差可达 80℃以上（极端最高气温达 39.4℃，极端最低气温达 −41.2℃）；多年平均降水量仅 153.4mm，多年平均蒸发量达 1619.5mm；多年平均风速 3.7m/s，极端最大风速 32.1m/s；最大冻土深 127cm。

为了解决布尔津山口混凝土拱坝的建设难题，在设计阶段就开展了严寒地区混凝土拱坝关键技术的研究，在拱坝结构、材料、温控等方面做了大量的科研工作；在大坝施工期间，结合现场实际情况和监测资料，通过跟踪分析、优化设计、指导施工，对设计阶段的科研成果做了完善并切实应用于大坝建设，有效保证了施工安全，加快了施工进度，确保大坝施工质量优良。布尔津山口拱坝于2015年蓄水并运行至今，施工期及运行期未出现危害性裂缝，最大渗漏量不超过2.29L/s，工程运行良好。另外，布尔津山口大坝建有国内第一台高坝升鱼机，较好地解决了建坝阻断鱼类洄游难题，本书对升鱼机的科研、设计及应用效果也有所阐述。

《严寒干燥区常态混凝土拱坝关键技术研究与应用》共分上、下两册，总结了布尔津山口混凝土拱坝一些关键技术成果和工程建设经验，主要内容包括：严寒地区拱坝体型优化设计研究、严寒地区拱坝混凝土性能研究、严寒地区拱坝温控防裂关键技术研究、大坝安全监测成果分析及评价、过鱼设施、严寒地区混凝土拱坝施工关键技术、三维真实感混凝土拱坝浇筑仿真系统开发与应用，期望对指导严寒地区混凝土拱坝建设具有一定的意义。上册包含第一至四章，其中：第一章由石泉、夏世法、刘涛、王建、胡军编写；第二章由李新江、董芸、夏世法、董武、王军、孔祥芝、李海涛、陈亮编写；第三章由石泉、秦明豪、夏世法、刘涛、周骞、蒲振旗、王庆勇、高永祥编写；第四章由石泉、韩世栋、潘琳、胡军、李晓兵、李耀东、代继宏、张华生编写。下册包含第五至七章，其中：第五章由徐元禄、全永威、伊元忠、贾辉、张元、杨澍、钟鲁江编写；第六章由丁照祥、郑昌莹、刘辉、冯士权、李伯昌、赵向波、陈立刚、张扬编写；第七章由李秀琳、陶勇、高鹏、李铭杰、罗泳、谢文江、孙粤琳编写。上册由石泉、夏世法统稿，下册由徐元禄、全永威统稿。

限于编者水平，文中可能存在许多不尽如人意之处，请各位同仁不吝批评指正。

编著者

2020年6月

目录

第一章

严寒地区拱坝体型优化设计研究

第一节 概　　述

拱坝是固接于基岩的空间壳体高次超静定结构，由拱系和梁系共同承担荷载，主要依靠两岸坝肩拱座的支撑来维持坝体稳定。20 世纪 50 年代，我国建成首批高混凝土拱坝，代表性工程是高 87.5m 的响洪甸拱坝。20 世纪 60 年代后，随着拱坝筑坝技术在国内快速发展，各地修建了数量众多的混凝土拱坝，坝体高度逐步突破 100m、200m 和 300m。为了解决高拱坝建设中的难题，我国“七五”“八五”“九五”连续三个五年计划都把高拱坝研究作为国家重点科技攻关课题。截至 2019 年，我国已建成拱坝近千座，坝体最高高度已超过 300m（锦屏一级），在技术上攻克了一系列难题，取得了令世界瞩目的科研成果。

从受力特点来看，拱坝属于高次超静定结构，荷载由拱系和梁系共同承担，超载和抗震能力强，但坝体受温度变化、基岩变形影响显著，对地形和基岩要求较高。

早期的拱坝优化设计中发现：坝体的应力分布极不均匀，仅在坝上部分拱端及部分梁底产生了较大应力，控制了坝的剖面尺寸，而绝大部分坝体应力都远小于材料的承受能力。拱坝体型优化设计是基于拱坝受力特性和超载能力较强的特点，通过优化调整拱坝各个参数，使其受力更趋合理，应力更加均匀化，安全度进一步提高。体型优化后的拱坝内部弯矩较小，有利于发挥材料强度，减小坝体厚度，有效减小拱坝体积。因此，拱坝体型优化设计对于提高坝体安全度、节省投资具有重要的意义。

1969年，R. Sharp提出了用数学规划方法对拱坝进行优化设计，从此拱坝优化作为一个专门课题，引起了学术界和工程界的注意。20世纪70～80年代，加拿大、英国、葡萄牙、意大利、罗马尼亚、法国等国外学者对拱坝体型优化进行了大量的研究，代表性成果如加拿大学者W. Setnshch提出的自由型拱坝设计模型，使拱坝的外形曲线扩大为圆曲线、抛物线和椭圆曲线；Gilbert、Hertley等提出使用样条函数描绘外形，用三维有限元进行拱坝的应力分析，使拱坝体型随应力分布要求进行局部调整等。国外学者在拱坝优化的约束条件方面主要考虑最小厚度、最大倒悬度、最大拉应力和最大压应力，应力分析方法采用有限元法和试载法，优化方法采用序列线性规划法。

我国从20世纪70年代末开始展开拱坝体型优化研究，虽然起步较晚，但发展迅速。自1976年起，朱伯芳等就开始了拱坝优化的研究，采用线性化方法及一维有限元应力分析方法，编制了双曲拱坝的计算机程序。1978年，张学勤等以最速下降法寻优，使用以“估算应力”为代表的冻结参数，以最速下降法、分两个层次的寻优方法，使得以有限元为主要计算手段的拱坝设计优化得以实现。朱伯芳、黎展眉等人所建立的一套拱坝优化设计方法，可基本选定拱坝的设计剖面，使拱坝优化达到了实用的阶段，应用于十几座工程的实践，平均节约工程量20%左右，后来又成功应用于特高拱坝的设计中，如250m高的拉西瓦拱坝和292m高的小湾拱坝等。我国的拱坝体型设计优化，除了国外考虑的约束条件外，还增加了抗滑稳定、施工应力、坝体最大底厚及坝轴线移动范围等因素，应力分析采用有限元法和试载法。经过多年的技术攻关和工程实践，我国在拱坝体型设计及应用上已经处于国际前列。

实际上，拱坝体型优化可以看作是在一定的几何约束和性态约束条件下，寻求整体效果最优的设计方案，几何约束和性态约束是相互联系、彼此制约的，为了解决这个问题，当前拱坝设计一般采用变厚度、非圆形的水平剖面，以改善坝体的应力和稳定。国际上已出现了三心圆、抛物线、对数螺线、椭圆和统一二次曲线等类型，其中，美国、葡萄牙、西班牙等国采用三心圆拱坝较多，日本、意大利等国采用抛物线拱坝较多，法国采用对数螺线拱坝较多，瑞士在1965年建成了坝高为220m的椭圆拱坝——康特拉（Contra）拱坝，洪都拉斯在1986年建成了坝高为228m的统一二次曲线拱坝——埃尔卡洪

（EL Cajon）拱坝，至今均运行良好。我国在 20 世纪 80 年代前，拱坝一般采用圆形拱，20 世纪 80 年代后期开始采用非圆形拱，如 1990 年建成了坝高为 157m 的东江拱坝（三心圆拱坝），1994 年建成坝高为 162m 的东风拱坝（抛物线拱坝），1996 年建成坝高为 155m 的李家峡拱坝（三心圆拱坝），1998 年建成坝高为 240m 的二滩拱坝（抛物线拱坝），2002 年 12 月，我国建成了坝高为 140m、采用优化方法设计的椭圆拱坝——江口拱坝，2010 年后又建成了 300m 级锦屏一级、溪洛渡等高拱坝，标志着我国的拱坝设计和建设已达到较高水平。

虽然当前我国拱坝体型优化设计技术已达到较高水平，但对于高纬度严寒地区修建的混凝土拱坝，因为当地年平均气温低，气温年变幅大，其极端年温差甚至达到 80℃以上，而拱坝是受三面基岩强约束的结构，温度荷载对拱坝应力和坝肩推力影响巨大。如山西恒山拱坝和内蒙古响水拱坝，温度荷载对拱坝内力的影响超过总荷载的 80%。所以，严寒地区的混凝土拱坝，其体型优化设计对防止坝体结构性裂缝和保证拱坝安全具有重要的意义，必须进行专门研究。

第二节　布尔津山口拱坝建基面选择

布尔津山口水利枢纽位于新疆维吾尔自治区阿勒泰市布尔津县布尔津河干流河段出山口以上 4km 的“V”形峡谷内，距布尔津县直线距离约 40km，距乌鲁木齐市 677km（西线）或 740km（东线）。布尔津山口水库总库容 2.21 亿 m^3，电站装机容量 220MW。工程等别为Ⅱ等工程，工程规模为大（2）型。拦河坝、泄水建筑物为 2 级建筑物；发电引水系统、厂房为 3 级建筑物，发电洞进水口按 2 级建筑物设计。

布尔津山口水利枢纽工程拦河坝为常态混凝土双曲拱坝，坝顶高程 649m，建基面高程 555m，最大坝高 94m。坝身布置表孔和深孔组合泄洪，深孔兼有放空检修电站进水口的功能，表孔坝段布置在河床段，共布置三孔，每孔净宽 10m，放水深孔布置在其右侧，一孔，净宽 6m，出口均采用挑流消能。

布尔津山口大坝地处高纬度地区，加之受准噶尔盆地古尔班通古特沙漠的影响，其特征是：气候干燥，春秋季短，冬季较长；夏季较凉爽，冬季多严寒，气温年较差悬殊，日较差明显。根据布尔津气象站多年气象资料统计：其多年平均气温为 5℃；极端最高气温为 39.4℃；极端最低气温为–41.2℃。

本工程河谷形状为“V”形河谷，两岸基岩裸露、山体雄厚，左岸较陡峭，右岸较缓，正常蓄水位 646m 时，河谷宽约 278m，天然河谷宽高比为 2.96，坝址区出露地基岩体主要为中泥盆统阿尔泰组（D_2a^{-2}）厚层－巨厚层状灰白色花岗片麻岩，微—新鲜岩体质量属 A_{II}类岩体，两岸为（D_2a^{-2}）厚层－巨厚层状灰白色花岗片麻岩和（D_2a^{-3}）薄层－中厚状灰黑色黑云母斜长片麻岩，微风化—新鲜岩体质量属 A_{II}、B_{III1}类，新鲜岩石致密坚硬，坝区坝基范围内断层不发育，无制约性的断层和节理，仅左岸发育一组断续延伸的缓倾角裂隙，倾向下游偏向岸里，走向山内，左右岸坝肩不存在影响坝肩抗滑稳定的边界条件，坝基岩体无影响整体稳定的贯穿性结构面。

两岸强风化水平深度：（D_2a^{-4}）灰白色花岗片麻岩 2～3m，（D_2a^{-3}）灰黑色黑云母斜长片麻岩 2～4m。弱风化水平深度：（D_2a^{-4}）花岗片麻岩 8～12m，（D_2a^{-3}）黑云母斜长片麻岩 10～19m。河床弱风化垂直深度：（D_2a^{-4}）花岗片麻岩 7～9m，（D_2^{a-3}）黑云母斜长片麻岩 10～12m。

D_2a^{-4}（花岗片麻岩）地层微—新鲜岩体承载力 5.0MPa，强度较高，抗变形性能较强，变形模量 12.9～15.9GPa，建议值 10GPa；D_2a^{-5}（黑云母斜长片麻岩）地层微～新鲜岩体承载力 4.0MPa，岩体变形模量 8.9～14.7GPa。

拱坝是一个超静定结构，对基础的要求较高。建基面的选择受到地形、地质、坝体结构、施工条件等多种因素制约。大坝建基面的选择，直接影响建筑物的安全、施工工期及工程投资。如过分强调拱坝建基面岩体的新鲜完整，使坝基深嵌深挖，将导致坝体工程量增加，水压荷载增大，加重坝肩抗滑稳定的负担，同时还可能带来坝肩高边坡开挖问题。因此，拱坝建基面的确定，既要保证建筑物的安全，又要使方案经济合理，在满足拱坝对建基面基本要求的前提下，尽可能减少坝肩开挖深度。

为使坝基岩体变形一致，稳定性好，在进行拱坝布置时，要求拱坝轴线以及各层拱圈建基面选择遵循以下原则：

（1）坝肩岩体稳定是拱坝安全的根本保证。坝肩岩体抗力稳定性要好，以满足整体稳定要求。

（2）坝基应具有足够的整体性和稳定性，同时应具有足够的强度和刚度，能承受拱坝传递来的各种荷载，保证坝基岩体有足够的抗滑稳定性，不致因基础屈服或变形过大而导致拱圈失去支撑或坝体产生超出容许强度的应力。同时，岩体应相对均匀，避免左右岸及相邻高程软硬相间的厚层岩体。

（3）拱坝建基面形态应和缓平顺，不能有突变，不能有台阶状，以免坝基产生不利的应力分布。

（4）侧重于重点部位。尽量使主河床坝段距坝基 1/3 坝高以上部位的各层拱圈均坐落在良好的灰白色花岗片麻岩上（能满足的拱圈越多越好，但前提是避免其他拱圈超挖）；距坝基 1/3 坝高以下部位因接近建基面，拱端基座比较雄厚，且拱端受力处没有临空面，故对这些位置的拱圈要求可相对低一点。

根据《混凝土拱坝设计规范》（SL 282）的要求，结合各工况坝体应力和坝肩稳定的计算成果，同时为使坝体基岩变形一致、稳定性好，确定左岸岸坡坝段、主河床坝段、右岸岸坡坝段坝基均坐落在均一的厚层—巨厚层灰白色花岗片麻岩（D_2^{a-4}）内，各高程设计拱圈拱端嵌深及坝基岩性见表 1-1。

表 1-1　各高程设计拱圈拱端嵌深及坝基岩性表

高程（m）	左岸嵌深（m）	左岸岸坡坝基岩性	右岸嵌深（m）	右岸岸坡坝基岩性
649	14.0	微新岩体内（D_2^{a-4}）灰白色花岗片麻岩	12.0	微新岩体内（D_2^{a-4}）灰白色花岗片麻岩
635	15.8	微新岩体内（D_2^{a-4}）灰白色花岗片麻岩	13.0	微新岩体内（D_2^{a-4}）灰白色花岗片麻岩
620	17.7	微新岩体内（D_2^{a-4}）灰白色花岗片麻岩	16.1	微新岩体内（D_2^{a-4}）灰白色花岗片麻岩
605	18.7	微新岩体内（D_2^{a-4}）灰白色花岗片麻岩	17.9	微新岩体内（D_2^{a-4}）灰白色花岗片麻岩
592	18.5	微新岩体内（D_2^{a-4}）灰白色花岗片麻岩	18.7	微新岩体内（D_2^{a-4}）灰白色花岗片麻岩
579	23.8	微新岩体内（D_2^{a-4}）灰白色花岗片麻岩	19.7	微新岩体内（D_2^{a-4}）灰白色花岗片麻岩

续表

高程（m）	左岸嵌深（m）	左岸岸坡坝基岩性	右岸嵌深（m）	右岸岸坡坝基岩性
567	23.3	微新岩体内（$D_2{}^{a-4}$）灰白色花岗片麻岩	14.8	微新岩体内（$D_2{}^{a-4}$）灰白色花岗片麻岩
555	12.0	微新岩体内（$D_2{}^{a-4}$）灰白色花岗片麻岩	7.0	微新岩体内（$D_2{}^{a-4}$）灰白色花岗片麻岩

第三节　布尔津山口拱坝体型优化研究

一、拱坝体型设计原则

拱坝体型设计主要考虑以下因素：

（1）结合本坝址地形地质条件，在满足坝体强度、应力要求的前提下，合理布置拱圈平面形状与位置，使拱圈适当扁平化，尽量使拱端推力指向山体内部，以改善坝肩稳定条件。

（2）拱坝坝身开孔，坝体厚度不宜太薄，应有足够的刚度，以保证大坝整体稳定，同时有利于泄水的布置。

（3）提高坝体对基础变形模量的适应能力。

（4）考虑施工，严格按要求控制坝体倒悬度，不设施工纵缝。

布尔津山口水利枢纽工程混凝土双曲拱坝体型优化采用专门的优化程序开展，应力分析采用五向调整的拱梁分载法，优化方法采用罚函数法。优化的目标函数是坝体体积，设计变量包括拱冠梁曲线、拱冠及拱端的厚度、曲率半径等，约束函数包括坝体应力、倒悬、中心角、施工应力、保凸等，程序运用非线性规划方法，搜索目标函数的极值点。

二、基本资料

坝体混凝土：容重 24.0kN/m^3；弹性模量 20.0GPa（考虑混凝土徐变影响，取瞬时弹性模量的 0.6～0.7 倍）；泊松比 0.167；线性温度膨胀系数 1.0×10^{-5}/℃；导温系数 3.24m^2/月。

坝基岩体物理力学参数：变形模量 10GPa；泊松比 0.22。

温度特征值：多年平均气温 5.0℃；温降变幅−21.4℃；温升变幅 17.5℃；

库表年平均水温 9.3℃；变温水层深度 70m；库底水温 6℃；日照对气温年变幅的影响 1℃；日照对年平均气温的影响 2℃；温度荷载计算时间为，初相位 6.5 月（7 月中旬），正常水位温升计算时间 7.5 月（8 月中旬），死水位温升计算时间 3.5 月（4 月中旬），温降计算时间 1.5 月（2 月中旬）。

坝体封拱温度：合理选择并优选对坝体应力有利的封拱温度。各层拱圈的封拱温度详见表 1-2。

表 1-2　　坝体封拱温度统计表

高程（m）	649	635	620	605	592	579	567	555
封拱温度（℃）	6.5	6.5	6.5	6.5	6.5	6.0	6.0	6.0

拱坝应力分析荷载组合由基本荷载组合和特殊荷载组合组成。拱坝应力计算以拱梁分载法为主，本工程拱坝应力分析采用拟静力拱梁分载法（全调整）计算。进行了各种工况的应力计算分析，拱坝分为 7 拱 15 梁，按多拱梁分载考虑径、切、扭、弯、竖向全调整法进行分析计算。拱圈高程分别为：649、635、620、605、592、579、567、555m。

根据《混凝土拱坝设计规范》（SL 282）及《水工建筑物抗震设计规范》（SL 203）有关规定，参照国内拱坝设计和建设经验，结合本工程特点，提出相应于拱梁分载法计算的应力控制标准，详见表 1-3。

表 1-3　　坝体应力控制标准

荷载组合			主拉应力（MPa）	主压应力（MPa）	备注
基本组合	（1）	正常蓄水位+温降	$\sigma \leqslant 1.20$	$\sigma \leqslant 6.25$	混凝土抗压安全系数 4.0
	（2）	正常蓄水位+温升	$\sigma \leqslant 1.20$	$\sigma \leqslant 6.25$	
	（3）	死水位+温升	$\sigma \leqslant 1.20$	$\sigma \leqslant 6.25$	
特殊组合	（1）	校核洪水位+温升	$\sigma \leqslant 1.50$	$\sigma \leqslant 7.14$	混凝土抗压安全系数 3.5
	（2）	基本组合（1）+地震荷载	$\sigma \leqslant 3.26$	$\sigma \leqslant 17.57$	《水工建筑物抗震设计规范》（SL 203）
	（3）	基本组合（2）+地震荷载	$\sigma \leqslant 3.26$	$\sigma \leqslant 17.57$	
	（4）	基本组合（3）+地震荷载	$\sigma \leqslant 3.26$	$\sigma \leqslant 17.57$	
施工期按单独坝段进行验算容许拉应力			$\sigma \leqslant 3.50$		

三、拱坝体型选择

根据国内拱坝设计最新动态，结合本工程坝址地形地质条件，比较拟定单心圆双曲拱、椭圆曲线双曲拱、抛物线曲线双曲拱三种拱型，通过体型设计、应力分析、坝体混凝土、坝基开挖等特征值比较后推出最优曲线拱坝体型。

根据河谷形态、坝址地形、地质条件、国内外相近工程实例和有关经验公式初步拟定拱坝的拱冠体型。布置设计中，尽量使拱坝轴线与基岩面等高线在拱端处的夹角不小于30°，并使两端夹角大致相近，拱冠梁的上游面倒悬度一般不超过0.3:1，同时各层拱圈圆心在竖直面上圆心线联线应能形成光滑曲线，然后采用拱梁分载法对拱坝应力进行分析，并根据坝体应力状况对初拟体型进行优化和调整，经过优化后得到三个拱坝坝体体型及参数，详见表1-4。

表1-4　　拱坝比较体型几何参数特征值

特征值	拱坝体型		
	单心圆双曲拱	抛物线双曲拱	椭圆双曲拱
最大坝高（m）	94	94	94
顶拱轴线弧长（m）	318	319.646	309.824
坝顶厚度（m）	10	10	10
坝底厚度（m）	31	27	27.28
厚高比	0.333	0.287	0.290
弧高比	3.383	3.40	3.296
最大中心角（°）	95.806（592m高程）	96.964（649m高程）	97.507（649m高程）
上游坝面倒悬度	0.3	0.088	0.266
下游坝面倒悬度	0.3	0.158	0.291
坝体混凝土方量（万m^3）	31.439	28.441	27.602

三种线型的体型均满足设计要求，但单心圆拱坝的坝体混凝土体积比抛物线和椭圆方案要大10%以上，因此，可将单心圆方案排除在外。抛物线和椭圆方案比较，坝体体积差别不大，且抛物线拱坝线型较为简单；在同样的

应力约束条件下（不考虑保温）进行优化。一般来说，椭圆拱坝坝体体积最小，抛物线拱坝坝体体积居中，双心圆拱坝坝体体积最大。各工况下，坝体上、下游坝面主拉应力、主压应力值均在规范规定值以内，坝体径向、切向变位也较小。

体型设计结果表明，在各种荷载组合作用下（见表 1-3），三种体型的坝体应力分布规律一致，坝面主应力控制值出现的部位基本相同，主应力值的量级相当，均能满足设计要求。但由于三种拱坝体型的受力特点有所差异，反应出的应力状态也略有差异；从拱坝受力特点分析，最大压应力一般发生在上游拱冠，为改善应力，应加大拱冠处曲率，在两岸拱座处拱圈曲率会影响拱推力的方向，曲率越小对坝肩稳定越有利，因此宜减小拱圈曲率，为同时使上述坝体应力和坝肩稳定两个条件均满足设计要求，需要采用变曲率拱圈线型。单心圆拱难以协调这对矛盾，为同时满足这两个要求，设计出的拱坝体积往往是偏大的，经济上不合理；抛物线拱和椭圆拱由于其变曲率的特点，均能较好地兼顾坝体应力和坝肩稳定这两方面的要求，抛物线拱和椭圆拱在应力分布、混凝土方量上差别不大，但抛物线双曲拱坝的坝体结构受力特点略优于椭圆双曲拱坝，故抛物线拱适应本工程地质地形条件的能力更强些，且抛物线拱线型较为简单，工程量合理，施工方便，推荐采用抛物线曲线双曲拱坝。

抛物线拱坝在地震+温降工况下的上游面主应力等值线图如图 1-1 所示。

四、考虑永久保温后抛物线拱坝体型优化

布尔津山口拱坝坝址处，太阳辐射量小，气候干燥，夏季较凉爽，冬季多严寒，布尔津河冰情一般发生在 11 月上旬～次年 4 月中旬，并且冰盖较厚。坝址处多年平均气温为 5℃；极端最高气温 39.4℃；极端最低气温–41.2℃，温度荷载对拱坝内力和应力的影响是非常大的，对拱坝最大拉应力的影响会超过水荷载。从拱坝设计理论与工程实践而言，在坝体上、下游面增设永久保温以消减温度荷载的影响是行之有效的工程措施。因此，首先应计算设有永久保温层拱坝的温度荷载。

（一）设有永久保温层拱坝温度荷载的计算方法

在编制我国第一本拱坝设计规范时，朱伯芳院士系统研究了拱坝温度荷

载的计算方法。经过理论上的分析，特别是对拱坝设计经验和实际工程运行经验进行全面分析研究后，朱伯芳院士提出了目前我国拱坝设计规范中通用的温度荷载计算公式。在此基础上，朱伯芳院士又提出了寒冷地区有保温层拱坝的温度荷载计算方法，同时和厉易生教授合作，对产生严重贯穿性裂缝的内蒙古响水拱坝进行研究，于世界上首次在拱坝表面采用永久保温层。

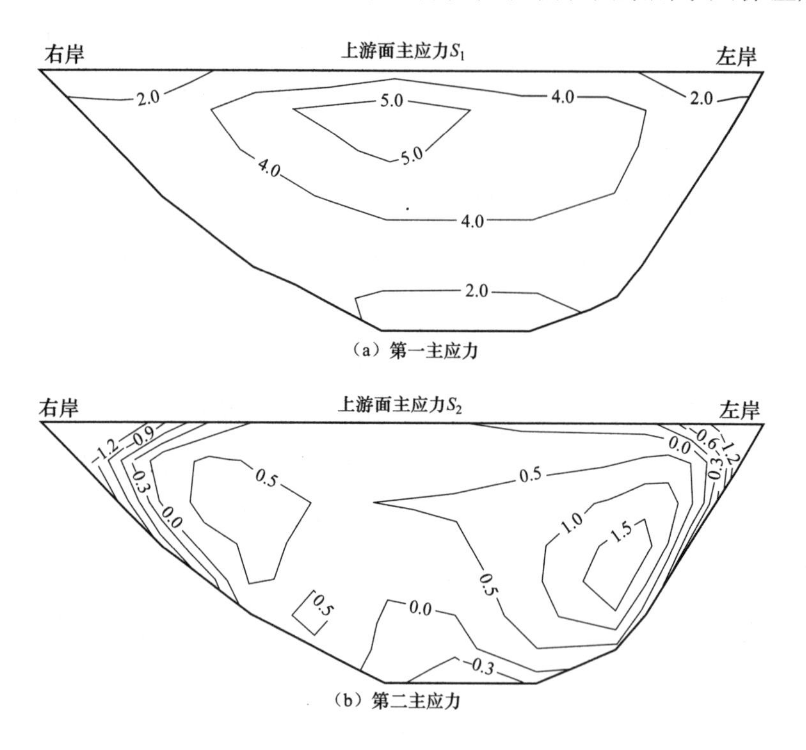

图 1-1 抛物线拱坝在地震+温降工况下，上游面主应力等值线图（单位：MPa）

拱坝坝内温度沿厚度方向是变化的，如图 1-2 所示，实际温度可分解为平均温度 T_m、等效线性温差 T_d 和非线性温差 T_n 三部分，分别计算如下（坐标 x 的原点放在坝体中面上）：

$$\left.\begin{aligned} T_m &= \frac{1}{L}\int_{-L/2}^{L/2} T\mathrm{d}x \\ T_d &= \frac{12}{L^2}\int_{-L/2}^{L/2} xT\mathrm{d}x \\ T_n &= T_m + \frac{T_d}{L}x - T \end{aligned}\right\} \tag{1-1}$$

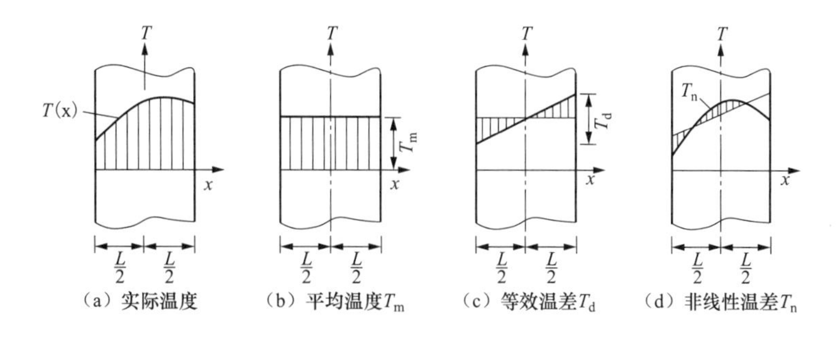

图 1-2　坝内温度场的分解：(a) = (b) + (c) + (d)

我国拱坝设计规范规定，计算拱坝温度荷载时，只考虑平均温度T_m和等效线性温差T_d，而忽略非线性温差T_n，以利于温度荷载计算方法与拱坝允许拉应力的配套；并且，拱坝有三个重要的特征温度场，即封拱温度场$T_0(x)$、运行期年平均温度场$T_1(x)$和运行期变化温度场$T_2(x)$，据此由式（1-2）计算拱坝温度荷载：

$$\left.\begin{aligned} T_m &= T_{m1} + T_{m2} - T_{m0} \\ T_d &= T_{d1} + T_{d2} - T_{d0} \end{aligned}\right\} \tag{1-2}$$

式中　T_m、T_d——拱坝的平均温度和等效线性温差；

T_{m0}、T_{d0}——封拱温度场的平均温度和等效温差；

T_{m1}、T_{d1}——运行期年平均温度场沿厚度的平均温度和等效温差；

T_{m2}、T_{d2}——运行期变化温度场沿厚度的平均温度和等效温差。

封拱温度场平均温度T_{m0}和等效线性温差T_{d0}，是利用冷却水管由人工控制的，以下给出T_{m1}、T_{d1}和T_{m2}、T_{d2}的计算方法。

拱坝运行期温度场边界条件如图 1-3 所示，下游保温层的表面与空气接触，考虑日照影响后，温度可表示为：

$$T_D = T_{Dm} + A_D \cos\omega(\tau - \tau_0) \tag{1-3}$$

式中　T_{Dm}——年平均温度；

A_D——温度年变幅；

ω——圆频率，$\omega = 2\pi / P$；

P——温度变化周期，P=12 月；

τ_0——温度最高时间，通常 7 月中旬温度最高，可取$\tau_0 = 6.5$月。

拱坝运行期温度场边上游保温层的外表面，水上部分与空气接触，可参照式（1-3）计算（日照影响不同）；水下部分与库水接触，温度可表示为：

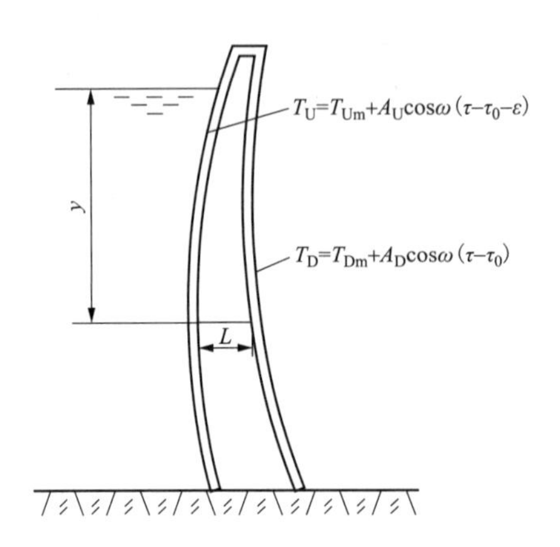

图 1-3 拱坝运行期温度场边界条件

$$T_U = T_{Um}(y) + A_U(y)\cos\omega(\tau - \tau_0 - \varepsilon) \tag{1-4}$$

式中 $T_{Um}(y)$ ——年平均水温；

$A_U(y)$ ——水温年变幅；

ε ——水温与气温的相位差；

y ——水深，m。

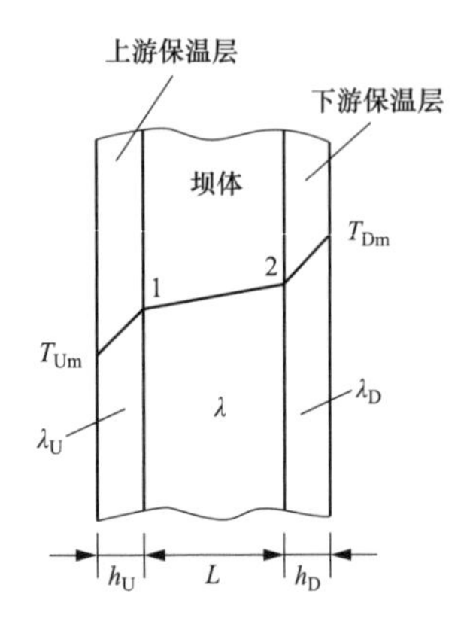

图 1-4 拱坝运行期年平均温度场

水下面切取水深为 y、坝体厚度为 L 的断面进行分析。

1．年平均温度场 T_{m1} 和 T_{d1} 的计算

T_{m1} 和 T_{d1} 分别为运行期年平均温度场沿坝体厚度的平均温度和等效线性温差。如图 1-4 所示：设坝体厚度为 L，导热系数为 λ；上游保温层厚度为 h_U，导热系数为 λ_U；下游保温层厚度为 h_D，导热系数为 λ_D。

按三层平板分析年平均温度场的分布。上游面年平均温度 T_{Um} 和下游面年平均温度 T_{Dm} 均为定值（不随时间而变化），三层平板内任一点的年平均温度均不随时间而变化，有：

$$\frac{\partial T}{\partial \tau} = a\frac{\partial^2 T}{\partial x^2} = 0 \tag{1-5}$$

因此，在三层板的每一层内，温度都是 x 的线性函数。但在两个接触面

上，需满足如下热流平衡条件：

在接触面 1（上游接触面）：

$$\lambda_{\mathrm{U}} \cdot \frac{T_1 - T_{\mathrm{Um}}}{h_{\mathrm{U}}} = \lambda \cdot \frac{T_2 - T_1}{L} \tag{1-6}$$

在接触面 2（下游接触面）：

$$\lambda \cdot \frac{T_2 - T_1}{L} = \lambda_{\mathrm{D}} \cdot \frac{T_{\mathrm{Dm}} - T_2}{h_{\mathrm{D}}} \tag{1-7}$$

由式（1-6）、式（1-7）二式求得：

$$T_1 = \frac{(1+\rho_1\rho_2)T_{\mathrm{Um}}}{1+\rho_1+\rho_1\rho_2} + \frac{\rho_1 T_{\mathrm{Dm}}}{1+\rho_1+\rho_1\rho_2} \tag{1-8}$$

$$T_2 = \frac{T_{\mathrm{Um}}}{1+\rho_1+\rho_1\rho_2} + \frac{(\rho_1+\rho_1\rho_2)T_{\mathrm{Dm}}}{1+\rho_1+\rho_1\rho_2} \tag{1-9}$$

式中：

$$\rho_1 = \frac{\lambda_{\mathrm{D}} h_{\mathrm{U}}}{\lambda_{\mathrm{U}} h_{\mathrm{D}}}，\rho_2 = \frac{\lambda_{\mathrm{U}} L}{\lambda h_{\mathrm{U}}} \tag{1-10}$$

坝体上游面温度为 T_1，下游面温度为 T_2，中间线性变化，故：

$$T_{\mathrm{m1}} = \frac{T_1 + T_2}{2}，T_{\mathrm{d1}} = T_2 - T_1 \tag{1-11}$$

2. 变化温度场 T_{m2} 和 T_{d2} 的计算

由于表面保温层的热容量很小，厚度又薄，在计算变化温度场时，可忽略其热容量，以等效放热系数 β 考虑保温层的作用，计算如下：

$$\beta = \left(\frac{1}{\beta_0} + \frac{h}{\lambda_1}\right)^{-1} \tag{1-12}$$

式中 β ——等效放热系数；

β_0 ——保温板与周围介质（空气或水）之间的表面放热系数；

h ——保温层厚度；

λ_1 ——保温层导热系数。

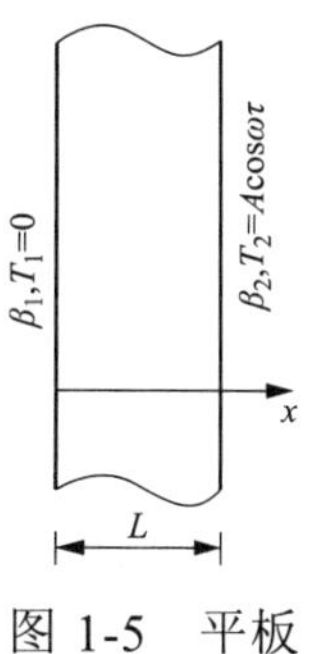

图 1-5 平板

首先考虑图 1-5 所示平板，热传导方程为：

$$\frac{\partial T}{\partial \tau} = a\frac{\partial^2 T}{\partial x^2} \tag{1-13}$$

边界条件为：

当 x=0， $$\lambda\frac{\partial T}{\partial x}=\beta_1(T-0) \tag{1-14}$$

当 x=L，$-\lambda\frac{\partial T}{\partial x}=\beta_2(T-A\cos\omega\tau)$，通过复变函数法求出：

$$T(x,\tau)=A[g_1(qx)\cos\omega\tau+g_2(qx)\sin\omega\tau] \tag{1-15}$$

$$T_{\mathrm{m}}=\frac{1}{L}\int_0^L T\mathrm{d}x=\frac{A}{L}(g_3\cos\omega\tau+g_4\sin\omega\tau) \tag{1-16}$$

$$S_0=\int_0^L Tx\mathrm{d}x=A(g_5\cos\omega\tau+g_6\sin\omega\tau) \tag{1-17}$$

$$T_{\mathrm{d}}=\frac{12}{L^2}\left(S_0-\frac{L^2}{2}T_{\mathrm{m}}\right)=\frac{12A}{L^2}\left[\left(g_5-\frac{L}{2}g_3\right)\cos\omega\tau+\left(g_6-\frac{L}{2}g_4\right)\sin\omega\tau\right] \tag{1-18}$$

式中：

$$\left.\begin{aligned}
&g_1=(a_1b_1+a_2b_2)/(a_1^2+a_2^2)\\
&g_2=(a_2b_1-a_1b_2)/(a_1^2+a_2^2)\\
&g_3=(a_1a_3+a_2a_4)/(a_1^2+a_2^2)\\
&g_4=(a_2a_3-a_1a_4)/(a_1^2+a_2^2)\\
&g_5=(a_1a_6-a_2a_5)/[2q^2(a_1^2+a_2^2)]\\
&g_6=(a_1a_5+a_2a_6)/[2q^2(a_1^2+a_2^2)]\\
&a_1=d_1-d_2s_4+s_3(d_3-d_4)\text{ , }a_2=d_1s_4+d_2+s_3(d_3+d_4)\\
&a_3=\frac{1}{2q}(2s_1d_1+d_3+d_4-1)\text{ , }a_4=\frac{1}{2q}(2s_1d_2-d_3+d_4+1)\\
&a_5=s_1(-2\eta d_2-d_3+d_4+1)+\eta(d_3-d_4)-d_1\\
&a_6=s_1(2\eta d_1-d_3-d_4+1)+\eta(d_3+d_4)-d_2\\
&b_1(\zeta)=s_1(f_1-f_2)+f_3\text{ , }b_2(\zeta)=s_1(f_1+f_2)+f_4\\
&f_1(\zeta)=\mathrm{ch}\zeta\cos\zeta\text{ , }f_2(\zeta)=\mathrm{sh}\zeta\sin\zeta\\
&f_3(\zeta)=\mathrm{sh}\zeta\cos\zeta\text{ , }f_4(\zeta)=\mathrm{ch}\zeta\sin\zeta\\
&d_1=\mathrm{sh}\eta\cos\eta\text{ , }d_2=\mathrm{ch}\eta\sin\eta\text{ , }d_3=\mathrm{ch}\eta\cos\eta\text{ , }d_4=\mathrm{sh}\eta\sin\eta\\
&s_1=\lambda q/\beta_1\text{ , }s_2=\lambda q/\beta_2\text{ , }s_3=s_1+s_2\text{ , }s_4=2s_1s_2\\
&q=\sqrt{\pi/aP}\text{ , }\zeta=qx\text{ , }\eta=qL
\end{aligned}\right\} \tag{1-19}$$

再考虑图 1-6 所示拱坝的一个剖面：

上游面温度为 $T=A_{\mathrm{U}}\cos\omega(\tau-\tau_0-\varepsilon)$；表面放热系数为 β_{U}；下游面温度为 $T=A_{\mathrm{D}}\cos\omega(\tau-\tau_0)$；表面放热系数为 β_{D}。

利用式（1-16）、式（1-18），可知：

$$T_{m2} = k_{mD} A_D \cos\omega(\tau - \tau_0 - \theta_{mD}) + k_{mU} A_U \cos\omega(\tau - \tau_0 - \varepsilon - \theta_{mU}) \quad (1\text{-}20)$$

$$T_{d2} = k_{dD} A_D \cos\omega(\tau - \tau_0 - \theta_{dD}) - k_{dU} A_U \cos\omega(\tau - \tau_0 - \varepsilon - \theta_{dU}) \quad (1\text{-}21)$$

式中：

$$k_{mD} = k_{mU} = \frac{1}{L}\sqrt{g_3^2 + g_4^2} \quad (1\text{-}22)$$

$$\theta_{mD} = \theta_{mU} = \frac{1}{\omega}\tan^{-1}\left(\frac{g_4}{g_3}\right) \quad (1\text{-}23)$$

$$k_{dD} = k_{dU} = \frac{12}{L^2}\sqrt{(g_5 - g_3 L/2)^2 + (g_6 - g_4 L/2)^2} \quad (1\text{-}24)$$

$$\theta_{dD} = \theta_{dU} = \frac{1}{\omega}\tan^{-1}\left(\frac{g_6 - g_4 L/2}{g_5 - g_3 L/2}\right) \quad (1\text{-}25)$$

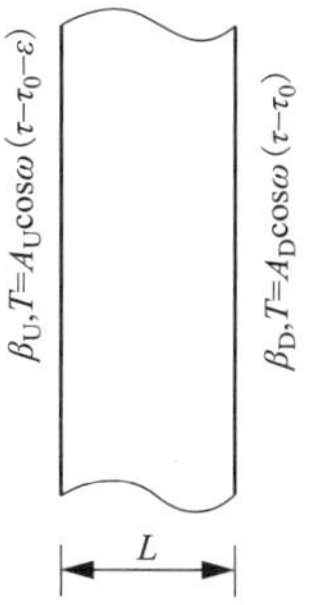

图 1-6　拱坝的一个剖面

（二）布尔津山口拱坝设计采用的温度荷载

布尔津山口拱坝设计在上、下游面，外贴 10cm 厚的永久保温层，运用上述介绍的计算方法，求出不考虑永久保温和考虑 5cm、10cm 喷涂聚氨酯保温层的温度荷载如表 1-5～表 1-7 所示。

表 1-5　　未保温时拱坝的温度荷载

高程（m）		649.0	635.0	620.0	605.0	592.0	579.0	567.0	555.0
温降（℃）	T_m	−11.64	−5.27	−4.22	−3.49	−3.09	−2.36	−0.22	−0.36
	T_d	0.00	−14.59	−16.25	−16.57	−15.53	−13.40	−1.92	−0.76
温升（℃）	T_m	10.52	8.63	6.26	4.44	3.22	2.76	1.44	1.00
	T_d	0.00	4.45	9.06	12.04	13.15	13.03	7.46	7.48

表 1-6　　考虑 5cm 永久保温层时拱坝的温度荷载

高程（m）		649.0	635.0	620.0	605.0	592.0	579.0	567.0	555.0
温降（℃）	T_m	−3.22	0.26	0.14	−0.15	−0.45	−0.25	0.42	0.14
	T_d	0.00	−2.65	−2.14	−1.42	−0.66	0.12	1.54	2.18
温升（℃）	T_m	3.57	3.79	2.53	1.62	1.02	1.02	0.81	0.50
	T_d	0.00	−1.12	−0.15	0.58	1.05	1.46	2.57	2.95

表 1-7　　考虑 10cm 永久保温层时时拱坝的温度荷载

高程（m）		649.0	635.0	620.0	605.0	592.0	579.0	567.0	555.0
温降（℃）	T_m	−1.49	1.19	0.79	0.33	−0.06	0.09	0.52	0.23
	T_d	0.00	−1.87	−1.50	−0.96	−0.40	0.20	1.31	1.84

续表

高程（m）		649.0	635.0	620.0	605.0	592.0	579.0	567.0	555.0
温升（℃）	T_m	2.15	2.99	1.98	1.22	0.69	0.74	0.71	0.41
	T_d	0.00	−0.77	−0.14	0.34	0.69	1.03	1.94	2.30

从表中可看出，考虑永久保温后，温度荷载会大幅度地削减。在设计布尔津山口拱坝时，考虑到永久保温的耐久性及永久保温施工时可能出现的隐患，有限度地考虑永久保温的作用。为保证拱坝长期运行时有较大安全度，将设有 0.5cm 厚永久保温层时的温度荷载（见表 1-8）作为拱坝设计时的荷载。

表 1-8　　考虑 0.5cm 厚永久保温时拱坝温度荷载

高程（m）		649.0	635.0	620.0	605.0	592.0	579.0	567.0	555.0
温降（℃）	T_m	−9.80	−3.94	−3.56	−3.23	−2.86	−1.96	0.66	0.31
	T_d	0.00	−12.96	−13.90	−13.80	−12.98	−11.44	−1.67	−0.26
温升（℃）	T_m	9.00	6.50	4.63	3.53	2.82	2.76	2.86	1.69
	T_d	0.00	5.13	9.31	11.09	11.36	10.68	6.36	5.76

（三）考虑永久保温后的抛物线拱坝体型优化

考虑永久保温后抛物线坝体优化得到坝轴线及拱冠梁体型参数见表 1-9。

表 1-9　　坝轴线及拱冠梁体型参数

项目	参数
坝顶高程（m）	649.0
建基面高程（m）	555.0
坝高 H（m）	94.0
坝顶弧长（m）	319.646
坝顶河谷宽度 L_1（m）	278
宽高比=2.0～3.0 的稍宽河谷，修建中厚拱坝	2.96
0.15H 河谷宽度 L_2（m）	96.8
平均河谷宽度 L_P（m）	192.15
0.45H 河谷宽度 $L_{0.45}$（m）	164

续表

项目		参数
坝顶拱圈线型	半中心角 φ=90°/2～120°/2（rad）	左半中心角 47.516°
		右半中心角 49.448°
	左岸拱圈中心线曲率半径 r=（0.6～0.8）L_1（m）	101.673
	右岸拱圈中心线曲率半径 r=（0.6～0.8）L_1（m）	129.564
	弧长（m）	319.646
	弧高比（m）	3.401
断面控制厚度	顶厚 T_c（m）	10
	底厚 T_B（m）	27
	$T_{H0.45}$（m）	14.537
坝基外挺值	e_b（m）	14.246
厚高比		0.287
坝型		中厚拱坝

拱坝体型水平拱圈中心线采用抛物线线型，拱坝水平体型抛物线线型拱曲线通用方程如下：

中心线曲线方程：$$Y_C = Y_C' - \frac{X_C^2}{2R} \tag{1-26}$$

上游面曲线方程：$$Y_{UP} = Y_C + \cos\theta \times \frac{T}{2}，\quad X_{UP} = X_C + \sin\theta \times \frac{T}{2} \tag{1-27}$$

下游面曲线方程：$$Y_{DN} = Y_C - \cos\theta \times \frac{T}{2}，\quad X_{DN} = X_C - \sin\theta \times \frac{T}{2} \tag{1-28}$$

左岸拱圈厚度沿弧长变化方程：$$T = T_C + (T_L - T_C) \times \left(\frac{S}{S_L}\right)^2 \tag{1-29}$$

右岸拱圈厚度沿弧长变化方程：$$T = T_C + (T_R - T_C) \times \left(\frac{S}{S_R}\right)^2 \tag{1-30}$$

拱圈中心线弧长方程：$$S = \frac{X_C}{2} \times \sqrt{1 + \left(\frac{X_C}{R}\right)^2} + \frac{R}{2} \times \ln\left(\frac{X_C}{R} \times \sqrt{1 + \left(\frac{X_C}{R}\right)^2}\right) \tag{1-31}$$

式中 T_C ——拱冠厚，m；

T_L ——左岸拱端厚，m；

T_R ——右岸拱端厚，m；

R_{CL} ——拱冠处左岸拱圈中心线曲率半径，m；

R_{CR} ——拱冠处右岸拱圈中心线曲率半径，m；

θ_L ——拱圈中心线左岸拱端半中心角，(°)；

θ_R ——拱圈中心线右岸拱端半中心角，(°)。

拱冠体型如图 1-7 所示，混凝土拱圈体型参数如表 1-10 所示。

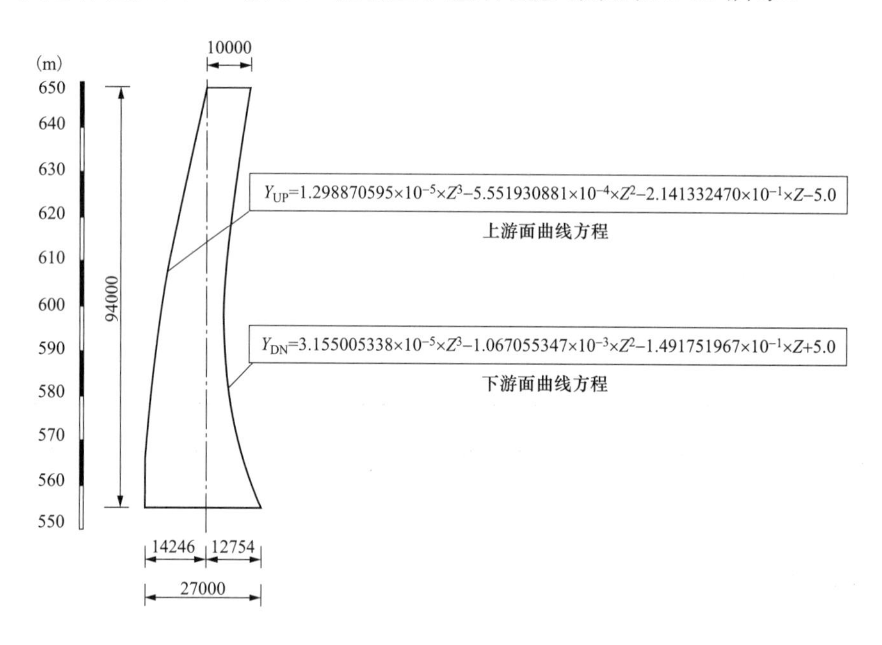

图 1-7 优化后拱冠体型图

表 1-10 混凝土拱圈体型参数表

高程（m）	拱冠厚 T_C（m）	拱端厚度（m）		拱圈中心线曲率半径（m）		拱端中心角（°）	
		左拱 T_L	右拱 T_R	左拱 R_{CL}	右拱 R_{CR}	左拱 θ_L	右拱 θ_R
649.0	10.000	10.004	10.004	101.673	129.564	47.516	49.448
635.0	10.860	11.833	12.028	91.520	120.202	48.095	48.846
620.0	11.906	13.783	13.817	80.902	111.126	48.601	47.505
605.0	13.448	15.921	15.618	71.305	101.857	48.231	45.785
592.0	15.447	18.083	17.507	64.412	92.717	47.518	43.130
579.0	18.405	20.669	19.983	59.373	81.726	45.707	39.666
567.0	22.119	23.546	23.022	56.801	69.241	41.430	31.529
555.0	27.000	27.000	27.000	56.635	53.874	23.005	15.458

（四）考虑永久保温坝体优化后的位移、应力及拱端力

采用拱梁分载法计算的坝体位移、应力及拱端力如下：

1. 最大径向位移

抛物线拱坝不同工况下不同高程的最大径向位移如表 1-11 所示。考虑保温后抛物线拱坝在正常+温降工况下，径向位移图如图 1-8 所示。

优化后坝体最大位移为 3.636cm，发生在 649m 高程，正常+温降工况。

表 1-11　抛物线拱坝不同工况下不同高程的最大径向位移

高程（m）	正常+温降位移（cm）	正常+温升位移（cm）	死水位+温升位移（cm）	校核+温升位移（cm）
649.0	3.636	0.832	–1.351	0.965
635.0	3.112	1.214	–0.890	1.334
620.0	2.706	1.530	–0.375	1.629
605.0	2.360	1.617	0.128	1.689
592.0	1.951	1.482	0.385	1.534
579.0	1.489	1.220	0.469	1.255
567.0	1.048	0.883	0.420	0.905
555.0	0.636	0.525	0.287	0.537

注　位移向下游方向为正。

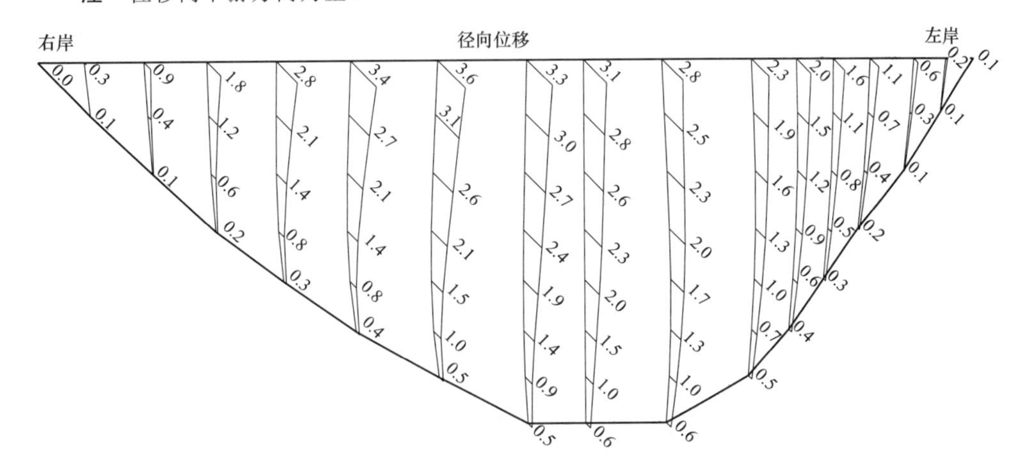

图 1-8　考虑保温后抛物线拱坝在正常+温降工况下，径向位移图（单位：cm）

2. 最大主应力

表 1-12 为各工况下坝体上、下游面最大拉应力和最大压应力，可以看出，

七种工况的最大主应力都不超过允许应力，全面满足设计要求。在荷载基本组合下，最大拉应力 1.20MPa，发生在正常+温降工况的上游面和下游面，最大压应力为 4.26MPa，发生在正常+温降工况的上游面；在荷载特殊组合下，不考虑地震时，最大拉应力 0.59MPa，发生在上游面，最大压应力 3.84MPa，发生在下游面；考虑地震时，最大拉应力 2.96MPa，发生在地震+死水位+温升工况的上游面，最大压应力为 5.40MPa，发生在地震+正常+温降工况的上游面。

表 1-12　　抛物线拱坝不同工况下上、下游面最大主应力

计算荷载组合			上游面		下游面	
			拉应力	压应力	拉应力	压应力
基本组合	正常+温降	应力值（MPa）	−1.20	4.26	−1.20	3.75
		位置（高程，m）	649.0RT	635.0RT	579.0LF	555.0RT
	正常+温升	应力值（MPa）	−0.57	2.45	−0.10	3.76
		位置（高程，m）	592.0RT	649.0RT	635.0LF	555.0RT
基本组合	死水位+温升	应力值（MPa）	−0.51	2.09	−0.56	2.47
		位置（高程，m）	592.0RT	649.0LF	620.0LF	592.0CR
特殊组合	校核+温升	应力值（MPa）	−0.59	2.60	−0.11，s	3.84
		位置（高程，m）	592.0RT	649.0RT	635.0LF	567.0RT
	地震+正常+温降	应力值（MPa）	−1.66	5.40	−2.09	4.41
		位置（高程，m）	649.0RT	635.0RT	605.0RT	567.0RT
	地震+正常+温升	应力值（MPa）	−1.18	3.73	−0.56	4.45
		位置（高程，m）	592.0RT	649.0RT	635.0RT	567.0RT
	地震+死水位+温升	应力值（MPa）	−2.96	3.49	−2.63	4.18
		位置（高程，m）	649.0CR	620.0RT	620.0RT	605.0RT

注　1．压应力为正，拉应力为负。

2．RT—右岸；LF—左岸；CR—拱冠。

考虑保温后抛物线拱坝主应力等值线图如图 1-9 图～1-11 所示。

3．拱端推力和剪力

拱端轴向推力和剪力正负规定：拱端岩体所受的轴向力指向拱端岩体内

为正，指向拱端岩体外为负；所受的剪力指向下游侧为正，指向上游侧为负；所受的竖向力铅直向下为正，铅直向上为负。

不同高程拱端处单位高度范围内轴向力、剪力、竖向力分别如表 1-13～表 1-15 所示。

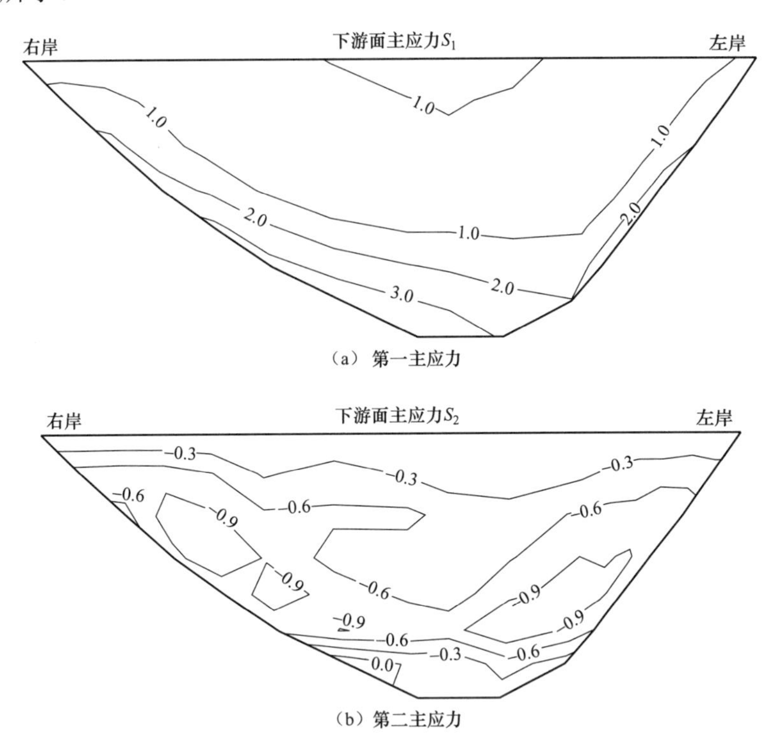

（a）第一主应力

（b）第二主应力

图 1-9　考虑保温后抛物线拱坝在正常+温降工况下，下游面主应力等值线图（单位：MPa）

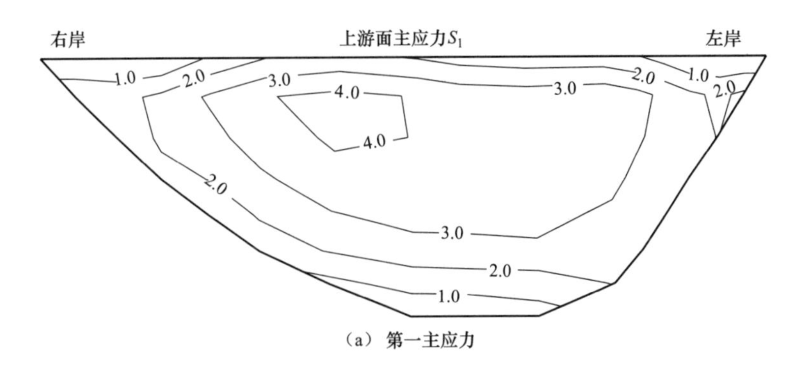

（a）第一主应力

图 1-10　考虑保温后抛物线拱坝在正常+温降工况下，上游面主应力等值线图（单位：MPa）（一）

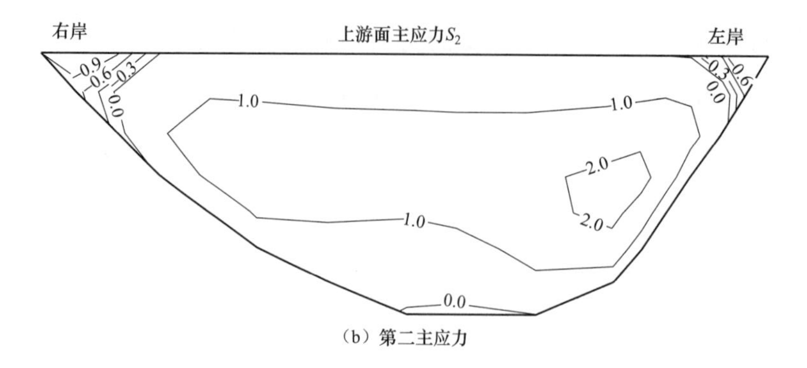

（b）第二主应力

图 1-10　考虑保温后抛物线拱坝在正常+温降工况下，上游面主应力等值线图（单位：MPa）（二）

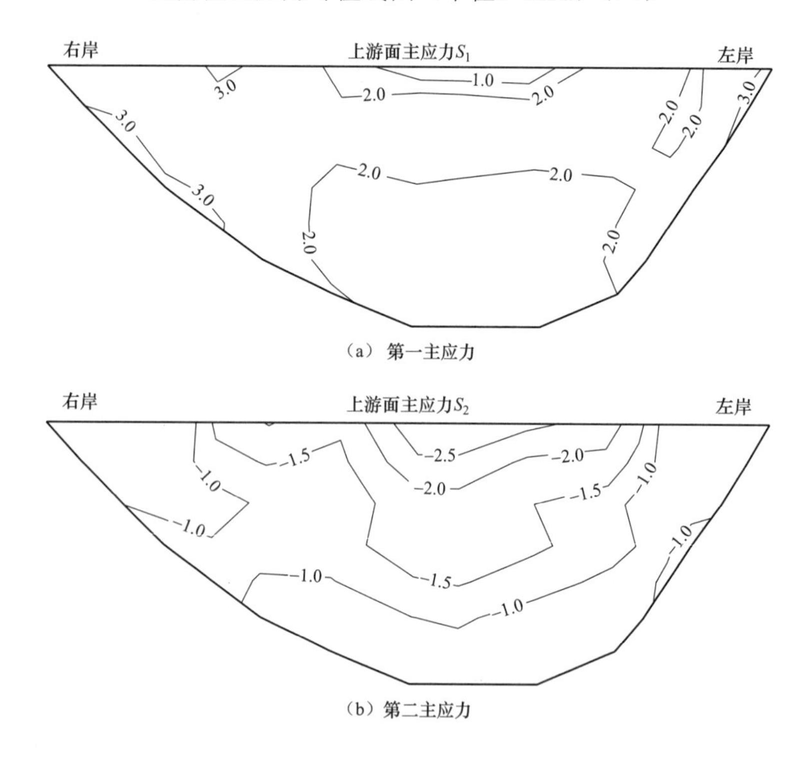

（a）第一主应力

（b）第二主应力

图 1-11　考虑保温后抛物线拱坝在地震+死水位+温升工况下，上游面主应力等值线图（单位：MPa）

表 1-13　不同高程拱端处单位高度范围内轴向力　单位：100t/m

高程（m）	正常+温降		正常+温升		死水位+温升		校核+温升	
	左拱端	右拱端	左拱端	右拱端	左拱端	右拱端	左拱端	右拱端
649.0	3.053	−3.372	18.906	18.452	14.534	17.121	19.272	18.677

续表

高程（m）	正常+温降		正常+温升		死水位+温升		校核+温升	
	左拱端	右拱端	左拱端	右拱端	左拱端	右拱端	左拱端	右拱端
635.0	11.056	7.488	18.941	18.696	12.331	14.162	19.397	19.064
620.0	16.838	16.440	20.769	21.587	11.102	12.023	21.450	22.323
605.0	23.859	18.708	25.733	20.439	10.473	7.825	26.628	21.222
592.0	26.633	29.925	28.047	30.175	11.386	10.149	28.942	31.280
579.0	28.961	32.610	30.011	32.036	13.406	12.128	30.851	33.047
567.0	23.075	40.478	22.590	36.639	10.681	15.487	23.147	37.604

表 1-14 不同高程拱端处单位高度范围内剪力 单位：100t/m

高程（m）	正常+温降		正常+温升		死水位+温升		校核+温升	
	左拱端	右拱端	左拱端	右拱端	左拱端	右拱端	左拱端	右拱端
649.0	2.292	1.722	−1.867	−1.144	−1.037	−0.407	−1.902	−1.197
635.0	2.257	2.400	−0.329	−0.100	−1.844	−1.550	−0.167	0.077
620.0	4.391	7.050	2.950	4.872	−2.065	−2.874	3.262	5.401
605.0	10.012	11.278	8.995	9.685	0.023	−0.619	9.433	10.217
592.0	13.952	22.555	12.937	20.611	3.816	4.459	13.358	21.410
579.0	18.014	27.902	16.608	25.321	7.549	9.691	17.018	26.056
567.0	17.564	46.608	15.739	40.746	8.774	19.845	16.060	41.728

表 1-15 不同高程拱端处单位高度范围内竖向力 单位：1000t/m

高程（m）	正常+温降		正常+温升		死水位+温升		校核+温升	
	左拱端	右拱端	左拱端	右拱端	左拱端	右拱端	左拱端	右拱端
649.0	0.000	0.000	0.000	0.000	0.000	0.000	0.000	0.000
635.0	0.418	0.379	0.358	0.350	0.354	0.372	0.358	0.349
620.0	0.945	0.919	0.843	0.823	0.759	0.777	0.849	0.828
605.0	1.552	1.548	1.422	1.417	1.229	1.236	1.434	1.430
592.0	2.130	2.164	2.010	2.018	1.727	1.701	2.026	2.037
579.0	2.722	2.887	2.627	2.773	2.327	2.312	2.644	2.798
567.0	3.215	3.468	3.154	3.399	2.936	2.976	3.166	3.420

五、小结

（1）用优化程序对布尔津山口拱坝选用双心圆、抛物线和椭圆三种拱圈线型进行体型优化设计时，考虑了三种荷载基本组合（正常+温升工况、正常+温降工况、死水位+温升工况）和四种荷载特殊组合（校核+温升工况、地震+正常+温降工况、地震+正常+温升工况、地震+死水位+温升工况），计算表明，正常+温降工况是应力的控制工况。

（2）布尔津山口坝址处年平均气温仅为 5℃，最高月平均气温 22.5℃，最低为−16.4℃，气温年变幅达 38.9℃，是我国西南地区 2 倍以上（如小湾拱坝气温年变幅为 10.7℃、溪洛渡拱坝气温年变幅为 16.5℃、锦屏一级拱坝气温年变幅为 12.2℃），与国内其他拱坝相比，温度条件要严酷得多。温度荷载对拱坝内力和应力的影响是非常大的，对拱坝最大拉应力的影响会超过水荷载，因此，在坝体表面进行永久保温以削减温度荷载是有必要的。

（3）采用现行拱坝设计规范温度荷载计算方法，求出了布尔津山口拱坝上、下游面采用永久保温后的温度荷载，结果表明，保温效果十分显著，温度荷载大幅度降低。

（4）在严寒地区修建混凝土拱坝，由于其温度荷载非常大，单纯用加大坝体厚度的方法来承受温度荷载，既不合理，更不经济。因此，拱坝体型设计时，保温层的作用应得到一定的反映，首次在体型优化设计中考虑了坝体永久保温的作用。

（5）鉴于我国严寒地区在拱坝体型设计中考虑保温层作用的工程实践不足，在设计时宜留有足够的安全储备。布尔津山口拱坝拟采用上、下游面外贴 10cm 永久保温层，采用 0.5cm 厚永久保温层时的温度荷载作为拱坝优化设计时的荷载，在采用先进的设计理念的同时，又留有足够的安全裕度。

第四节　有限元坝体应力分析

在拱坝体型优化的基础上，对优化后的抛物线双曲拱坝，采用有限元方法计算不同工况下坝体的应力和位移。计算拱坝保温后的温度荷载时，上、下游面永久保温为10cm厚喷涂聚氨酯保温层。

一、计算工况

（一）未考虑保温

1. 基本荷载组合

工况1：正常蓄水位+相应尾水位+泥沙压力+自重（整体）+温升；

工况2：正常蓄水位+相应尾水位+泥沙压力+自重（整体）+温降；

工况3：水库死水位+相应尾水位+泥沙压力+自重（整体）+温升。

2. 特殊荷载组合

工况4：校核洪水位+相应下游水位+泥沙压力+自重（整体）+温升；

工况5：基本荷载组合1+横河向地震荷载+顺河向地震荷载；

工况6：基本荷载组合2+横河向地震荷载+顺河向地震荷载；

工况7：基本荷载组合3+横河向地震荷载+顺河向地震荷载。

（二）考虑保温

1. 基本荷载组合

工况8：正常蓄水位+相应尾水位+泥沙压力+自重（整体）+温升+保温；

工况9：正常蓄水位+相应尾水位+泥沙压力+自重（整体）+温降+保温；

工况10：水库死水位+相应尾水位+泥沙压力+自重（整体）+温升+保温。

2. 特殊荷载组合

工况11：校核洪水位+相应下游水位+泥沙压力+自重（整体）+温升+保温；

工况12：基本荷载组合1+横河向地震荷载+顺河向地震荷载+保温；

工况13：基本荷载组合2+横河向地震荷载+顺河向地震荷载+保温；

工况14：基本荷载组合3+横河向地震荷载+顺河向地震荷载+保温。

二、计算模型

大坝有限元整体模型、坝体模型、考虑溢流表孔大坝整体模型、考虑泄洪深孔大坝有限元整体模型详见图1-12～图1-14。坐标轴方向为：Y轴沿河流方向，从下游指向上游方向；X轴垂直于Y轴，从右岸指向左岸，Z轴竖直向上。

有限元模型采用空间8节点等参单元，坝体混凝土材料采用线弹性材料模型。

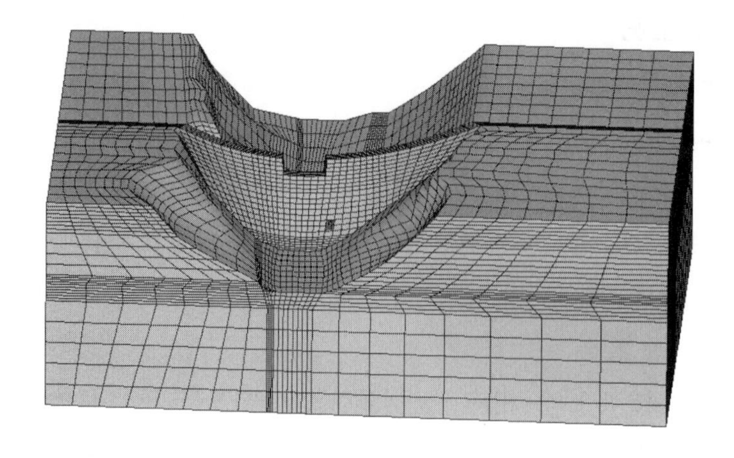

图 1-12　坝体应力计算整体有限元模型

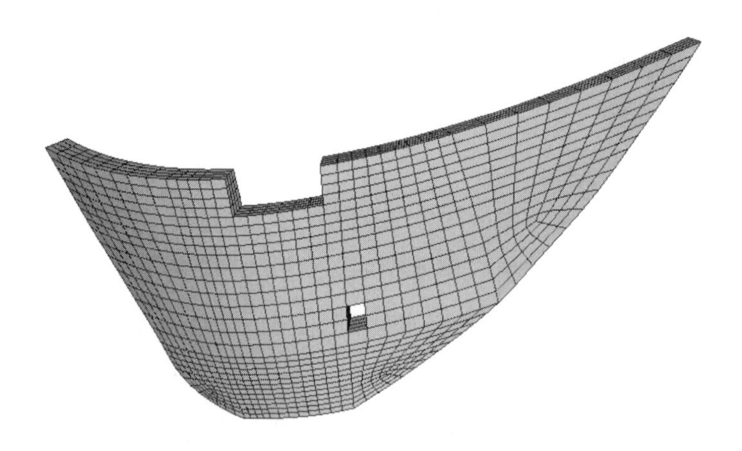

图 1-13　坝体上游面有限元网格

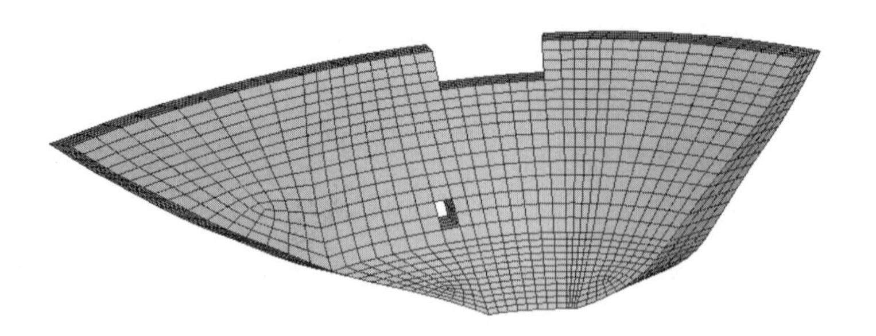

图 1-14　坝体下上游面有限元网格图

有限元模型边界条件为：

（1）模型底部基岩施加固定约束。

（2）岩体上、下游边界及左右边界均施加法向约束。整体模型总共20328个单元，其中坝体3008个单元，24119个结点。

温度场计算中：地基底面、地基4个侧面为绝热边界。坝体上、下游面按第三类边界处理。

应力场计算中：地基底面按固定支座处理，地基在上、下游方向按y向简支处理，地基沿坝轴线方向的两个边界按X向简支处理。

三、未考虑永久保温坝体计算成果分析

拱坝应力及位移极值详见表1-16、表1-17。

表1-16　　　　未考虑保温拱坝应力、位移极值表

荷载组合		基本组合1（温升）	基本组合2（温降）	基本组合3（温升）
上游面	最大主拉应力（MPa）	1.80	2.20	0.30
	最大主压应力（MPa）	−2.30	−4.60	−2.60
下游面	最大主拉应力（MPa）	0.00	3.20	0.00
	最大主压应力（MPa）	−5.60	−5.30	−5.00
位移	最大径向位移（cm）	−2.00	−4.40	−0.45
	最大切向位移（cm）	0.80	0.90	1.20

注　图示和表格应力：拉为正，压为负。径向位移：向上游为正。切向位移：左侧为正，右侧为负。

表1-17　　　　未考虑保温拱坝应力、位移极值表

荷载组合		特殊组合1（温升）	特殊组合2（温升+地震）	特殊组合3（温降+地震）	特殊组合4（温升+地震）
上游面	最大主拉应力（MPa）	2.10	2.60	3.00	0.70
	最大主压应力（MPa）	−2.50	−2.60	−5.30	−2.70
下游面	最大主拉应力（MPa）	0.00	0.00	**3.80**	0.00
	最大主压应力（MPa）	−6.00	−7.00	−6.00	−5.50
位移	最大径向位移（cm）	−4.00	−3.20	−5.80	−1.70
	最大切向位移（cm）	0.80	1.10	1.40	1.20

注　图示和表格应力：拉为正，压为负。径向位移：向上游为正。切向位移：左侧为正，右侧为负。

综合以上各个工况的计算结果，坝体在基本组合情况下：

（1）坝体上游面最大主拉应力由正常蓄水位+温降控制，为 2.20MPa（见图 1-15），出现在近基础处，上游面最大主压应力由正常蓄水位+温降控制，为−4.60MPa，出现在拱冠处（见图 1-16）。

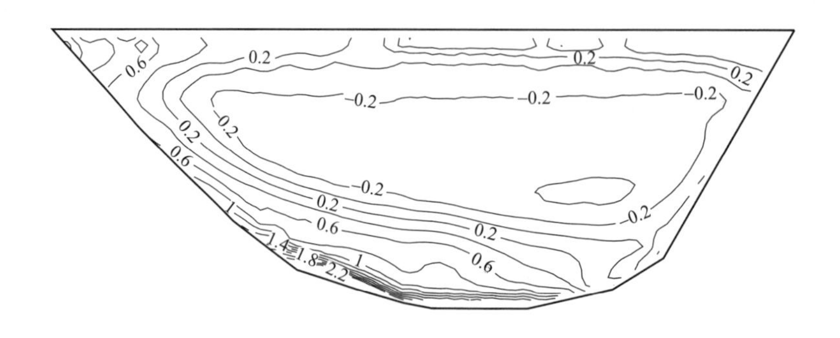

图 1-15　工况 2 坝体上游面主拉应力 S_1 等值线图

（正常蓄水位+自重+泥沙+温降，单位：MPa）

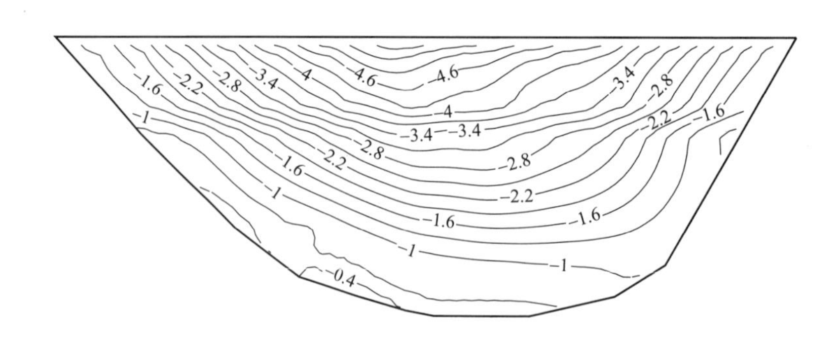

图 1-16　工况 2 坝体上游面主压应力 S_3 等值线图

（正常蓄水位+自重+泥沙+温降，单位：MPa）

（2）坝体下游面最大主拉应力由正常蓄水位+温降控制，为 3.20MPa（见图 1-17）。

（3）下游面最大主压应力由正常蓄水位+温升控制，为−5.60MPa，出现在坝基部位（见图 1-18）。

特殊荷载组合情况下：

（1）坝体上游面最大主拉应力由正常蓄水位+温降+地震控制，为 3.00MPa

（图 1-19）。

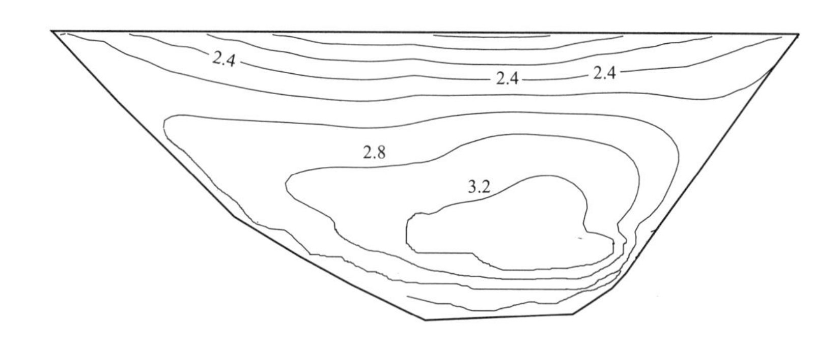

图 1-17　工况 2 坝体下游面主拉应力 S_1 等值线图

（正常蓄水位+自重+泥沙+温降，单位：MPa）

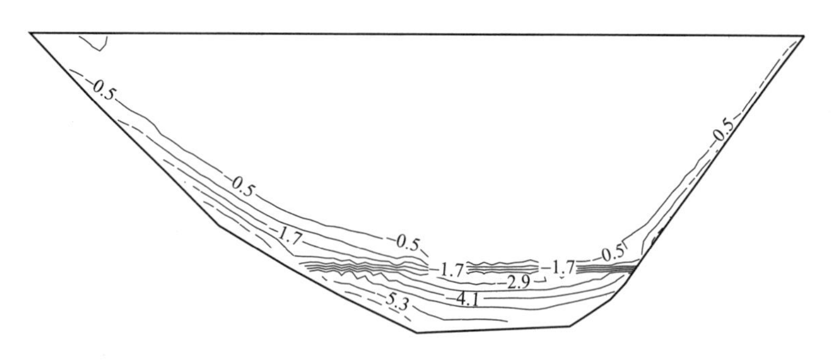

图 1-18　工况 2 坝体下游面主压应力 S_3 等值线图

（正常蓄水位+自重+泥沙+温降，单位：MPa）

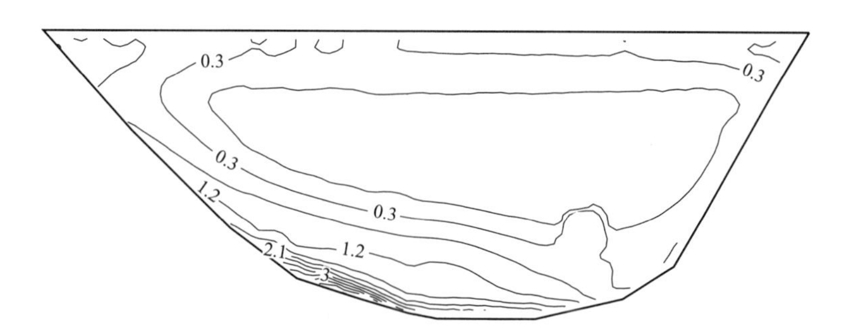

图 1-19　工况 6 坝体上游面主拉应力 S_1 等值线图

（正常蓄水位+自重+泥沙+温降+地震，单位：MPa）

（2）坝体下游面最大主压应力由正常蓄水位+温升+地震控制，为−7.00MPa（图 1-20）。

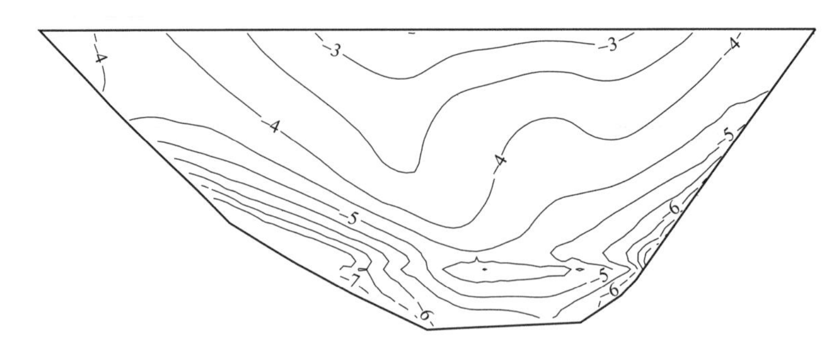

图 1-20　工况 5 坝体下游面主压应力 S_3 等值线图

（正常蓄水位+自重+泥沙+温升+地震，单位：MPa）

最大径向位移为–5.80cm，最大切向位移为 1.40cm。

从总体上看，坝体拉应力值超出了规范规定值，考虑到保温条件下对温度应力的显著影响，在应力分析计算中应考虑坝体的永久保温。

四、考虑永久保温坝体计算成果分析

布尔津山口拱坝坝址区位于北纬 48°，是我国已建混凝土拱坝中纬度最高的工程。坝址处年平均气温仅为 5℃，最高月平均气温 22.5℃，最低为–16.4℃，气温年变幅达 38.9℃，与国内其他拱坝相比，温度条件要严酷得多。温度荷载对拱坝内力和应力的影响巨大，对拱坝最大拉应力的影响超过水荷载，因此，在坝体表面进行永久保温以削减温度荷载是非常必要的。

坝体上、下游面考虑 10cm 厚喷涂聚氨酯永久保温后，各工况的拱坝应力及位移极值详见表 1-18、表 1-19。

表 1-18　　考虑保温拱坝应力、位移极值表

荷载组合		基本组合 1（温升+保温）	基本组合 2（温降+保温）	基本组合 3（温升+保温）
上游面	最大主拉应力（MPa）	1.68	1.96	0.1
	最大主压应力（MPa）	–1.70	–2.80	–1.10
下游面	最大主拉应力（MPa）	0.00	0.80	0.32
	最大主压应力（MPa）	–5.00	–4.50	–3.40
位移	最大径向位移（cm）	–2.80	–3.00	–1.50
	最大切向位移（cm）	0.40	0.45	0.65

注　图示和表格应力：拉为正，压为负。径向位移：向上游为正。切向位移：左侧为正，右侧为负。

表 1-19　　考虑保温拱坝应力、位移极值表

荷载组合		特殊组合 1（温升+保温）	特殊组合 2（温升+地震+保温）	特殊组合 3（温降+地震+保温）	特殊组合 4（温升+地震+保温）
上游面	最大主拉应力（MPa）	1.80	2.20	2.70	0.80
	最大主压应力（MPa）	–2.60	–2.70	–3.40	–1.40
下游面	最大主拉应力（MPa）	0.02	0.02	1.20	0.06
	最大主压应力（MPa）	–5.80	–6.00	–5.50	–3.60
位移	最大径向位移（MPa）	–3.00	–4.00	–4.60	–2.60
	最大切向位移（MPa）	0.70	1.00	0.90	1.00

注　图示和表格应力：拉为正，压为负。径向位移：向上游为正。切向位移：左侧为正，右侧为负。

综合以上各个工况计算结果，坝体在基本组合情况下：

（1）坝体上游面最大主拉应力由正常蓄水位+温降控制，为 1.96MPa，出现在近基础处（见图 1-21）。

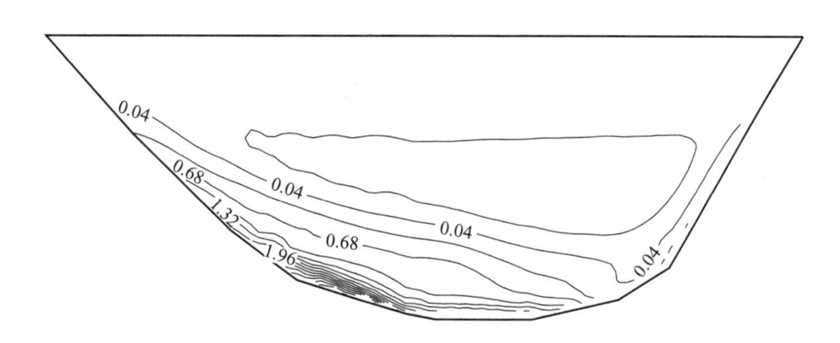

图 1-21　工况 9 坝体上游面主拉应力 S_1 等值线图

（正常蓄水位+自重+泥沙+温降+保温）（单位：MPa）

（2）上游面最大主压应力由正常蓄水位+温降控制，为–2.80MPa，出现在拱冠处（见图 1-22）。

（3）坝体下游面最大主拉应力由正常蓄水位+温降控制，为 0.80MPa（见图 1-23）。

（4）下游面最大主压应力由正常蓄水位+温升控制，为–5.00MPa（见图 1-24）。

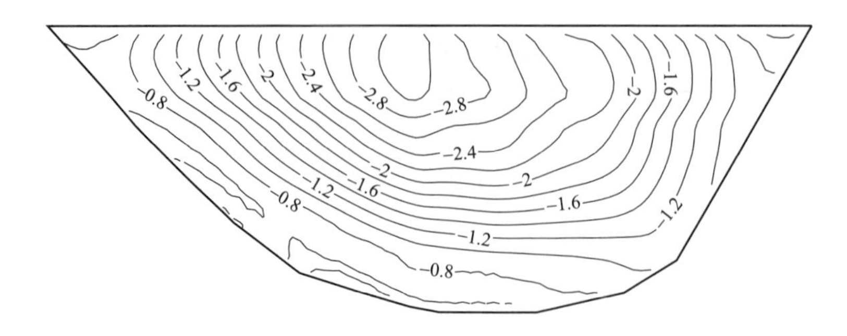

图 1-22　工况 9 坝体上游面主压应力 S_3 等值线图

（正常蓄水位+自重+泥沙+温降+保温）（单位：MPa）

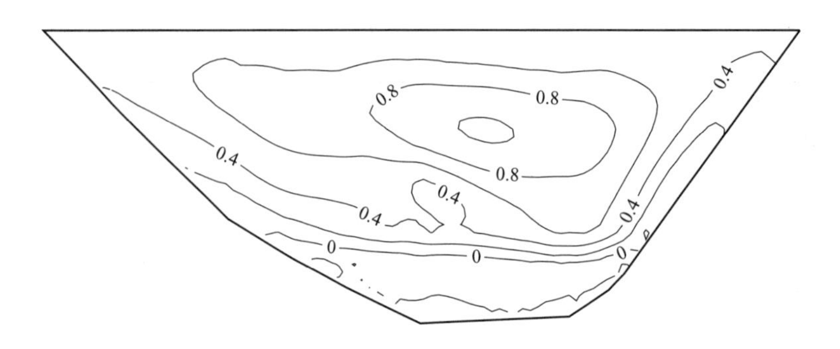

图 1-23　工况 9 坝体下游面主拉应力 S_1 等值线图

（正常蓄水位+自重+泥沙+温降+保温）（单位：MPa）

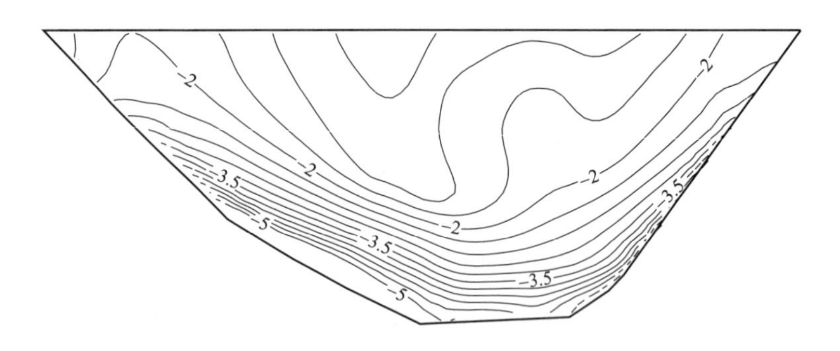

图 1-24　工况 8 坝体下游面主压应力 S_3 等值线图

（正常蓄水位+自重+泥沙+温升+保温）（单位：MPa）

特殊荷载组合情况下：

（1）坝体上游面最大主拉应力由正常蓄水位+温降+地震控制，为 2.70MPa（见图 1-25）。

（2）下游面最大主压应力由正常蓄水位+温升+地震控制，为−6.00MPa

（见图 1-26）。

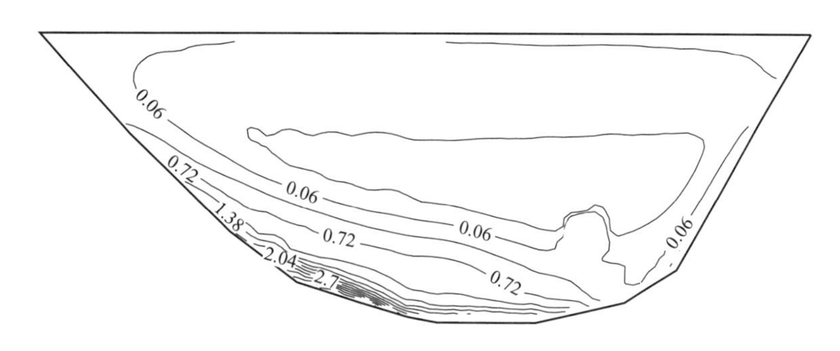

图 1-25　工况 13 坝体上游面主拉应力 S_1 等值线图

（正常蓄水位+自重+泥沙+温降+地震+保温）（单位：MPa）

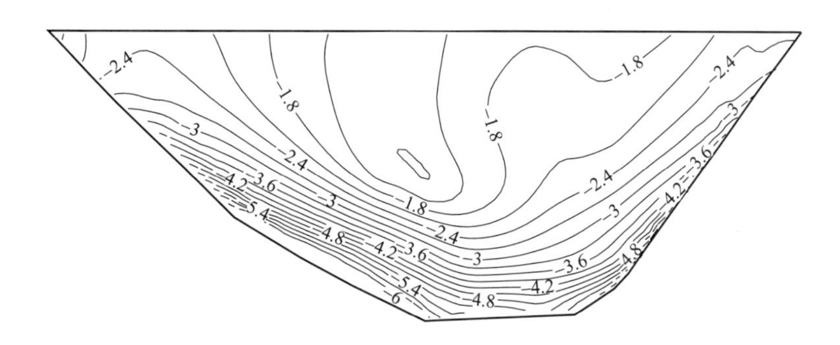

图 1-26　工况 12 坝体下游面主压应力 S_3 等值线图

（正常蓄水位+自重+泥沙+温升+地震）（单位：MPa）

最大径向位移为–4.60cm，最大切向位移为 1.00cm。

从计算结果可以看出，在拱坝上、下游面实施 10cm 厚聚氨酯永久保温后，与坝体不施加永久保温相比：

（1）坝体上游面最大拉应力、最大压应力都有所降低。在基本工况及特殊工况下，上游面最大拉应力分别降低 10.9%、10%；上游面最大压应力分别降低 39.1%、35.8%。

（2）坝体下游面最大拉应力、最大压应力也都有所降低。在基本工况及特殊工况下，下游面最大拉应力分别降低 75.0%、68.4%；下游面最大压应力分别降低 10.7%、14.3%。

（3）坝体径向位移和切向位移也都有所降低。在基本工况及特殊工况下，坝体径向位移最大值分别降低 31.8%、20.7%；切向位移最大值分别降低

45.8%、35.7%。

（4）永久保温对严寒地区拱坝坝体应力、位移的影响较大，是消减不同工况下坝体应力的重要措施。

（5）由于各工况在坝体上游面和近基础处的坝端都出现了大小不等的应力集中现象，从而导致最大主拉应力偏大，其中，基本组合 1 和基本组合 2 超过了允许拉应力 1.5MPa。有限元计算按弹性阶段工作时，计算成果将在角缘附近引起应力集中，局部应力一般较大，这也是有限元应力控制指标难以确定的主要原因。《混凝土拱坝设计规范》（SL 282）规定：用有限元计算时，应补充计算“有限元等效应力”。

五、等效应力分析基本理论

有限单元法的计算功能远比结构力学方法为强，由于计算软件的日趋完善，目前计算也很方便，但到目前为止，拱坝体型设计仍以结构力学方法为主要手段，其主要原因是用三维弹性有限单元法计算拱坝应力时，近基础部位存在着显著的应力集中现象，而且应力数值随着网格加密而急剧增加，尤其是有限元法算出的拉应力有时远远超过了混凝土的抗拉强度，因而很难直接用有限元计算结果来确定拱坝体型。

对于理想的弹性固体，上述应力集中现象是可以理解的，但在实际工程中，由于岩体内存在着大小不等的各种裂隙，应力集中现象将有所缓和，在已建拱坝中，除了个别特殊情况外，平行于基建面的裂缝并不太多，用结构力学方法设计的大量拱坝，至今一直在正常运行，所以有限单元法计算拱坝所反映的严重应力集中现象并不一定符合实际。

由于有限单元法计算功能强大，可以考虑大孔口、复杂基础、重力墩、不规则外形等多种因素的影响，并可进行仿真计算，只要解决了应力控制标准问题，有限元法在拱坝中的应用必然会有良好的前景。为此，我国一些学者提出了有限元等效应力法，根据有限元法计算的应力分量，沿拱梁断面积分，得到内力（集中力和力矩），然后用材料力学方法计算断面上的应力分量，经过这样处理，消除了应力集中的影响，但由于在有限元计算中可以考虑大孔口、复杂基础、不规则外形（如重力墩）等因素的影响，其计算精度当高于结构力学方法。

用有限元法计算拱坝得到的是整体坐标系（x'，y'，z'）中的应力，在水平拱圈的结点 i 做局部坐标系（x，y，z），如图 1-27 所示，其中，x 轴平行于拱中心线的切线方向，y 轴平行于半径方向，z 轴为铅直方向，原点在中心线上，局部坐标系（x，y，z）与整体坐标系（x'，y'，z'）由式（1-32）相联系：

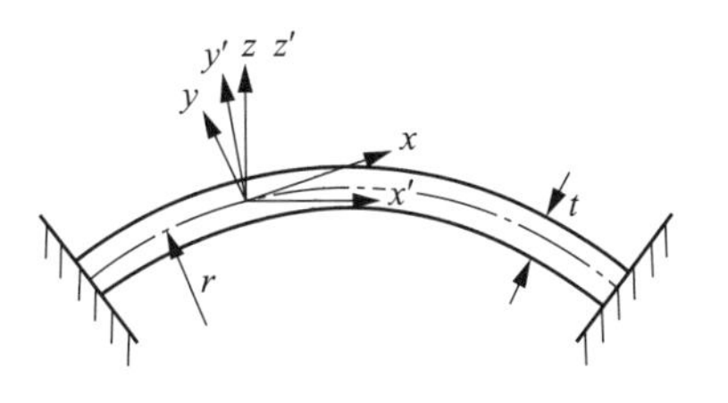

图 1-27　坐标系转换图

$$\begin{Bmatrix} x \\ y \\ z \end{Bmatrix} = \begin{bmatrix} l_1 & m_1 & n_1 \\ l_2 & m_2 & n_2 \\ l_3 & m_3 & n_3 \end{bmatrix} \begin{Bmatrix} x' \\ y' \\ z' \end{Bmatrix} \tag{1-32}$$

式中，l_i、m_i、n_i 为 x，y，z 的方向余弦，在 z 与 z'同轴，从 x'到 x 的角度为 α（逆时针为正），有：

$l_1 = \cos\alpha, m_1 = \sin\alpha, n_1 = 0$;

$l_2 = -\sin\alpha, m_2 = \cos\alpha, n_2 = 0$;

$l_3 = 0, m_3 = 0, n_3 = 1$

设整体坐标中的应力为 $\{\sigma'\} = [\sigma_{x'} \quad \sigma_{y'} \quad \sigma_{z'} \quad \tau_{x'y'} \quad \tau_{y'z'} \quad \tau_{z'x'}]^{\mathrm{T}}$，局部坐标系中的应力 $\{\sigma\} = [\sigma_x \quad \sigma_y \quad \sigma_z \quad \tau_{xy} \quad \tau_{yz} \quad \tau_{zx}]^{\mathrm{T}}$ 由式（1-33）计算：

$$\{\sigma\} = \{T_\sigma\}\{\sigma'\} \tag{1-33}$$

其中：

$$[T_\sigma] = \begin{bmatrix} l_1^2 & m_1^2 & n_1^2 & 2l_1m_1 & 2m_1n_1 & 2l_1n_1 \\ l_2^2 & m_2^2 & n_2^2 & 2l_2m_2 & 2m_2n_2 & 2l_2n_2 \\ l_3^2 & m_3^2 & n_3^2 & 2l_3m_3 & 2m_3n_3 & 2l_3n_3 \\ l_1l_2 & m_1m_2 & n_1n_2 & l_1m_2 + l_2m_1 & m_1n_2 + m_2n_1 & l_1n_2 + l_2n_1 \\ l_2l_3 & m_2m_3 & n_2n_3 & l_2m_3 + l_3m_2 & m_2n_3 + m_3n_2 & l_2n_3 + l_3n_2 \\ l_1l_3 & m_1m_3 & n_1n_3 & l_1m_3 + l_3m_1 & m_1n_3 + m_3n_1 & l_1n_3 + l_3n_1 \end{bmatrix} \tag{1-34}$$

梁的水平截面在拱中心线上取单位宽度，在 y 点的宽度为 $1+y/r$，r 为中心线半径，沿厚度方向对梁的应力及其矩进行积分，得到梁的内力如下：

梁的竖向力：

$$W_{\mathrm{b}} = -\int_{\frac{t}{2}}^{\frac{t}{2}} \sigma_z \left(1 + \frac{y}{r}\right) \mathrm{d}y \tag{1-35}$$

梁的弯矩：

$$M_{\mathrm{b}}=-\int_{-\frac{t}{2}}^{\frac{t}{2}}(y-y_0)\sigma_z\left(1+\frac{y}{r}\right)\mathrm{d}y \tag{1-36}$$

梁的切向剪力：

$$Q_{\mathrm{b}}=-\int_{-\frac{t}{2}}^{\frac{t}{2}}\tau_{zx}\left(1+\frac{y}{r}\right)\mathrm{d}y \tag{1-37}$$

梁的径向剪力：

$$V_{\mathrm{b}}=-\int_{-\frac{t}{2}}^{\frac{t}{2}}\tau_{zy}\left(1+\frac{y}{r}\right)\mathrm{d}y \tag{1-38}$$

梁的扭矩：

$$\bar{M}_{\mathrm{b}}=-\int_{-\frac{t}{2}}^{\frac{t}{2}}\tau_{zx}(y-y_0)\left(1+\frac{y}{r}\right)\mathrm{d}y \tag{1-39}$$

式中：y_0为梁截面形心坐标。

单位高度拱圈的径向截面，宽度为1，沿厚度方向对拱应力及其矩阵进行积分，得到拱的内力如下：

拱的水平推力：

$$H_{\mathrm{a}}=-\int_{-\frac{t}{2}}^{\frac{t}{2}}\sigma_x\mathrm{d}y \tag{1-40}$$

拱的弯矩：

$$M_{\mathrm{a}}=-\int_{-\frac{t}{2}}^{\frac{t}{2}}\sigma_x y\mathrm{d}y \tag{1-41}$$

拱的径向剪力：

$$V_{\mathrm{a}}=\int_{-\frac{t}{2}}^{\frac{t}{2}}\tau_{xy}\mathrm{d}y \tag{1-42}$$

利用拱与梁的上述内力，由材料力学方法计算坝内应力，从而消除了应力集中的影响。由于剪应力成对（$\tau_{zx}=\tau_{xz}$），拱的竖向剪力和扭矩不必计算。

考虑永久保温各工况取坝端靠近基础处截面上应力，经过应力等效，各工况上游面最大拉应力见表1-20。

表1-20　　考虑保温坝体上游面最大主拉应力等效值

工况	ANSYS计算值（MPa）	等效应力（MPa）
工况1（基本组合1）	1.68	0.87

续表

工况	ANSYS 计算值（MPa）	等效应力（MPa）
工况 2（基本组合 2）	1.96	1.25
工况 3（基本组合 3）	0.10	0.09
工况 4（特殊荷载组合）	1.80	1.17
工况 5（基本组合 1+地震）	2.20	1.74
工况 6（基本组合 2+地震）	2.70	2.17
工况 7（基本组合 3+地震）	0.80	0.61

综合上表的结果，各工况最大主拉应力和主压应力均在允许范围值之内，满足要求。

第五节 研 究 结 论

一、严寒地区常态混凝土拱坝体型优化研究结论

（1）以布尔津山口拱坝为依托，开展严寒地区常态混凝土拱坝体型优化研究。结果表明：就单心圆拱、椭圆拱和抛物线拱三种体型而言，在各种荷载组合作用下，三种体型坝体应力分布规律一致，坝面主应力控制值出现的部位基本相同，主应力值量级相当，均能满足设计要求。但考虑拱坝受力特点优化及变曲率拱圈的要求，布尔津大坝推荐抛物线双曲线型。

（2）在拱坝体型优化设计时，考虑严寒地区的气候特点，首次考虑了大坝保温后的体型优化设计。各种工况下采用拱梁分载法计算的应力结果表明：基本荷载组合最大主拉应力发生在正常+温降工况下游坝面，最大主压应力发生在正常+温降工况上游面；特殊荷载组合最大主拉应力发生在正常+温降+地震工况下游坝面，最大主压应力发生在正常+温降+地震上游坝面。综合各种工况，坝体最大主拉应力、主压应力值均满足设计及规范要求，坝体径向、切向变位也较小，应力分布符合常规，比较合理。

二、有限元法坝体应力分析结论

在拱冠梁法计算坝体应力的基础上，采用有限元法建立拱坝坝体三维有限元计算模型，计算基本工况和特殊工况下的坝体应力，评价坝体的安全性。

有限元计算时考虑了不保温和保温两种情况的坝体应力分析。对因有限元计算带来的局部应力集中问题，用等效应力法进行了调整。研究结论如下：

（1）不考虑保温的情况下，在基本工况和特殊工况下有限元计算结果表明：正常+温降工况是应力的控制工况，在上、下游面出现了较大的拉应力，超过了允许值。

（2）考虑上、下游面 10cm 厚聚氨酯保温后，基本工况和特殊工况下的有限元计算结果表明：坝体表面拉应力显著降低，下游面拉应力均未超过极限拉应力，满足规范要求。但由于有限元计算软件本身的问题，在接近基础的上游面各工况都出现了较大的应力集中。

（3）按照规范要求，对不满足要求的坝体基础上游面进行了等效应力计算。结果表明：等效应力法消除了应力集中的影响，达到了规范的要求。

有限元计算结果表明：在考虑上、下游面 10cm 厚聚氨酯后，坝体的应力分布合理，最大主拉应力和主压应均满足规范要求。

三、坝体保温对坝体应力及变形的影响

（1）严寒地区气温年较差较大，温度荷载引起的坝体应力通常超过水荷载引起的应力，对坝体的应力影响巨大。

（2）有限元计算结果表明：坝体实施永久保温后其上、下游面在各种工况下的最大拉应力、最大压应力、坝体的径向位移、切向位移均有所改善。在拱坝上、下游面实施 10cm 厚聚氨酯永久保温后，与坝体不施加永久保温相比：

1）坝体上游面最大拉应力、最大压应力都有所降低。在基本工况及特殊工况下，上游面最大拉应力分别降低 10.9%、10%；上游面最大压应力分别降低 39.1%、35.8%。

2）坝体下游面最大拉应力、最大压应力也都有所降低。在基本工况及特殊工况下，下游面最大拉应力分别降低 75.0%、68.4%；下游面最大压应力分别降低 10.7%、14.3%。

3）坝体径向位移和切向位移也都有所降低。在基本工况及特殊工况下，坝体径向位移最大值分别降低 31.8%、20.7%；切向位移最大值分别降低 45.8%、35.7%。

4）永久保温对严寒地区拱坝坝体应力、位移的影响较大，是消减不同工

况下坝体应力的重要措施。

参考文献

[1] 朱伯芳. 双曲拱坝优化设计中的几个问题 [J]. 计算结构力学及其应用，1984（3）：11-21.

[2] 秦学志. 拱坝体型优化设计及大坝风险管理决策的研究 [D]. 大连：大连理工大学，1999.

[3] 朱伯芳，厉易生. 寒冷地区有保温层拱坝的温度荷载 [J]. 水利水电技术，2003，34（11）：43-46.

第二章

严寒地区拱坝混凝土性能研究

第一节 概 述

长期以来，人们一直以为混凝土是一种非常耐久的材料。然而，近半个世纪，混凝土结构过早劣化的事例在国内外屡见不鲜，1985 年，原水电部组织多家单位对全国混凝土高坝和钢筋混凝土水闸等水工混凝土建筑物进行了全面的耐久性调查，发现混凝土开裂现象严重、性能老化问题突出。现代大型水利水电工程，施工速度快，结构复杂，对大坝混凝土材料抗裂和耐久性提出了更高的要求。

混凝土抗裂性问题一直是混凝土工程界极为关注的课题。但是有些水工混凝土技术人员往往将水工混凝土材料本身的抗裂性与水工混凝土结构抗裂性两个问题混为一谈。其实，水工混凝土材料抗裂性（抗裂指数）表示混凝土材料本身综合抗裂能力，它是根据室内混凝土有关性能试验结果计算出来的，与混凝土抗压强度等一样，代表混凝土的一种性能，也是评价混凝土配合比优劣的重要参数；而水工混凝土结构抗裂性（抗裂安全系数）表示混凝土结构抗裂能力与产生混凝土裂缝的破坏力之比。抗裂安全系数不仅仅与混凝土材料本身抗裂能力有关，同时与混凝土结构施工的温控措施、湿养护、保温防护与结构约束条件有关，而水工混凝土材料抗裂性（抗裂指数）只与混凝土原材料、配合比有关，与现场温控措施、保湿保温养护条件及约束条件无关。

影响混凝土抗裂性的因素很多，归纳起来可分为两类，一类是对混凝土抗裂性有利因素，如混凝土极限拉伸值、抗拉强度、徐变、膨胀型自生体积变形；另一类为对混凝土抗裂不利因素，如混凝土干缩变形、温度变形、收缩型自生体积变形。综合以上影响因素，如何表征混凝土抗裂性，一般采用抗裂指数来表达。20 世纪 60 年代以来，先后有单项或两项参数来表征混凝土抗裂性与几个混凝土抗裂指数计算公式。其中，有代表性的是中国水利水电科学研究院黄国兴在 2003 年对三峡大坝混凝土进行抗裂性分析时提出的抗裂指数计算公式。该公式考虑因素全面，物理意义明确。

$$K=\frac{\varepsilon_{\mathrm{P}}+R_{\mathrm{L}}C+G}{\alpha T_{\tau}+\varepsilon_{\mathrm{S}}} \tag{2-1}$$

式中 K ——抗裂指数；

ε_{P} ——极限拉伸值，10^{-6}；

R_{L} ——轴向抗拉强度，MPa；

C ——徐变度，10^{-6}/MPa；

G ——自生体积变形膨胀量；

α ——热膨胀系数，10^{-6}/℃；

T_{τ} ——绝热温升值，℃；

ε_{S} ——干缩变形，10^{-6}。

由式（2-1）可以看出，提高混凝土材料抗裂性应主要从两方面考虑，一是要提高混凝土有利抗裂的拉伸变形，即极限拉伸值 ε_{P}、徐变度 C 和自生体积变形膨胀量 G；二是要尽量减少有害的收缩变形，即温度变形 $\alpha\Delta T$ 与干缩变形 ε_{S}。为了达到以上目的，必须优选混凝土原材料与优化混凝土配合比：选择优质骨料，选用发热量低、有微膨胀自变的水泥，掺用矿物掺合料，掺用外加剂，优化配合比参数等。

混凝土的耐久性是指在环境的作用下，随着时间的推移，混凝土维持其应用性能的能力，也就是混凝土对压力水渗透、冻融循环、风化作用、化学侵蚀、冲磨空蚀及任何其他破坏因素的抵抗能力，从而保持其原来的现状、质量和实用性。归纳混凝土的耐久性主要包括抗渗性、抗冻性、抗冲磨性、抗空蚀性、抗化学侵蚀性、混凝土碳化与氯离子侵入引起钢筋锈蚀、碱骨料反应等。大坝混凝土体积庞大且为素混凝土，因此主要有三大因素影响其耐久性：冻融循环、渗漏溶蚀和碱骨料反应。

抗冻性是指混凝土抵抗冻融破坏的能力，用抗冻等级表示，是评价混凝土耐久性的一个重要参数。水利行业标准《水工建筑物抗冰冻设计规范》（SL 211）规定混凝土的抗冻级别分为 F400、F350、F300、F250、F200、F150、F100 和 F50 七级。20 世纪 30 年代以来，各国学者对混凝土抗冻性和冻融破坏机理进行了大量的研究，形成了比较完整的冻融破坏理论体系和提高混凝土抗冻性的技术措施。较为公认的冻融破坏机理是 Powers 提出的静水压假说和 Powers 与 Helmuth 提出的渗透压假说，以上理论考虑了混凝土饱水程度、渗透性和强度、结冰时产生的压力和气孔等因素，同时解释了结冰时混凝土中硬化浆体的破坏作用和气孔防止破坏所起的作用，为高抗冻等级混凝土配制提供了理论依据。最新研究成果表明，冻融循环引起混凝土力学性能下降，混凝土相对强度和损伤量的关系符合改进型幂函数关系，以相对动弹性模量表征的损伤量与混凝土试件内部的微裂纹密度存在很好的线性相关性。另外，高频振捣对混凝土含气量、气泡参数和抗冻性有负面影响，高频振捣引起混凝土含气量损失、气泡参数变化和抗冻性下降。

影响混凝土抗冻性的主要因素有水胶比、含气量、气泡性质（气泡直径、气泡间距系数等）、水泥用量、掺合料、骨料质量与岩石品种、抗压强度、龄期、养护条件等。从以上影响因素分析，提高混凝土抗冻性措施主要有掺加引气剂、严格控制水胶比、掺加优质掺合料、选用优质砂石骨料与精心施工、保证混凝土质量等。

溶蚀，也称溶出性侵蚀，是指当混凝土受到环境水的不断溶淋作用，特别是压力水的渗透作用时，混凝土内的 $Ca(OH)_2$ 随水陆续流失，当液相石灰浓度低于其极限浓度时，晶体 $Ca(OH)_2$ 将溶解并随水流失，溶液中的石灰浓度继续不断降低时，则水化硅酸钙、水化铝酸钙、水化铁酸钙中的钙也将相继溶解流失，最终导致混凝土结构破坏的过程。根据溶蚀水压力不同，混凝土溶蚀分为接触溶蚀和渗透溶蚀两类，当混凝土在溶蚀过程中不受水压力或所受水压力很小可忽略不计时，所受到的溶蚀为接触溶蚀；反之，当混凝土在溶蚀过程中所受水压力不能忽略时，所受到的溶蚀为渗透溶蚀。实践证明，捣实的混凝土实际上是不渗漏的，渗水主要是沿裂缝进行，如温度变化引起的裂缝、施工缝开裂、接缝质量低劣、沉降缝等。

最新研究成果表明：混凝土遭受渗透溶蚀，抗压强度、劈拉强度和弹性模量均在降低，且劈裂抗拉强度衰减最快。受渗透溶蚀作用的混凝土，各性能之间的关系会发生变化，混凝土趋于变脆。混凝土层（缝）面发生接触溶蚀，缝隙两侧混凝土的孔隙率增大，微观结构变差，混凝土层（缝）面摩擦系数和黏聚力下降。基于牛顿冷却定律的抗剪强度衰减模型能够较好地反映碾压混凝土层（缝）面抗剪强度衰减规律，即渗漏溶蚀作用下，碾压混凝土层（缝）面抗剪强度随着溶蚀深度的增加而下降，但下降速率逐渐降低，抗剪强度最终趋于稳定。溶出性侵蚀不仅取决于水泥石中氢氧化钙和水化产物总含量，还取决于水泥熟料的矿物组成、混凝土矿物掺合料，以及水泥石和混凝土的整体结构与密实性。因此，减少混凝土溶出性侵蚀病害，重点是提高密实度，减少各种裂缝，对于混凝土大坝，尤其应减少水工施工缝、层间缝及劈头缝。

1940 年，美国 T. E. Stanton 首次提出混凝土碱骨料反应问题，是指混凝土中的碱与骨料中某些活性组分之间发生的化学反应，生成具有膨胀性的产物，引起混凝土不均匀膨胀而开裂破坏。混凝土发生碱骨料反应必须同时具备三个条件：一是配制混凝土时由水泥、骨料、外加剂和拌和水带进混凝土中一定数量的碱，或者混凝土处于碱深入的环境中；二是有一定数量的碱活性骨料存在；三是潮湿环境，可以为反应产物提供吸水膨胀所需的水分。混凝土碱骨料反应属于内因主导驱动型老化模式，一旦发生，很难制止，因此也被称为混凝土的“癌症”。

大坝混凝土具备饱水或干湿循环条件，世界各国均采取“预防为主，从严控制”的策略防止碱骨料反应。经国内外各方试验研究结果证明，目前主要有以下抑制碱骨料反应措施：一是采用低碱水泥，掺用低碱外加剂；二是使用矿物掺合料，如粉煤灰、矿渣和硅灰；三是限制混凝土中总碱量；四是采用硫铝酸盐水泥、掺锂盐等。其中，掺加粉煤灰是目前国内外使用最广、抑制碱骨料反应效果最佳的方案，一般认为，掺加 25%～35%的 F 类Ⅰ、Ⅱ级粉煤灰，有显著抑制碱活性骨料膨胀破坏的作用。中国水利水电科学研究院的刘晨霞等研究表明，碱硅酸盐反应（ASR）速率常数的降低速度（绝对值）随粉煤灰掺量的增加而减小，当粉煤灰掺量达到 33%时，继续提高掺量将不再对骨料 ASR 膨胀有更显著的抑制效果，即利用粉煤灰抑制混凝土碱骨料反应存在一个最佳掺量。另外，各工程使用的原材料各有差异，地质条件、气温差异、所处环境等因素各有所不同，对于碱骨料反应的抑制材料都应使用工程材料，通过对比试验论证，达到设计文件和标准规范的要求才能使用。

布尔津山口水利枢纽工程混凝土双曲拱坝高 94m，是国内地处纬度最高的混凝土拱坝，大坝混凝土总浇筑方量约 30 万 m^3。枢纽所在地年平均气温低于 5℃、年极端温差超过 70℃，大坝混凝土的温控防裂难度很大，对大坝混凝土提出了低热、高抗裂、高耐久的要求。此外，低温、大风、干燥、大温差、严寒长冬歇等复杂条件也对大坝混凝土的抗裂性能和施工质量提出了很高的要求。因此，大坝混凝土除应满足结构设计的强度外，还应具备较低的水化热温升、较高的抗拉强度和极限拉伸值、较好的体积稳定性和抗裂耐久性，以及优良的施工性能，这要求工程混凝土必须实现高性能化。

针对严寒地区混凝土稳定温度低、温降收缩大以及冷、热、风、干等对大坝混凝土抗裂性能的不利影响，为实现大坝混凝土高性能化的目标，结合结构、环境、施工等方面的研究，从材料角度开展严寒地区混凝土坝防裂技术研究，在大坝混凝土骨料料源选择、钙膜骨料利用、配合比参数设计、大坝全级配混凝土性能发展规律、混凝土热学与体积稳定性调控等方面开展系统研究，提出适用于严寒地区高拱坝的混凝土设计理念和配制技术，利用当地原材料，配制出技术先进、质量优良、经济合理的混凝土，降低了大坝混凝土的绝热温升和自生体积收缩变形，提高了抗裂性和长期耐久性，保障了工程建设质量，全面提升了工程的运行安全与服役寿命。

第二节　大坝混凝土技术要求

布尔津山口水利枢纽工程混凝土双曲拱坝高 94m，大坝混凝土总浇筑方量 30 万 m^3，大坝混凝土的性能与质量关系工程的温控防裂、结构安全和长效运行，因此，对大坝混凝土提出了较高的技术要求，大坝混凝土除应满足结构设计的强度外，还应具备良好的施工性能、优异的抗裂性及耐久性。布尔津山口大坝混凝土设计指标见表 2-1。

表 2-1　布尔津山口大坝各部位混凝土设计要求

分区编号	A（Ⅰ-1）	A（Ⅰ-2）	A（Ⅱ）	A（Ⅲ）	A（Ⅳ）	A（Ⅴ）	A（Ⅵ）	A（Ⅶ）
部位	558～567m高程坝体混凝土	620～647m高程坝体混凝土	567～620m高程坝体混凝土	基础垫层混凝土	坝顶常态混凝土	溢流面表层高性能混凝土	表孔、底孔闸墩及其倒悬部位混凝土	消能塘、护坦底板、边墙
混凝土级配	四	四	四	三	三	三	三	三
设计等级	C_{90}25W10 F300	C_{90}25W8F300	C_{90}30W10 F300	C_{28}25W10 F200	C_{180}25W6 F200	C_{28}40W6 F300	C_{90}25W6 F200	C_{28}25W6 F200
强度保证率	80%	80%	80%	95%	95%	95%	95%	95%
概率度系数 t	0.84	0.84	0.84	1.645	1.645	1.645	1.645	1.645
标准差 σ	4.0	4.0	4.5	4.0	4.0	5.0	4.0	4.0
配制强度（MPa）	28.4	28.4	33.8	31.6	31.6	48.2	31.6	31.6
极限抗压（MPa）	30	30	30	25	25	40	25	25
抗拉强度（MPa）	1.7	1.7	2.0	1.7	1.7	2.2	1.7	1.7
抗压弹性模量（GPa）	30	30	30	28	28	32.5	28	28
混凝土含气量	5%	5%	5%	4.5%	4.5%	5%	4.5%	4.5%
密度（kg/m^3）	≥2400	≥2400	≥2400	≥2400	≥2400	≥2400	≥2400	≥2400
极限拉伸值（$\times10^{-4}$）	＞0.85	＞0.85	＞0.85	＞0.80	＞0.80	＞0.85	＞0.85	＞0.85

第三节 大坝混凝土骨料料源研究

一、骨料料源概况

在初步勘查阶段，对坝址下游布尔津河两岸Ⅰ、Ⅱ级地阶及河漫滩砂砾石进行普查，河漫滩由于多为次生林，不宜选作料场，两岸地阶为戈壁草场，砂砾石物理力学性质基本相同，天然砂偏细，最终选定了距坝址较近 C1 天然砂砾石料场和 P1 块石人工骨料料场作为大坝混凝土骨料备选料源。C1 料场分布距离及储量及工程特性见表 2-2。

表 2-2 布尔津山口水利枢纽工程骨料料场主要技术指标分析表

料场	运距（km）	有效储量（10^4m^3）	储量设计要求	细度模数	粗骨料软弱颗粒（%）	细骨料含泥量（%）	结论	
							粗骨料	细骨料
C1	5～6	960	满足需要	1.5，偏低	2.0，正常	4.5，略高	满足要求	部分用人工补给调整

C1 砂砾石料场北西向总长约 1.2km，宽度约 1.0km，地下水位埋深 10m，平均水上开采深度约 8m（地面以下 2～10m），有效储量 960 万 m^3。根据颗分试验结果，粒径＞150mm 蛮石含量占 3.8%，粒径 5～150mm 砾石含量占 74.5%，粒径＜5mm 砂的含量占 21.7%。C1 料场用于混凝土粗骨料，各项指标满足技术规范要求；用于混凝土细骨料，除含泥量超标、细度模数和平均粒径偏小外，其余指标满足技术规范要求。但由于该料场表层 2m 砾石表面普遍附着一层白色钙质薄膜，该层白色钙质薄膜对混凝土可能具有腐蚀性，对混凝土的强度可能有影响，能否用作混凝土骨料需进行深入研究。

二、钙膜骨料的应用研究

随着人们环境保护意识的不断增强，我国在进行重大工程建设，特别是进行重大水利工程建设的时候，对环境保护的要求越来越高，环境保护问题也越来越受到社会各界的关注。含钙质薄膜骨料在西北严寒干旱地区较为常见，如新疆阿勒泰地区、伊犁地区、和田地区的水利工程均有发现。但国内外均未见有关含钙膜骨料的研究和工程应用实例的报道，如能对工程区域内普遍存在的钙膜骨料加以科学应用，在料场开采过程中将大量减少弃料，减少工程对草场、林地的占用，减少工程移民，其生态和社会效益是显而易见的。

为此，对C1料场的钙膜骨料进行深入系统的试验研究，论证钙膜骨料能否科学安全地被应用，填补国内钙膜骨料研究应用的空白，对指导同类骨料的工程建设具有重要的现实意义。

（一）钙膜骨料的分布及含量

C1料场钙膜骨料分布在料场表层2m深范围内，骨料表面附着一层白色钙质薄膜，钙膜并不是包裹整个颗粒的表面，单个颗粒的钙膜面积最大占整个颗粒表面积的百分数不超过50%，而且随着颗粒粒径变小，附着钙膜的面积也在变小，钙膜与卵砾石表面胶结，钙膜本身不如原卵石坚硬，击打后不易脱落。对料场2m深度各级骨料中钙膜骨料含量测定的结果为：≥40mm骨料为100%，20～40mm（中石）为28%，5～20mm（小石）为15%，如图2-1所示。

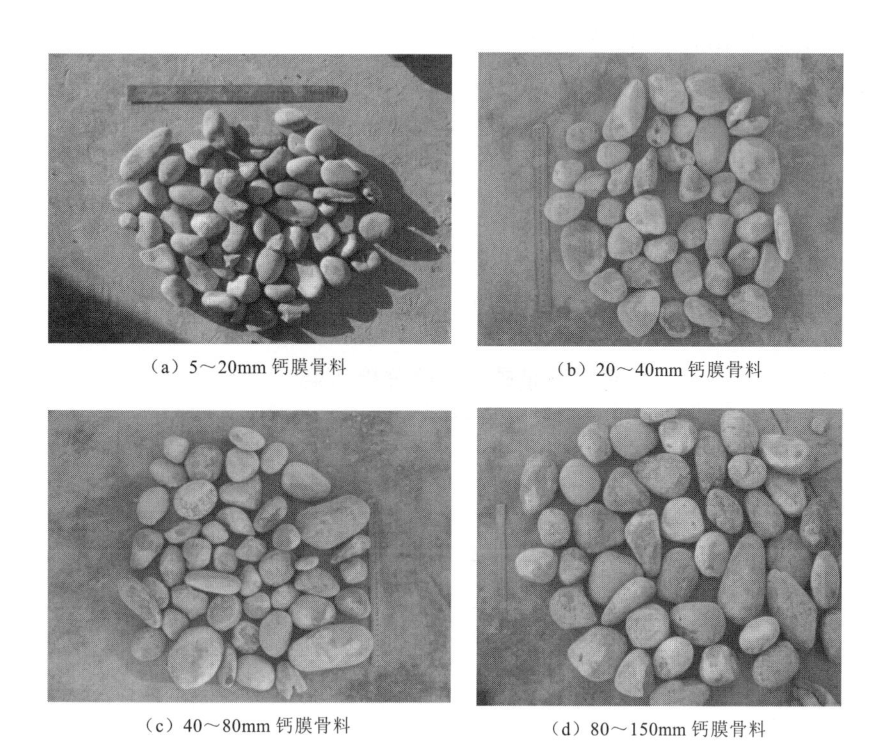

（a）5～20mm钙膜骨料　（b）20～40mm钙膜骨料

（c）40～80mm钙膜骨料　（d）80～150mm钙膜骨料

图2-1　不同粒级骨料钙膜情况

（二）钙膜的成因分析

在大陆性干旱半干旱荒漠草原气候条件下发育的土壤多富含钙质，碳酸钙淀积往往形成钙积层，如果成土母质为粗碎屑冲洪积物，碳酸钙就会在砾石表面淀积，并逐渐形成致密坚硬的钙质薄膜。一般认为，砾石钙膜是在溶解有 Ca^{2+}和 HCO_3^- 的水分向下渗透淋滤并至一定深度因蒸发失水后淀积形成的，这是一个缓慢长期的渐进过程。砾石的底部是含钙质的水分向下渗滤时最易聚集的部位，因此也是 $CaCO_3$ 淀积最有利和最早开始的部位，随着时间的推移，$CaCO_3$ 的累积逐渐增多，厚度不断增大，同时包裹砾石表面的面积也会不断扩大。钙膜的形成与石笋的生长过程极为类似，具有明显的纹层状结构，砾石钙膜最内层的年代大致也就是地貌面的形成年代，钙膜的厚度代表了地貌面形成以后经历时间的长短，不同年代的地貌面具有不同厚度的砾石钙膜。

（三）钙膜的化学成分和矿物成分分析

从 C1 料场表层 2m 砾石表面白色钙质薄膜取样，白色钙膜的矿物成分检测结果见表 2-3，化学成分见表 2-4。其中，难溶盐占 47%～71%、中溶盐占 1.3%～1.8%、易溶盐占 0.1%～0.5%。

分析表明，钙膜的矿物成分主要为石英和碳酸钙，在混凝土中不会产生腐蚀。其他矿物成分还有少量的绿泥石、云母和长石，因含量极少，对混凝土的腐蚀影响可不考虑。

钙膜的化学成分分析表明，存在的有害离子成分 Cl^-、SO_4^{2-} 含量较小，远低于相关规范规定的有害含量范围，对混凝土性能影响较小。

表 2-3　　　　钙质薄膜矿物成分分析结果

矿物成分	Ⅰ号	Ⅱ号	平均值
	含量（%）	含量（%）	（%）
碳酸盐	45.0	35.0	40.0
石英	30.0	40.0	35.0
绿泥石	11.0	5.0	8.0
云母	5.0	11.0	8.0
长石	3.0	3.0	3.0
其他	少量	少量	少量

表 2-4　钙质薄膜化学成分分析结果　单位：g/kg

试验项目		Ⅰ号	Ⅱ号	Ⅲ号	Ⅳ号
水中可溶盐离子	Cl^-	0.045	0.000	0.130	0.111
	CO_3^{2-}	0.034	0.017	0.017	0.017
	HCO_3^-	0.696	0.348	1.318	0.541
	SO_4^{2-}	0.098	3.13	0.293	0.145
	Ca^{2+}	0.285	1.467	0.498	0.242
	Mg^{2+}	0.000	0.000	0.056	0.024
	K^+	0.000	0.045	0.050	0.020
	Na^+	0.050	0.101	0.101	0.050
水中可溶盐离子形成的化合物	$CaCO_3$	0.06	0.03	0.03	0.03
	$Ca(HCO_3)_2$	0.92	0.46	1.75	0.72
	$MgSO_4$	0.00	0.00	0.28	0.12
	$CaSO_4$	0.12	4.56	0.18	0.18
	Na_2SO_4	0.02	0.00	0.00	0.00
	$NaCl$	0.07	0.00	0.21	0.18
易溶盐		1.0	5.0	1.9	0.9
中溶盐	$CaSO_4 \cdot 2H_2O$	12.8	18.2	15.4	7.94
难溶盐	$CaCO_3$	668.1	474.6	711.2	722.5

（四）钙膜骨料对混凝土性能的影响

1. 钙膜骨料含量及钙膜面积比率计算

为了定量分析钙膜骨料对混凝土性能的影响，提出了以下基本定义：

钙膜骨料：单个骨料颗粒表面钙膜（骨料表面附着的一层白色矿物结晶层）附着面积超过整个颗粒表面积 10%，且结晶层与卵石间的胶结有一定强度，遇外力击打不易脱落的骨料称为钙膜骨料。

钙膜骨料含量：钙膜骨料质量占骨料总质量的百分比。

钙膜面积百分比：钙膜骨料之钙膜面积占整个骨料颗粒总表面积的百分比。

已知混凝土配合比粗骨料中各级石子的质量百分比 $m_{小石}$、$m_{中石}$、$m_{大石}$、$m_{超大石}$（$m_{小石}+m_{中石}+m_{大石}+m_{超大石}=1$），天然骨料在成品料中所占的百分比 a、b、c、d，料场各级骨料中钙膜骨料含量（质量百分比）$\alpha_{小石}$、$\alpha_{中石}$、$\alpha_{大石}$、$\alpha_{超大石}$（通过试验获得数据），在假定石子颗粒都是球体，单个骨料颗粒钙膜面积占该骨料表面积的百分比均为 p（通过实地勘察分析获得数据），就可以计算出该混凝土“钙膜骨料含量（质量百分比）” α 和“钙膜骨料之钙膜面积占整个骨料颗粒总表面积的百分比（面积百分比）” β。

（1）混凝土粗骨料中钙膜骨料含量 α 的计算。

混凝土粗骨料中钙膜骨料含量 α 的计算见式（2-2）：

$$\alpha=m_{小石}\times a\times\alpha_{小石}+m_{中石}\times b\times\alpha_{中石}+m_{大石}\times c\times\alpha_{大石}+m_{超大石}\times d\times\alpha_{超大石} \tag{2-2}$$

（2）混凝土粗骨料中钙膜骨料之钙膜面积占整个骨料颗粒总表面积的百分比（面积百分比）β 的计算。

如果假定石子颗粒都是球体，则可求出各种粒径的比表面积 $S_{比}$，根据颗粒各分级质量求出总的颗粒表面积 S，再根据含带钙膜石子的质量求出钙膜面积 $S_{钙}$，进一步求出各种级配钙膜面积占总颗粒表面积的百分比。

石子颗粒的体积：$V=4/3\pi(d/2)^3$；

石子颗粒的面积：$S=4\pi(d/2)^2$；

石子的密度为 ρ，取 $2.7g/cm^3$；

则石子的比表面积：$S_{比}(d)=S/V\rho=2.222/d$。

石子的 $S_{比}(d)$ 与石子的粒径 d 是双曲线函数关系，如果假定某粒径范围内的颗粒大小是均匀分布的，根据中值定理，可计算某粒径范围（d_1-d_2）内的平均比表面积 S_t，见表 2-5。则：

$$S_t=\int_{d_1}^{d_2}S_{比}/(d_2-d_1)=2.222(\ln d_2-\ln d_1)/(d_2-d_1) \tag{2-3}$$

表 2-5 C1 料场不同骨料粒径范围的颗粒平均比表面积

粒径范围（mm）	5～20	20～40	40～80	80～150
S_t（m^2/kg）	0.205	0.077	0.039	0.0174

如果已知 d_1-d_2 颗粒的质量 m，则该级颗粒的总面积 $S=S_t\times m$。

如果已知 d_1-d_2 颗粒中含钙膜颗粒的质量 $m_{钙}$，则该级颗粒中 $S_{钙}=S_t\times m_{钙}$。

料场在实地勘察后，根据实际情况分析假定单个骨料颗粒钙膜面积占该骨料表面积的百分比均为 $p\%$（通过实地勘察分析获得数据）。

综合以上，β 的计算公式如下：

$$\beta=\sum S_{钙}/\sum S=(m_{小石}\times a\times\alpha_{小石}\times0.205+m_{中石}\times b\times\alpha_{中石}\times0.077+m_{大石}\times c\times\alpha_{大石}\times0.039+m_{超大石}\times d\times\alpha_{超大石}\times0.0174)\times p/(m_{小石}\times0.205+m_{中石}\times0.077+m_{大石}\times0.039+m_{超大石}\times0.0174) \tag{2-4}$$

如果对式（2-2）、式（2-3）进行简化，则可以得出以下两个简化的公式：

$$\left.\begin{aligned}&\alpha=A+B+C+D\\&A=m_{小石}\times a\times\alpha_{小石}\\&B=m_{中石}\times b\times\alpha_{中石}\\&C=m_{大石}\times c\times\alpha_{大石}\\&D=m_{超大石}\times d\times\alpha_{超大石}\end{aligned}\right\}\quad(2\text{-}5)$$

$\beta=k_1A+k_2B+k_3C+k_4D$（其中，$k_1$、$k_2$、$k_3$、$k_4$ 为常数）（2-6）

根据以上公式分析判断：随着混凝土配合比粗骨料中钙膜骨料含量（质量百分比）的增大，混凝土配合比粗骨料中钙膜骨料之钙膜面积占整个骨料颗粒总表面积的百分比（面积百分比）也随之增大，因此，以钙膜骨料含量不同的混凝土进行力学及耐久性试验是科学的，也是合理的。

2. 原材料性能

试验采用新疆某水泥厂生产的42.5普通硅酸盐水泥，玛纳斯二级粉煤灰，新疆五杰 NF-1 高效减水剂和 PMS-NEA3 引气剂，喀腊塑克生活用水。粗骨料为布尔津山口电站料场含钙膜骨料和无钙膜骨料，细骨料为 C1 料场天然细砂，原材料性能试验结果见表 2-6～表 2-12。

表 2-6　　布尔津 P·O42.5 水泥性能

42.5 普通硅酸盐水泥	比表面积（m^2/kg）	细度（%）	标准稠度用水量（%）	凝结时间（h:min）		密度（g/cm^3）	安定性	抗压强度（MPa）		抗折强度（MPa）	
				初凝	终凝			3d	28d	3d	28d
1 号-额河实验室	393	1.42	27.0	2:58	3:55	3.13	合格	26.0	53.0	6.7	9.5
2 号-水电设计院	350	—	29.8	2:44	3:30	3.12	合格	23.2	49.5	5.1	7.7
GB 175 P·O42.5 水泥	—	≤10	—	≥45min	≤10h	—	合格	≥16	≥42.5	≥3.5	≥6.5

表 2-7　　玛纳斯粉煤灰品质试验结果

Ⅱ级粉煤灰	密度（g/cm^3）	含水量（%）	细度（%）	需水量比（%）	烧失量（%）	SO_3（%）	28d 抗压强度比（%）
1 号-额河实验室	—	0.1	6.2	93	7.48	—	85.4
2 号-水电设计院	2.14	0.1	10.9	94	2.20	1.82	—
DL/T 5055	≤1.0	≤1.0	≤20.0	≤105	≤8.0	≤3	—

表 2-8　　细骨料颗粒级配检测成果

砂	累计筛余百分数（%）							含泥量（%）	FM
	＞5mm	2.5mm	1.25mm	0.63mm	0.315mm	0.16mm	＜0.16mm		
布尔津天然砂	3.11	11.21	14.87	19.73	42.40	89.75	10.25	2.6	1.68

表 2-9　　粗骨料品质检测成果

粒径（mm）	针片状含量（%）	超径（%）	逊径（%）	压碎指标（%）	软弱颗粒含量（%）	密度（kg/m²）		吸水率（%）		密度（kg/m²）		孔隙率（%）	
						风干	饱干	风干	饱干	堆积	振实	堆积	振实
5～20	5.1	1.8	1.0	3.8	2.0	2752	2731	0.44	0.44	1490	1708	46	38
20～40	4.0	1.8	8.0	—	0.0	2754	2740	0.3	0.3	1440	1706	48	38
DL/T 5144	≤15	＜5	＜10	≤20	—	—	≥2550	—	≤2.5	—	≥1350	—	≤47

表 2-10　　各粒级粗骨料品质检测成果

编号	粒径（mm）	卵石比例（%）	碎石比例（%）	密度（kg/m²）		针片状（%）	含泥量（%）	泥块含量（%）
				堆积	振实			
Y-57	5～20	0	100	1560	1750	4.4	0.8	0
Y-58	20～40	59	41	1580	1740	2.0	0.6	0
Y-59	40～80	100	0	1650	1770	4.0	0.2	0
Y-67	80～150	100	0	1650	1770	0	0.1	0
DL/T 5144		—	—	—	≥1350	≤15	≤1	不允许

编号	硫化物（%）	坚固性（%）	钙模含量（%）	有机质含量	压碎指标（%）	软弱颗粒	
						粒径（mm）	含量（%）
Y-57	0.24	0.60	不明显	浅于标准色	4.6	5～10	3.4
						10～20	1.0
Y-58			14.5	浅于标准色	—	20～40	0
Y-59			19.3	浅于标准色	—	—	—
Y-67			48.7	浅于标准色	—	—	—
	≤0.5	≤5	—	浅于标准色	≤16	—	—

表 2-11　　缓凝高效减水剂品质检验结果

名称	减水率（%）	含气量（%）	泌水率比（%）	28d收缩率比（%）	凝结时间差（min）		抗压强度比（%）		
					初凝	终凝	3d	7d	28d
NF-1	16.7	1.5	59	118	+112	+64	160	153	141
GB 8076 缓凝高效减水剂	≥14	≤4.5	≤100	≤135	>+ 90	—	≥125	≥125	≥120

表 2-12　　引气剂品质检验结果

名称	减水率（%）	含气量（%）	泌水率比（%）	28d收缩率比（%）	凝结时间差（min）		抗压强度比（%）			相对耐久性（200次）（%）
					初凝	终凝	3d	7d	28d	
PMS-NEA3	6.4	6.1	58.2	103.8	+60	+70	88.2	83.3	81.4	93.5
GB 8076 引气剂	≥6	≥3.0	≤70	≤135	−90～+120		≥95	≥95	≥90	≥80

3. 钙膜骨料含量对二级配混凝土性能的影响

参照《水工混凝土试验规程》（SL 352—2006），对不同钙膜骨料含量的混凝土进行耐久性、力学性能的试验研究。试验中二级配混凝土拌和物成型采用标准试件，钙膜骨料含量的控制采用人工挑选的方法进行配料，分别为0%、20%和40%。

二级配混凝土小石:中石=40:60，每组配合比胶凝材料用量相同，用水量相同，坍落度和含气量控制在基本相同的范围内，以保证试验在基本相同的条件下进行。不同钙膜骨料含量混凝土试验配合比见表 2-13，不同钙膜骨料含量混凝土性能试验结果见表 2-14、表 2-15。

表 2-13　　不同钙膜骨料含量混凝土试验配合比

混凝土编号	钙膜骨料含量（%）	配合比参数				材料用量（kg/m³）							
		水胶比	砂率（%）	减水剂（%）	引气剂（%）	水	水泥	粉煤灰	砂	粗骨料（mm）		减水剂	引气剂
										5～20	20～40		
1-额河实验室	0	0.4	30	1.1	0.015	130	260	65	576	552	825	3.575	0.049

续表

混凝土编号	钙膜骨料含量（%）	配合比参数				材料用量（kg/m³）							
		水胶比	砂率（%）	减水剂（%）	引气剂（%）	水	水泥	粉煤灰	砂	粗骨料（mm）		减水剂	引气剂
										5～20	20～40		
2-额河实验室	20	0.4	30	1.1	0.015	130	260	65	576	552	825	3.575	0.049
3-额河实验室	40	0.4	30	1.1	0.015	130	260	65	576	552	825	3.575	0.049
1-水电设计院	0	0.4	30	0.7	0.020	120	240	60	576	544	819	2.10	0.06
2-水电设计院	20	0.4	30	0.7	0.020	120	240	60	576	544	819	2.10	0.06
3-水电设计院	40	0.4	30	0.7	0.020	120	240	60	576	544	819	2.10	0.06

表 2-14　　不同钙膜骨料含量混凝土的抗冻性、抗渗性

混凝土编号	钙膜骨料含量（%）	抗冻性（28d）												抗渗性（28d）
		各冻融循环次数质量损失率（%）						各冻融循环次数动弹性模量损失率（%）						
		50	100	150	200	250	300	50	100	150	200	250	300	
1-额河实验室	0	0	0	0	0	0	0	98.4	98.4	98.2	97.9	97.7	97.4	≥W6
2-额河实验室	20	0	0	0	0	0	0	99.5	97.9	97.0	95.9	93.5	91.7	≥W6
3-额河实验室	40	0	0	0	0	0	0	98.8	98.4	98.1	97.1	95.7	94.6	≥W6
1-水电设计院	0	0.1	0.2	0.5	0.8	—	—	99.4	99	98.4	97.9	—	—	≥W6
2-水电设计院	20	0	0.3	0.4	0.4	—	—	99.5	99.2	99.1	98.7	—	—	≥W6
3-水电设计院	40	0.1	0.2	0.3	0.4	—	—	99.6	99.4	99.1	98.8	—	—	≥W6

表 2-15　　不同钙膜骨料含量混凝土的力学性能

混凝土编号	钙膜骨料含量（%）	拌和物性能		力学性能						
		坍落度（mm）	含气量（%）	抗压强度（MPa）				轴拉强度（MPa）	轴拉弹性模量（GPa）	极限拉伸值（10^{-6}）
				3d	7d	14d	28d	28d	28d	28d
1-额河实验室	0	133	6	20.5	27.9	—	37.9	2.29	29.8	86
2-额河实验室	20	110	5.3	21.0	30.3	—	37.9	2.17	29.0	83
3-额河实验室	40	131	5.9	17.6	24.2	—	34.5	2.50	30.0	91
1-水电设计院	0	63	5.3	—	—	22.0	26.9	2.65	32.5	91
2-水电设计院	20	64	5.2	—	—	21.9	26.8	2.64	31.9	90
3-水电设计院	40	65	5.2	—	—	20.5	23.8	2.47	29.9	87

从以上试验成果可知：钙膜骨料含量在20%的范围内，对抗压强度及其他力学性能影响不大，但在钙膜骨料含量超过40%时，抗压强度值28d下降9%～11%，但极限拉伸强度、拉伸应变及抗冻性、抗渗性无实质性差别。

4. 钙膜骨料对大坝全级配混凝土性能的影响

研究采用含钙膜骨料与不含钙膜骨料的大坝全级配混凝土的性能，分析含钙膜骨料对大坝混凝土性能的影响，试验结果见表2-16。

根据表2-10中5～150mm各粒级粗骨料中钙膜骨料含量，以及大坝全级配混凝土骨料组合比例小石:中石:大石:特大石=20:20:30:30，计算得到含钙膜骨料中钙膜骨料约占骨料总用量的23%。

表 2-16　　钙膜骨料对大坝全级配混凝土性能的影响

试件编号	骨料品种	混凝土等级	级配	90d抗压强度（MPa）	90d劈拉强度（MPa）	90d轴心抗拉强度（MPa）	90d抗压弹性模量（GPa）
SQ4-1	含钙膜骨料	C_{90}25W10F300	四	37.5	2.47	2.49	29.5

续表

试件编号	骨料品种	混凝土等级	级配	90d 抗压强度（MPa）	90d 劈拉强度（MPa）	90d 轴心抗拉强度（MPa）	90d 抗压弹性模量（GPa）
SQ4-2	不含钙膜骨料	C_{90}25W10F300	四	37.5	1.82	2.26	29.5
SQ6-1	含钙膜骨料	C_{90}30W10F300	四	40.7	2.60	3.26	29.8
SQ6-2	不含钙膜骨料	C_{90}30W10F300	四	40.2	2.13	2.87	30.6

试验成果表明，采用含钙膜骨料达23%骨料和不含钙膜骨料的混凝土对全级配混凝土的力学性能影响较小，钙膜骨料含量20%左右时对混凝土的性能无明显影响。

已知混凝土粗骨料中各级石子的质量百分比、天然骨料在成品料中所占的百分比、料场各级骨料中钙膜骨料含量（质量百分比），假定石子颗粒都是球体，单个骨料颗粒钙膜面积占该骨料表面积的百分比均为 p，含钙膜骨料的钙膜表面积占总颗粒表面积均不超过50%，在此基础上，假定石子颗粒为圆球和单个石子的钙膜全部占颗粒表面积的50%，根据式（2-4）计算钙膜骨料含量为20%、40%的混凝土，钙膜骨料之钙膜面积占整个骨料颗粒总表面积的百分比（面积百分比）β 分别为9.84%、14.2%。根据混凝土试验成果，结合钙膜面积百分比分析，可以得出结论，钙膜骨料含量20%左右，实质上是钙膜骨料的钙膜面积占骨料的总面积小于10%，各种级配的混凝土只要达到这一要求，其力学性能、耐久性能就不会有较大变化。

（五）小结

（1）C1料场钙膜骨料分布在料场表层2m深范围内，单个颗粒的钙膜面积最大占整个颗粒表面积的百分数不超过50%，且随着骨料颗粒粒径变小，附着的钙膜面积比率变小。

（2）在大陆性干旱半干旱荒漠草原气候条件下发育的土壤多富含钙质，砾石钙膜是在溶解有 Ca^{2+}和 HCO_3^- 的水分向下渗透淋滤并至一定深度因蒸发失水后淀积形成的，钙膜的形成与石笋的生长过程极为类似，具有明显的纹层状结构，钙膜的厚度代表了地貌面形成以后经历时间的长短。

（3）钙膜的矿物成分主要为无害的石英和碳酸钙，还有少量的绿泥石、云母和长石，因含量极少，对混凝土的腐蚀影响可不考虑。钙膜中存在的有害离子成分 Cl^-、SO_4^{2-} 含量较小，远低于相关规范规定的有害含量范围，对混凝土性能影响较小。

（4）采用 C1 料场含钙膜骨料料源，按照大坝全级配混凝土各粒级组合骨料比例，混凝土中钙膜骨料约为骨料总用量的 23%，钙膜面积占骨料总比表面积 10%左右，对大坝全级配混凝土的力学性能影响不大；钙膜骨料含量小于 20%，对二级配混凝土的力学及耐久性能均无明显影响。

三、骨料碱活性研究

对 C1 混凝土骨料场骨料采用岩相法、砂浆棒快速法、碱活性抑制试验等方法进行碱活性试验，以判定混凝土是否会出现危害性的碱—骨料反应，评价结论如下：

（1）岩相鉴定的结果表明，山口水电站工程天然建筑材料 C1 混凝土骨料场砾石岩性主要为花岗岩、二长花岗岩、云母花岗岩、砂岩等均含有碱活性岩石及活性矿物，需进一步进行碱—硅酸反应试验。

（2）快速碱—硅酸反应试验结果表明，C1 料场粗、细骨料试件 14d 的膨胀率在 0.204%～0.251%之间，膨胀率大于 0.20%，该料场混凝土天然砂、粗骨料为具有潜在危害性反应的活性骨料。

（3）碱骨料抑制效能试验表明，掺入 20%的粉煤灰后，粉煤灰砂浆棒快速法抑制效能试验试件 14d 膨胀率均在 0.039%左右，小于 0.1%的危害值，膨胀率降低值大于 75%，说明掺入 20%粉煤灰后能有效抑制碱—骨料反应，抑制效果较好。

（4）从工程的安全性和耐久性考虑，应严格控制水泥碱含量不大于 0.60%，同时，在混凝土中掺不小于 20%的粉煤灰，以有效抑制碱—骨料反应，保证混凝土质量安全。

四、料源利用方案

（一）料源利用方案经济性比较

根据钙膜骨料利用研究，C1 料场的含钙膜骨料在一定条件下，可以科学、安全地用于工程建设，在此研究基础上，分析不同料源利用方案的经济性，见表 2-17。

表 2-17　　料源开采加工方案经济性比较

<table>
<tr><th rowspan="2">方案</th><th rowspan="2">料场名称</th><th rowspan="2">砂石料类别</th><th colspan="2">单价表（元/m^3）</th><th rowspan="2">平均单价（元/m^3）</th><th rowspan="2">混凝土骨料设计用量（万 m^3）</th><th rowspan="2">总价（万元）</th></tr>
<tr><th>粗骨料</th><th>细骨料</th></tr>
<tr><td>方案一</td><td>P1 料场</td><td>人工骨料</td><td>64.54</td><td>99.80</td><td>82.17</td><td rowspan="3">111</td><td>9121</td></tr>
<tr><td>方案二</td><td>C1 料场</td><td>C1 料场骨料+人工骨料+钙膜料 2m 剔除</td><td>57.44</td><td>67.44</td><td>62.44</td><td>6930</td></tr>
<tr><td>方案三</td><td>C1 料场</td><td>C1 料场骨料+人工骨料</td><td>42.21</td><td>49.00</td><td>45.60</td><td>5061</td></tr>
</table>

注　拱坝 46 万 m^3、发电系统 18 万 m^3、拦河枢纽 12 万 m^3、渠道 30 万 m^3、调供渠道建筑物 5 万 m^3。

方案一：全部采用 P1 石料场人工骨料。

方案二：全部采用 C1 料场骨料，清除 2m 厚度的含钙膜骨料层，用 40～150mm 骨料破碎补充小石和砂。

方案三：全部采用 C1 料场骨料，仅清除料场 0.5m 厚覆盖层，用 40～150mm 骨料破碎补充小石和砂。

从表 2-17 可知，方案三比方案一节省投资 4060 万元，方案三比方案二节省投资 1869 万元。对比方案二和方案三，综合考虑弃料、征地、水土保持费等费用，方案三比方案二节省的投资合计约 2200 万元。

在钙膜骨料合理利用研究基础上，工程采用了方案三的料源利用方案，这对于减少工程对草场、林地的占用，减少工程移民，节约工程投资，具有十分重要的意义，经济效益、生态效益和社会效益显著。

（二）含钙膜骨料料源开采加工工艺

综合试验研究成果，提出了含钙膜骨料的应用技术指标参数，钙膜骨料含量小于 20%的骨料，可以用于三级配及以下级配混凝土，钙膜骨料含量超过 20%的骨料，可通过调整开采加工工艺使其含量小于 20%再加以应用。

根据已测定的 C1 料场 2m 深各级骨料中钙膜骨料含量和设定的破碎骨料掺量，可计算不同开采深度下，各级配混凝土钙膜骨料的含量，绘制各级配混凝土钙膜骨料含量与开采深度关系图，如图 2-2 所示。

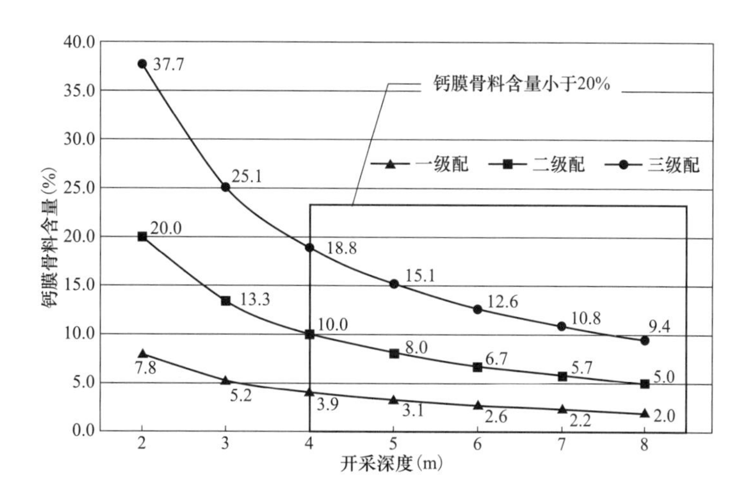

图 2-2　各级配混凝土钙膜骨料含量与开采深度关系图

根据图 2-2 分析，当挖深超过 4m，各级配混凝土钙膜骨料含量均小于 20%，因此，为确保施工质量最优化的开采方案为：清除 0.5m 厚覆盖层，一次开采深度为 4m，增加破碎生产工艺，所生产的骨料用于三级配及以下级配混凝土。

为确保工程质量，大坝混凝土用 40～150mm 大骨料全部采用 C1 料场 2m 以下深度无钙膜骨料。C1 料场混凝土骨料平衡表见表 2-18、表 2-19。

表 2-18　　　　　　混凝土骨料平衡计算表

序号	粒径（mm）	含量（%）	设计量（万 m^3）	设计需要量（万 m^3）	开采量（万 m^3）	平衡量（万 m^3）	备注
1	＞150	3.8	0	0	5.474	5.474	弃料
2	80～150	13.3	12.624	14.306	19.156	4.85	全部利用
3	40～80	33.8	22.274	25.24	48.682	23.44	
4	20～40	17.9	22.75	25.78	25.78	0	
5	5～20	9.5	25.16	28.512	13.682	−14.828	破碎补给
6	0.15～5	18.8	37.6	35.496	27.078	−8.42	
7	＜0.15	2.9	0	0	4.176	4.176	弃料
合计		100	111.28	129.336	144.028	14.692	

表 2-19　　混凝土骨料平衡成果表

总获得率（%）	超径弃料量（万 m^3）	逊径弃料量（万 m^3）	级配弃料量（万 m^3）	小石补给量（万 m^3）	砂子补给量（万 m^3）	天然骨料筛分处理能力（t/h）	人工骨料处理能力（t/h）	覆盖层清除量（万 m^3）
89.28	5.474	4.176	无	−14.82	−8.42	440	160	66（15）

1. 毛料开采

覆盖层平均厚度 0.5m，总清除量为 15 万 m^3，覆盖层清除采用 118kW 推土机推运 50m 弃料；有用层平均 6m 厚，开挖采用 2m^3 挖掘机挖装 15t 自卸汽车，运 1.0km 至篦条筛初筛，半成品料经过皮带机输送至筛分楼筛分冲洗。成品骨料由砂石筛分场料堆处由 2m^3 装载机装 15t 自卸汽车运 2.5km 至混凝土拌和楼。

2. 砂石系统生产工艺流程

毛料首先通过 150mm 蓖条筛将大于 150mm 料全部弃除，然后将 0～150mm 料进入半成品料堆中。半成品（0～150mm）料经振动给料器和胶带运输机至筛分楼进行分级，形成砂子、小石、中石、大石、特大石，通过成品料胶带运输机分别至成品料堆。其中，砂子和小石不足部分将 40～150mm 成品弃料用颚式破碎机破碎作为补给，破碎后的半成品料经过皮带机输送到筛分楼筛分，分别获得砂子和小石。成品料按其分级分别进行堆存，然后通过挖掘机挖装自卸汽车运输至拌和系统。

第四节　大坝混凝土配合比设计与性能研究

布尔津山口水利枢纽工程大坝混凝土的主要设计控制指标为“强度、抗渗、抗冻、抗裂”，抗冲磨混凝土还应满足“抗冲磨、抗空蚀”要求。为适应严寒地区水工大体积混凝土耐久性要求，混凝土配合比、水胶比不宜过大，掺合料比例和胶材用量应适宜，此外，混凝土的耐久性与含气量和强度等级有较好的相关性，混凝土还应有较高的含气量；为保证混凝土抗裂性要求，应尽量降低水泥用量和用水量，适当增加掺合料用量，以减少混凝土水化热温升和收缩变形，还应保证混凝土具有较高的极限拉伸值；为提高混凝土抗冲磨、抗空蚀性能，除要求混凝土具有较高强度和抗裂性外，还应保证混凝土具有较好的施工和易性，以保证混凝土的施工质量。因此，严寒地区高拱坝混凝土应遵循以抗裂、耐久为主要控制指标的配合比设计理念，采用“低用水量、低水胶比、高掺粉煤灰、高含气、低坍落度”的配合比设计思路，达到适宜强度、较好施工性、高耐久、良好抗裂性的设计要求。

在原材料性能试验基础上，初步拟定水胶比 0.38、0.43、0.48，粉煤灰掺量 35%、45%、55%，进行混凝土强度与胶水比关系曲线试验，试验采用三级配混凝土进行。在三级配试验基础上，开展四级配混凝土的水胶比、掺合料掺量选择试验。针对初选混凝土配合比开展混凝土全性能试验，为大坝全级配混凝土性能试验提供初选混凝土配合比。

一、原材料

（一）水泥

按就近取材的原则，试验采用布尔津水泥厂生产的 P·I42.5 型硅酸盐水泥，该批水泥的物理力学性能试验结果见表 2-20，水泥化学成分检测成果见表 2-21。结果表明，水泥比表面积平均值高于 300m²/kg 控制指标，28d 胶砂抗压强度平均值满足 42.5MPa 要求，碱含量接近标准限值，氧化镁含量不高，水泥的物理力学和化学指标均满足《通用硅酸盐水泥》（GB 175）中 P·I42.5 水泥技术要求。

表 2-20　　布尔津 P·I42.5 水泥物理力学性能检测成果

项目	比表面积（m^2/kg）	细度（%）	标准稠度（%）	凝结时间（min）		比重（g/cm^3）	安定性
				初凝	终凝		
技术要求	≥300	—	—	≥45	≤390	—	合格
测试均值	367	3.1	25.0	85	161	3.13	合格

项目	抗压强度（MPa）					抗折强度（MPa）				
	3d	7d	28d	90d	180d	3d	7d	28d	90d	180d
技术要求	≥17.0	—	≥42.5	—	—	≥3.5	—	≥6.5	—	—
测试均值	20.9	31.1	46.7	55.8	57.8	5.3	6.6	8.0	8.9	9.0

表 2-21　　布尔津 P·I42.5 水泥的化学成分检测成果

项目	SiO_2	Al_2O_3	Fe_2O_3	CaO	f-CaO	MgO	SO_3	Loss	R_2O	C_3S	C_2S	C_3A	C_4AF
技术要求（%）	—	—	—	—	—	≤5.0	≤3.5	≤3.0	≤0.6	—	—	—	—
测值（%）	22.68	5.28	4.26	60.99	0.44	1.76	2.28	1.60	0.53	27.79	44.25	6.77	12.95

注　$R_2O=Na_2O+0.658K_2O$，矿物成分按水泥成品测值推算，供参考。

（二）粉煤灰

试验所采用Ⅰ级粉煤灰的物理性能检测成果见表 2-22，粉煤灰化学成分检测成果见表 2-23，检测结果满足《水工混凝土掺用粉煤灰技术规范》（DL/T 5055）中Ⅰ级粉煤灰要求。

表 2-22　　玛纳斯粉煤灰物理性能检测成果

项　目	含水量（%）	细度（%）	需水量（%）	密度（g/cm^3）	安定性	检测结果
Ⅰ级粉煤灰	0.08	9.1	91	2.24	合格	Ⅰ级灰
DL/T 5055 技术要求	≤1	≤12	≤95	—	—	—

表 2-23　　玛纳斯粉煤灰的化学成分检测成果（%）

项　目	SiO_2	Al_2O_3	Fe_2O_3	CaO	SO_3	R_2O	MgO	Loss	检测结果
Ⅰ级粉煤灰（%）	50.64	21.80	9.47	9.13	1.34	1.46	3.12	1.65	Ⅰ级灰
DL/T 5055 技术要求（%）	—	—	—	—	≤3.0	—	—	≤5.0	—

（三）粉煤灰掺量与胶砂性能关系

为便于经济有效地利用粉煤灰，进行粉煤灰掺量与水泥胶砂强度关系试验，粉煤灰掺量分别为 0%、20%、30%、40%、45%、50%、60%，试验成果见表 2-24，胶砂强度随粉煤灰掺量变化关系见图 2-3。由强度变化关系可知，水泥胶砂强度随粉煤灰掺量增加而降低。粉煤灰掺量 30%以内胶砂强度降低幅度不大，粉煤灰掺量超过 40%胶砂强度降低幅度明显。

表 2-24　　粉煤灰掺量与水泥胶砂强度关系试验成果

编号	水泥用量（g）	粉煤灰		抗压强度（MPa）					抗折强度（MPa）				
		掺量（%）	用量（g）	3d	7d	28d	90d	180d	3d	7d	28d	90d	180d
F09-31	450	0	—	20.7	31.0	47.8	58.1	58.2	5.0	6.5	7.7	8.9	9.0
F09-31-1	360	20	90	17.3	25.0	40.6	56.4	66.2	4.1	5.4	7.3	9.0	10.1
F09-31-2	315	30	135	14.6	22.5	36.9	55.8	64.0	3.6	4.9	7.2	8.7	9.9
F09-31-3	270	40	180	12.5	18.3	30.1	48.9	60.0	2.9	4.2	6.3	8.3	9.5
F09-32-2	247.5	45	202.5	11.2	16.7	24.0	44.8	53.4	2.9	4.1	5.4	7.5	9.2
F09-31-4	225	50	225	7.5	13.2	23.2	39.9	49.9	2.3	3.4	5.1	7.3	8.7
F09-31-5	180	60	270	4.8	9.2	16.4	28.5	39.8	1.8	2.7	3.8	6.1	8.1

（四）粉煤灰掺量与胶凝材料水化热关系

不同掺量粉煤灰的胶凝材料水化热试验成果见表 2-25，粉煤灰试验掺量分别为 0%、20%、30%、40%、50%。试验结果表明，布尔津水泥厂生产的 P·I42.5 型硅酸盐水泥水化热较低，胶材水化热随粉煤灰掺量变化关系见图 2-4。由图可知，水化热随粉煤灰掺量增加而降低，粉煤灰掺量超过 30%水化热降幅进一步增大。

综合上述成果，设计龄期 28d 的混凝土，粉煤灰掺量可按 30%左右考虑；设计龄期 90d 的混凝土，粉煤灰掺量可考虑增至 40%以上。

表 2-25　　粉煤灰不同掺量的胶凝材料水化热试验成果

材料用量（%）		水泥水化热（kJ/kg）	
布尔津 P·I42.5 水泥	玛纳斯粉煤灰	3d	7d
100	0	232	264
80	20	210	244
70	30	182	215
60	40	177	215

续表

材料用量（%）		水泥水化热（kJ/kg）	
布尔津 P·I42.5 水泥	玛纳斯粉煤灰	3d	7d
50	50	140	177
GB 200 中热硅酸盐水泥	0	251	293

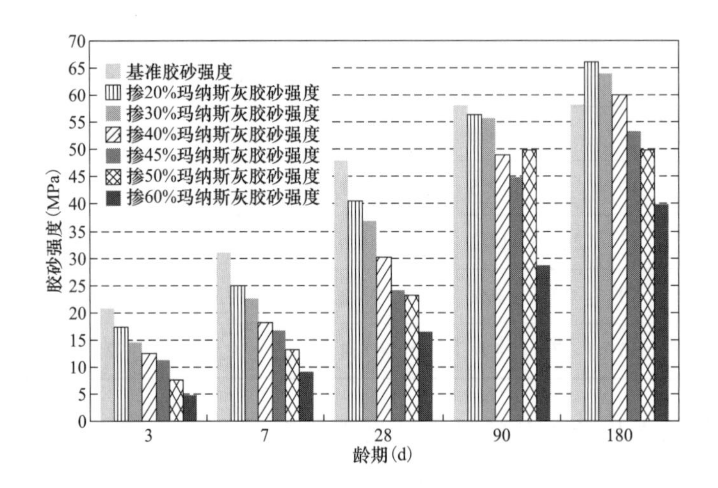

图 2-3　胶砂强度随粉煤灰掺量变化关系图

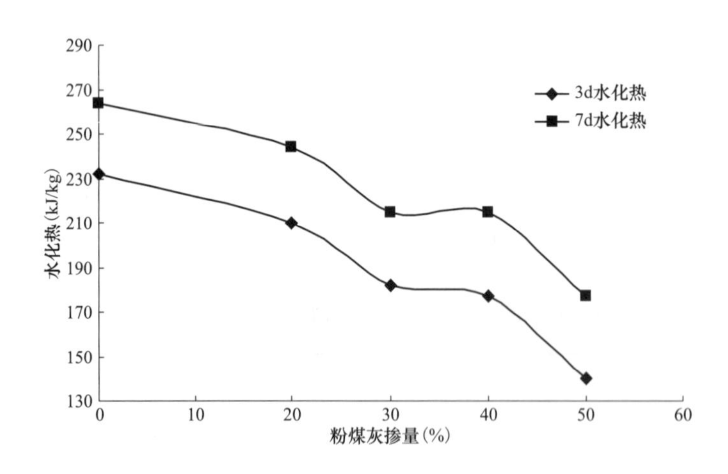

图 2-4　胶材水化热随粉煤灰掺量变化关系曲线

（五）细骨料

细骨料采用 C1 料场天然细砂和 C1 料场卵石破碎人工砂的混合砂。经多次检测，C1料场的天然细砂细度模数在1.6～1.9之间，人工砂的细度模数多在3.2～3.7之间。人工砂生产有一定波动，经计算和多次调配，按天然砂40%、人工砂60%的比例配制混合砂时，混合砂细度模数满足2.6±0.1的控制范围，各关键粒级累计筛余量均在中砂区域内。砂子的品质和级配检测按《水工混凝土试验规程》（SL 352）进行。试验用天然砂、人工砂及混合砂级配检测成果见表2-26，天然砂、人工砂、混合砂颗粒级配对比曲线见图2-5，天然砂、人工砂、混合砂品质试验成果见表2-27。试验成果表明，天然砂、人工砂、混合砂品质均符合《水工混凝土施工规范》（DL/T 5144）的要求，按天然砂40%、人工砂60%比例配制的混合砂级配更为合理。

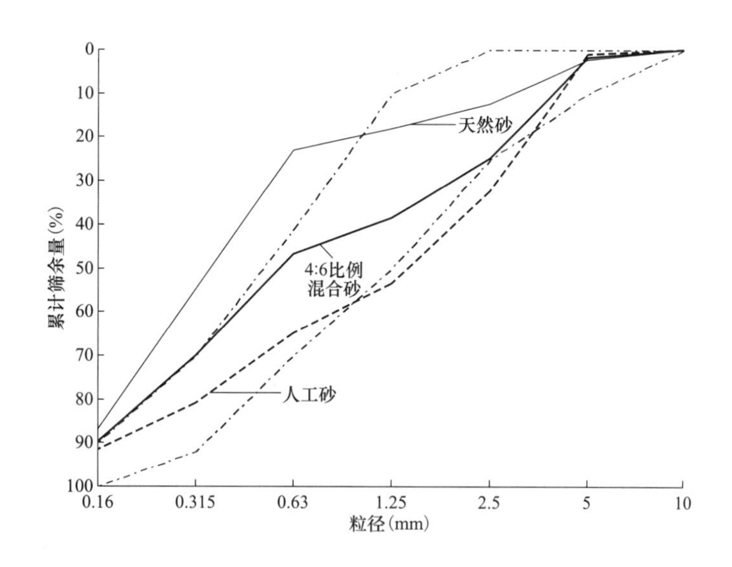

图2-5　布尔津天然砂、人工砂、混合砂颗粒级配对比曲线

（六）粗骨料

采用C1料场粗骨料，由于勘探发现天然小石很少、中石不多、大石多、特大石很多，选择工艺为破碎一部分大石补充小石和中石。考虑到C1料场缺少天然小卵石的情况，小石采用碎石进行试验。粗骨料品质按《水工混凝土试验规程》（SL 352）进行检验，级配试验采用方孔筛检验，粗骨料品质试验成果见表2-28，结果表明，粗骨料品质指标满足《水工混凝土施工规范》（DL/T 5144）的要求，初期生产的特大石钙膜含量较高。

表 2-26　天然砂、人工砂及混合砂级配检测成果

编号	项目（%）	筛孔尺寸（mm）								含泥量（%）	石粉量（%）	细度模数	品种
		10	5	2.5	1.25	0.63	0.315	0.16	0.08				
GB/T 14684、DL/T 5144 中砂 II 区		0	0～10	0～25	10～50	41～75	70～92	90～100	97～100	≤3	6～18	2.2～3.0	—
Y-55	累计筛余量（%）	0	2.35	12.31	18.14	22.91	54.72	86.84	96.05	3.95	13.16	1.88	天然砂
Y-68		0	1.03	32.26	53.38	64.80	80.98	91.44	97.37	2.63	8.56	3.21	人工砂
YH-1		0	1.79	24.77	38.41	46.76	69.92	89.74	97.10	2.90	10.26	2.65	混合砂

表 2-27　天然砂、人工砂及混合砂品质试验成果

编号	样品品种	表观密度（kg/m^3）		吸水率（%）		堆积密度（kg/m^3）		孔隙率（%）		泥块含量（%）	云母含量（%）	轻物质含量（%）	硫化物（%）	坚固性（%）	有机质含量
		干砂	饱干	干砂	饱干	松堆	紧堆	松堆	紧堆						
DL/T 51440		≥2500	—	—	—	—	—	—	—	不允许	≤2	≤1	≤1	≤8	浅于标准色
Y-55	天然砂	2700	2670	1.1	1.0	1560	1802	42	33	0	0.2	0.01	0.29	2.2	浅于标准色
Y-68	人工砂	2720	2680	1.2	1.2	1550	1887	43	31	0	0.2	0.005	0.26	4.06	浅于标准色
YH-1	混合砂	2710	2670	1.1	1.1	1600	1926	41	29	0	—	—	—	—	—

表 2-28　粗骨料品质试验成果

编号	粒径（mm）	卵石比例（%）	碎石比例（%）	中径筛余（%）	密度（kg/m²）		吸水率（%）		密度（kg/m²）		孔隙率（%）		针片状（%）	含泥量（%）	泥块含量（%）	硫化物（%）	坚固性（%）	钙模含量（%）	有机质含量	压碎指标（%）	软弱颗粒（%）	
					干骨料	饱干	干骨料	饱干	堆积	振实	堆积	振实										
DL/T 5144				40～70	—	≥2550	—	≤2.5	—	≥1350	—	≤47	≤15	小中石≤1	不允许	≤0.5	≤5	—	浅于标准色	≤16	粒径（mm）	—
Y-57	5～20	0	100	81.8	2750	2730	0.43	0.43	1560	1750	43	36	4.4	0.8	0	0.24	0.60	不明显	浅于标准色	4.6	5～10	3.4
																					10～20	1.0
Y-58	20～40	59	41	60.0	2750	2740	0.30	0.30	1580	1740	42	37	2.0	0.6	0			14.5	浅于标准色	—	20～40	0
Y-59	40～80	100	0	19.8	2740	2730	0.24	0.24	1650	1770	40	35	4.0	0.2	0			19.3	浅于标准色	—	—	—
Y-67	80～150	100	0	38.3	2740	2730	0.20	0.20	1650	1770	40	35	0	0.1	0			48.7	浅于标准色	—	—	—

注　由于采用已筛分骨料，坚固性计算结果采用与混凝土级配相同比例进行近似计算。即粒径 5～20mm、20～40mm、40～80mm 按 2∶3∶5 的三级配混凝土比例计算坚固性。

（七）粗骨料级配选择试验

对不同级配的粗骨料进行组合试验，测试各种组合比例下粗骨料的振实密度并计算空隙率，以优选最经济合理的骨料组合比例。各级配粗骨料的组合比例与振实密度试验成果见表 2-29。根据最大密度和最小空隙率优选粗骨料的组合级配比例，同时兼顾料场实际，尽量少用小石、多用大石，以减少骨料破碎加工量、降低成本，分别选择四级配骨料组合比例小石:中石:大石:特大石=20:20:30:30、三级配骨料组合比例小石:中石:大石=20:30:50、二级配骨料组合比例小石:中石=40:60 为混凝土配合比试验骨料级配。其中，二级配各骨料比例的空隙率偏差不超过 1%，差异不大，综合料源平衡，考虑选择小石:中石=40:60 的组合比例。

钙膜骨料是指钙膜覆盖面积占骨料表面积为 10%～40%的骨料。工程前期的钙膜骨料研究成果说明，骨料钙膜含量在 20%以内时对混凝土性能无明显影响，钙膜含量在 30%以上时对混凝土性能影响逐渐增大。按各级配骨料所占比例估算，一、二、三级配骨料各种组合比例下，钙膜骨料含量均低于 20%，四级配骨料在小石:中石:大石:特大石= 20:20:30:30 时钙膜骨料约占 23%，但对过筛后混凝土性能试验结果影响不明显。

表 2-29　各级配粗骨料的组合比例与振实密度试验成果

编号	粒径范围（mm）	骨料混合比例（%）				密度（kg/m^2）		孔隙率（%）	
		小石	中石	大石	特大石	堆积	振实	堆积	振实
GJ2-1	5～40	50	50			1611	1823	41.1	33.3
GJ2-2	5～40	55	45			1630	1825	40.4	33.3
GJ2-3	5～40	40	60			1614	1812	41.0	33.8
GJ2-4	5～40	45	55			1625	1834	40.6	33.0
GJ3-1	5～80	30	35	35		1744	1924	36.2	29.6
GJ3-2	5～80	30	30	40		1738	1920	36.4	29.8
GJ3-3	5～80	25	25	50		1784	1964	34.7	28.1
GJ3-4	5～80	30	40	30		1730	1920	36.7	29.8
GJ3-5	5～80	20	30	50		1790	1970	34.5	27.9

续表

编号	粒径范围（mm）	骨料混合比例（%）				密度（kg/m²）		孔隙率（%）	
		小石	中石	大石	特大石	堆积	振实	堆积	振实
GJ4-1	5～150	25	25	25	25	1881	1998	31.2	26.9
GJ4-2	5～150	20	30	30	20	1851	1965	32.3	28.1
GJ4-3	5～150	20	30	20	30	1864	2013	31.8	26.4
GJ4-4	5～150	20	30	25	25	1854	1982	32.2	27.5
GJ4-5	5～150	20	20	30	30	1874	2046	31.4	25.1
GJ4-6	5～150	25	25	20	30	1881	2028	31.2	25.8

（八）外加剂

试验采用NF-2型缓凝高效减水剂和PMS-NEA3型引气剂，同时开展FDN型缓凝高效减水剂和AER型引气剂的对比试验，根据《混凝土外加剂》（GB 8076）进行外加剂品质检验。掺外加剂混凝土性能试验采用布尔津水泥厂P•I42.5型硅酸盐水泥，C1料场生产的5～20mm小碎石，以及天然砂与破碎人工砂混合而成的混合砂，细度模数2.65。掺外加剂混凝土性能试验时，按缓凝高效减水剂品质检验规定采用330kg水泥、40%砂率时，混凝土拌和物外观松散、黏性差，砂浆填充不充分。这可能是由于粒径5～20mm的碎石级配不佳、堆积空隙率较大（43%），振实空隙率较高（36%），需要较多的砂浆填充所致；为准确测定外加剂品质，保证混凝土拌和物的和易性，参考高性能混凝土外加剂检测规定，采用360kg水泥、44%砂率的混凝土配合比进行试验，混凝土拌和物黏聚性较好，坍落度塌陷模式正常，测值稳定准确。

外加剂与水泥净浆的适应性试验成果见表2-30和表2-31，掺外加剂混凝土性能试验成果见表2-32，外加剂匀质性试验成果见表2-33，外加剂掺量与混凝土性能关系试验成果见表2-34，减水剂掺量与减水率关系曲线见图2-6，引气剂掺量与含气量关系曲线见图2-7。根据试验结果，两种减水剂的减水率和两种引气剂的引气量相近，各项指标均满足《混凝土外加剂》（GB 8076）中相关的技术要求。其中，NF-2型缓凝高效减水剂为厂家针对布尔津水泥生产的专用产品，适应性较好。

表 2-30 水泥与减水剂适应性试验成果（一）

水泥品种	外加剂品种	水泥用量（g）	粉煤灰用量（g）	水胶比	外加剂掺量（%）														
					4min 胶凝材料净浆流动度（mm）					30min 胶凝材料净浆流动度（mm）					60min 胶凝材料净浆流动度（mm）				
					0.5	0.8	1.0	1.2	1.5	0.5	0.8	1.0	1.2	1.5	0.5	0.8	1.0	1.2	1.5
布普 P·O 42.5	NF-1	600	—	0.35	60.0	124.5	165.5	212.5	228.5	60.0	79.5	114.5	179.5	221.5	60.0	68.5	109	164.5	221.5
	NF-1	420	180	0.35	136.0	200.5	239.5	245.0	248.5	82.5	143.5	200.5	240.5	248	79.5	126.0	177.5	234.5	245.5
	FDN	600	—	0.35	86.5	129.5	143.0	237.5	246.0	63.0	84.0	131.0	164.0	228.5	60.0	79.0	113.5	159.5	219.0
	FDN	420	180	0.35	124.0	247.0	250.5	251.5	252.0	100.5	180.0	200.0	247.5	255.5	78.5	166.0	194.5	251.0	254.0
	SP1	600	—	0.35	92.5	150.0	179.0	186.0	260.5	93.0	141.5	206.5	208.5	222.0	83.5	145.5	211.5	223.5	270.5
	SP1	420	180	0.35	196.0	243.5	264.5	270.5	298.0	199.5	243.0	249.5	282.5	275.5	208.0	257.5	260.5	276.5	294.5
	NF-2	600	—	0.35	68.5	191.0	250.0	252.0	252.5	61.0	81.0	127.0	180.5	229.0	60.0	82.0	112.5	149.5	216.5
	NF-2	420	180	0.35	132.5	224.5	251.5	258.0	254.0	114.5	149.0	220.5	270.5	251.5	89.5	143.0	217.5	239.5	248.0
	NF-2	450	150	0.27	118.5	209.5	217.5	219.0	220.0	112.5	76.0	125.0	169.0	188.0	87.0	60.0	113.0	156.0	181.5
	NF-2	450	150	0.40	152.5	270.5	262.5	271.5	273.0	146.5	194.5	226.5	256.5	263.0	129.5	191.5	224.0	236.5	271.5
布特 P·I 42.5	NF-2	600	—	0.35	168.5	254.0	253.5	249.0	246.5	131.0	236.5	260.0	254.5	239.5	104.5	241.0	257.5	253.5	191.5
	NF-2	420	180	0.35	243.0	247.5	269.0	270.0	264.5	182.5	265.0	264.5	281.5	258.0	184.5	271.5	275.5	283.0	249.5
	FDN	600	—	0.35	247.5	256.5	269.5	265.5	257.5	112.5	218.0	260.5	264.5	270.0	95.5	199.0	260.0	267.0	268.0
	FDN	420	180	0.35	255.5	264.0	262.5	261.5	262.0	185.0	258.5	275.5	266.5	266.0	163.0	264.5	269.5	275.5	276.5
	NF-2	450	150	0.27	221.5	229.5	225.5	228.5	226.0	87.5	213.5	231.5	233.5	134.5	73.5	201.0	227.5	222.5	98.0
	NF-2	450	150	0.23	160.0	211.5	205.0	202.0	200.5	60.0	108.5	168.5	171.0	80.5	60.0	60.0	116.0	129.5	60.0
天山 P·O 52.5	SP1	450	150	0.27	82.0	145.0	192.0	196.5	223.5	97.5	196.5	249.0	266.5	263.0	93.0	203.5	251.0	268.5	263.0
	NF-2	450	150	0.27	64.0	71.5	93.5	214.5	226.0	60.0	60.0	76.0	111.5	186.5	60.0	60.0	60.0	111.5	188.0
	WJSX-A	600	—	0.27	—	—	—	—	1.3% 230.0	—	—	—	—	1.3% 251.5	—	—	—	—	1.3% 253.0

表 2-31　水泥与减水剂适应性试验成果（二）

水胶比	水泥		外加剂		胶凝材料净浆流动度（mm）			备注
	品种	用量（g）	品种	掺量（%）	4min	30min	60min	
0.35	布特 P·I42.5	600	NF-2	0.8	258.0	238.5	218.0	专用样品
0.35		600	FDN-13B	0.8	265.5	241.5	237.0	样品
0.35		600	FDN	0.8	232.0	209.5	189.5	样品
0.35		600	FDN-15C	0.8	252.5	240.0	238.5	样品

表 2-32　掺外加剂混凝土性能试验成果

试验编号	外加剂品种	掺量（%）	水泥（kg/m^3）	砂率（%）	含气量（%）	减水率（%）	泌水率（%）/泌水率比（%）	凝结时间（h:min）/时间差（h:min）		抗压强度（MPa）/强度比（%）		
								初凝	终凝	3d	7d	28d
SW0-7	—	—	360	44	1.0	—	5.3/100	6:34	9:25	16.5	23.4	32.7
SW4-1	NF-2	0.7	360	44	2.0	15.1	5.3/100	8:38/124	12:24/179	25.9/157	33.4/143	44.7/137
SW5-1	FDN	0.7	360	44	2.2	15.7	2.9/55	10:40/246	13:45/260	25.8/156	35.6/152	45.7/140
GB 8076 缓凝高效减水剂					≤4.5	≥14	≤100	＞90	—	—	≥125	≥120
SW7-1	PMS-NEA_3	0.005	360	41	4.0	7.0	3.0/57	6:35/1	9:40/15	15.9/96	22.8/97	31.9/98
SW8-1	AER	0.005	360	41	4.6	7.0	3.1/58	6:22/−2	9:20/−5	15.7/95	24.6/105	32.4/99
GB 8076 引气剂					≥3.0	≥6	≤70	−90～+90		≥95	≥95	≥90

表 2-33　　外加剂匀质性检验结果

外加剂品种	外观	固体含量（%）	pH 值	不溶物（%）	细度（%）	硫酸钠含量（%）	氯离子含量（%）	碱含量（%）	净浆流动度（mm）	密度（g/mL）
减水剂 NF-2	粉状棕色	90.50	7.82	0.02	22.4	14.91	0.052	9.33	248.0	1.090
引气剂 MS-NEA3	膏状褐色	57.72	8.74	—	—	—	—	3.09	—	0.9996

注　减水剂密度按 20%浓度测试。

表 2-34　　外加剂掺量与混凝土性能关系试验成果

试件编号	外加剂		用水量（kg/m^3）	水泥（kg/m^3）	砂率（%）	坍落度（cm）		含气量（%）		减水率（%）	泌水率（%）/泌水率比（%）	凝结时间（h:min）		抗压强度（MPa）			抗压强度比（%）		
	品种	掺量（%）				出机	30min	出机	30min			初凝	终凝	3d	7d	28d	3d	7d	28d
SW0-6	—	—	187	360	44	8.8	—	1.0	—	0.0	5.5	5:18	8:22	19.8	27.2	35.8	100	100	100
SW2-1	NF-2	0.7	160	360	44	8.4	4.0	2.1	2.0	14.4	1.9/35	7:05	9:38	26.6	35.2	44.2	134	129	123
SW2-2	NF-2	0.8	157	360	44	8.9	4.2	2.2	2.2	16.0	0.0/0	8:30	10:38	30.1	39.7	45.9	152	146	128
SW2-3	NF-2	0.9	154	360	44	8.3	4.7	2.3	2.4	17.6	0.0/0	8:50	11:28	32.8	38.6	50.5	166	142	141
SW3-1	PMS-NEA_3	0.005	175	360	41	8.5	5.0	4.0	3.3	7.5	3.6/65	5:25	8:45	18.8	26.8	34.2	95	99	96
SW3-2	PMS-NEA_3	0.006	173	360	41	8.6	5.3	4.5	3.5	7.5	2.0/36	5:46	8:50	17.6	25.4	33.1	89	93	92
SW3-3	PMS-NEA_3	0.007	171	360	41	8.8	6.0	4.7	3.4	8.6	—	6:07	8:37	16.5	23.5	32.6	83	86	91
SW3-4	PMS-NEA_3	0.010	165	360	41	8.6	5.8	6.4	4.2	11.8	—	5:47	8:10	16.9	22.5	30.5	85	83	85
SW3-5	PMS-NEA_3	0.015	164	360	41	8.5	5.0	8.6	5.5	12.2	—	—	—	14.7	20.0	28.9	74	74	81
SW3-6	PMS-NEA_3	0.020	163	360	41	8.6	4.0	9.5	6.2	12.8	—	—	—	14.5	20.3	26.7	73	75	75

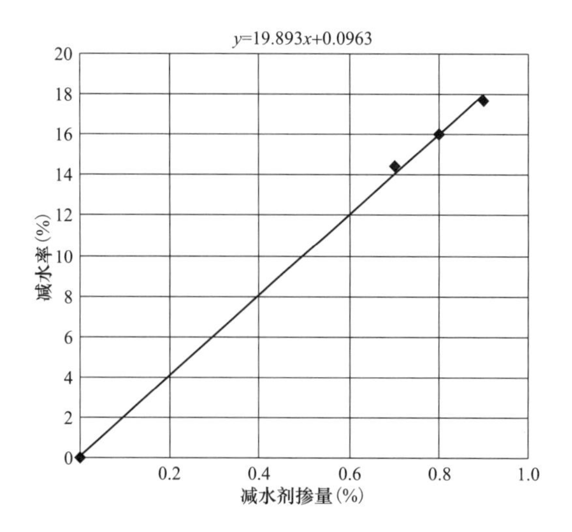

图 2-6 减水剂掺量与减水率关系曲线

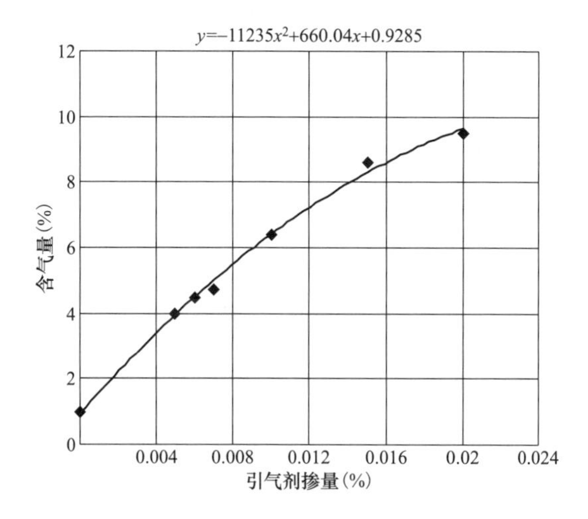

图 2-7 引气剂掺量与含气量关系曲线

二、混凝土试验

（一）混凝土配制强度的确定

为使施工混凝土强度符合设计要求，在混凝土配合比设计时，应使混凝土配制强度有一定的富裕度。根据现行《水工混凝土施工规范》（DL/T 5144）中“配合比选定”的有关要求，混凝土配制强度按式（2-7）计算：

$$f_{cu,0}=f_{cu,k}+t\sigma \tag{2-7}$$

式中 $f_{cu,0}$ ——混凝土的配制强度，MPa；

$f_{cu,k}$ ——混凝土设计龄期的强度标准值，MPa；

t ——概率度系数，依据强度保证率 P 选定；

σ ——混凝土强度标准差，MPa。

通过计算，各部位混凝土配制强度见表 2-35。

（二）配合比计算

配合比设计试验按照《水工混凝土试验规程》（SL 352）中体积法计算，即混凝土的体积等于水泥、粉煤灰、水以及砂子、石子的绝对体积加上混凝土中所含空气体积之和。其计算公式为：

$$\frac{C}{\rho_c}+\frac{F}{\rho_f}+\frac{W}{\rho_w}+\frac{S}{\rho_s}+\frac{G}{\rho_g}+a=1.0 \tag{2-8}$$

式中 C、F、W、S、G ——分别为水泥、粉煤灰、水、砂及石子的用量，kg/m^3；

ρ_c、ρ_f、ρ_w、ρ_s、ρ_g ——分别为水泥、粉煤灰、水、砂、石子的比重，kg/m^3；

a——混凝土拌和物中含气量的百分数。

根据选定的参数以及拌和调试出的参数，即可求解出 $1m^3$ 混凝土中各种材料用量。本次配合比试验采用的主要参数见表 2-36。

（三）三级配混凝土配合比参数试验

三级配混凝土配合比参数确定试验，水胶比选择 0.38、0.43、0.48，粉煤灰掺量选择 35%、45%、55%。混凝土拌和物和易性按出机 30min 混凝土坍落度 30～60mm、含气量 4.5%～5.5%进行控制，骨料比例 20:30:50。根据大坝混凝土耐久性要求和混凝土高性能化目标，配合比试验严格控制混凝土拌和物的含气量，按混凝土拌和物出机 30min，含气量在控制范围内、坍落度基本符合控制要求时成型各类试件。

试验原材料为：P·I42.5 型硅酸盐水泥；山口 C1 料场骨料，5～20mm 小碎石，20～40mm 混合石，40～80mm 天然卵石；C1 料场天然砂 40%与人工砂 60%的混合砂，细度模数 2.65；NF-2 型缓凝高效减水剂和 PMS-NEA3 型引气剂；生活用水。具体配合比试验参数见表 2-37，试验结果见表 2-38～表 2-40。三级配混凝土水胶比与抗压强度关系曲线见图 2-8，三级配混凝土粉煤灰掺量与抗压强度关系曲线见图 2-9。

表 2-35　山口大坝各部位混凝土配制强度及设计要求

分区编号	A(I-1)	A(I-2)	A(Ⅱ)	A(Ⅲ)	A(Ⅳ)	A(Ⅴ)	A(Ⅵ)	A(Ⅶ)
部位	558～567m高程坝体混凝土	620～647m高程坝体混凝土	567～620m高程坝体混凝土	基础垫层混凝土	坝顶常态混凝土	溢流面表层高性能混凝土	表孔、底孔闸墩及其倒悬部位混凝土	消能塘、护坦底板、边墙
混凝土级配	四	四	四	三	三	三	三	三
设计标号	C_{90}25W10 F300	C_{90}25W8 F300	C_{90}30W10 F300	C_{28}25W10 F200	C_{180}25W6 F200	C_{28}40W6 F300	C_{90}25W6 F200	C_{28}25W6 F200
强度保证率 P	80%	80%	80%	95%	95%	95%	95%	95%
概率度系数 t	0.84	0.84	0.84	1.645	1.645	1.645	1.645	1.645
标准差 σ	4.0	4.0	4.5	4.0	4.0	5.0	4.0	4.0
配制强度（MPa）	28.4	28.4	33.8	31.6	31.6	48.2	31.6	31.6
极限抗压（MPa）	30	30	30	25	25	40	25	25
抗拉强度（MPa）	1.7	1.7	2.0	1.7	1.7	2.2	1.7	1.7
抗压弹性模量（GPa）	30	30	30	28	28	32.5	28	28
混凝土含气量	5%	5%	5%	4.5%	4.5%	5%	4.5%	4.5%
密度（kg/m^3）	≥2400	≥2400	≥2400	≥2400	≥2400	≥2400	≥2400	≥2400
极限拉伸值（$\times10^{-4}$）	＞0.85	＞0.85	＞0.85	＞0.80	＞0.80	＞0.85	＞0.85	＞0.85

表 2-36 混凝土配合比试验参数

试验参数	三级配	四级配
水胶比	0.38、0.43、0.48	0.38、0.43
粉煤灰掺量	35%、45%、55%	45%
单位用水量	92kg/m^3	82kg/m^3
体积砂率	28%～29%	25%～26%
骨料级配（小石:中石:大石:特大石）	20:30:50	20:20:30:30
理论计算含气量	3%～4%	2.5%～3%

注 骨料均以饱和面干为计算基准。

拌和物试验结果表明：出机 30min 时，拌和物坍落度基本满足 30～60mm 控制要求，含气量满足 4.5%～5.5%控制范围，混凝土容重 2440～2480kg/m^3。表 2-38 表明，凝结时间随粉煤灰掺量、出机坍落度和含气量情况有一定变化，但均大于 14h，可满足现场施工要求。水胶比为 0.38 与 0.43 时，混凝土 28d 和 90d 龄期抗压强度变化不大，水胶比为 0.48 的混凝土 28d 和 90d 龄期抗压强度下降明显；水胶比越小，混凝土强度发展越快，后期强度增长幅度越小；粉煤灰掺量越大，早期强度增长越小，后期强度增长越大。如水胶比在 0.38～0.48 范围内，以 28d 龄期抗压强度为基准时，掺 35%粉煤灰的 3d 龄期抗压强度发展系数平均 0.47，7d 龄期抗压强度发展系数平均 0.67，90d 龄期抗压强度发展系数平均 1.36，180d 龄期抗压强度发展系数平均 1.46；掺 45%粉煤灰的 3d 龄期抗压强度发展系数平均 0.43，7d 龄期抗压强度发展系数平均 0.65，90d 龄期抗压强度发展系数平均 1.42，180d 龄期抗压强度发展系数平均 1.54；掺 55%粉煤灰的 3d 龄期抗压强度发展系数平均 0.39，7d 龄期抗压强度发展系数平均 0.57，90d 龄期抗压强度发展系数平均 1.53，180d 龄期抗压强度发展系数平均 1.70。

从表 2-39 试验结果看，各组试验参数 90d 龄期劈拉强度和轴心抗拉强度均大于 2.0MPa，弹性模量适中，90d 龄期极限拉伸值均在 85×10^{-4} 以上，均可满足设计指标。

表 2-37　三级配大坝混凝土试验配合比

试件编号	级配	配合比参数							材料用量（kg/m^3）											
		水胶比	粉煤灰（%）	砂率（%）	减水剂（%）	引气剂（%）	坍落度（cm）	含气量（%）	用水量	总胶材	水泥	粉煤灰	砂	天然砂	人工砂	粗骨料			减水剂	引气剂
														40%	60%	小石	中石	大石		
SQ12-1	三	0.38	35	28	0.70	0.018	3～6	4.5～5.5	92	242	157	85	591	236	355	310	466	776	1.695	0.044
SQ11-1	三	0.38	45	28	0.70	0.020	3～6	4.5～5.5	92	242	133	109	589	236	353	309	464	773	1.695	0.048
SQ10-1	三	0.38	55	28	0.65	0.030	3～6	4.5～5.5	92	242	109	133	587	235	352	308	462	770	1.574	0.073
SQ2-1	三	0.43	35	29	0.70	0.018	3～6	4.5～5.5	92	214	139	75	620	248	372	310	465	775	1.498	0.039
SQ1-4	三	0.43	45	29	0.70	0.020	3～6	4.5～5.5	92	214	118	96	618	247	371	309	464	773	1.498	0.043
SQ3-2	三	0.43	55	29	0.65	0.030	3～6	4.5～5.5	92	214	96	118	616	246	370	308	462	770	1.391	0.064
SQ5-2	三	0.48	35	29	0.70	0.018	3～6	4.5～5.5	92	192	125	67	627	251	376	313	470	783	1.342	0.035
SQ8-1	三	0.48	45	29	0.70	0.020	3～6	4.5～5.5	92	192	105	86	625	250	375	312	468	781	1.342	0.038
SQ9-1	三	0.48	55	29	0.65	0.030	3～6	4.5～5.5	92	192	87	105	623	249	374	311	467	778	1.246	0.058

表 2-38　三级配大坝混凝土试验配合比拌和物性能与抗压强度试验成果

试验编号	水胶比	粉煤灰掺量（%）	坍落度（cm）				含气量（%）				推算容重（kg/m^3）				凝结时间（h:min）		抗压强度（MPa）				
			出机	15min	30min	1h	出机	15min	30min	1h	出机	15min	30min	1h	初凝	终凝	3d	7d	28d	90d	180d
SQ12-1	0.38	35	8.0	6.5	4.5	—	7.8	6.2	5.0	—	2435	2472	2489	—	14:00	18:06	18.5	23.2	33.5	43.2	45.6
SQ11-1	0.38	45	11.6	9.8	6.1	—	7.5	6.2	5.1	—	2445	2456	2482	—	23:23	27:45	14.8	22.2	30.3	41.3	44.8
SQ10-1	0.38	55	15.7	10.7	8.8	6.0	9.0	6.8	6.0	5.0	2411	2447	2474	2483	26:30	31:30	11.4	16.3	29.3	39.2	43.1
SQ2-1	0.43	35	11.5	8.1	4.3	—	8.4	6.2	4.9	—	2396	2439	2468	—	15:22	21:04	12.8	20.0	31.7	42.5	45.1
SQ1-4	0.43	45	13.4	7.4	5.5	—	8.4	6.4	4.8	—	2407	2453	2483	—	18:20	22:50	12.0	18.1	30.2	40.4	44.0
SQ3-2	0.43	55	13.3	10.7	8.1	—	8.5	7.4	5.9	—	2384	2411	2439	—	23:41	28:55	9.3	13.6	23.7	36.4	41.2
SQ5-2	0.48	35	10.2	8.0	4.0	—	9.1	7.6	6.4	—	2406	2438	2463	—	17:17	21:25	11.1	16.7	24.8	36.3	40.9
SQ8-1	0.48	45	16.1	9.5	7.2	—	10.0	7.0	5.4	—	2395	2443	2481	—	21:25	26:40	9.3	14.3	22.8	35.7	40.2
SQ9-1	0.48	55	17.0	15.6	12.5	6.8	10.9	8.7	7.2	5.2	2372	2415	2444	2468	18:50	24:03	7.9	12.1	20.6	35.3	39.3

表 2-39　三级配大坝混凝土试验配合比力学性能与变形性能试验成果

试验编号	水胶比	粉煤灰掺量（%）	劈拉强度（MPa）				轴心抗压强度（MPa）			抗压弹性模量（GPa）			轴心抗拉强度（MPa）			轴心抗拉弹性模量（GPa）			极限拉伸值（10^{-6}）		
			7d	28d	90d	180d	28d	90d	180d	28d	90d	180d	28d	90d	180d	28d	90d	180d	28d	90d	180d
SQ12-1	0.38	35	1.59	1.99	2.69	3.13	27.9	37.0	42.3	26.9	30.1	30.6	2.20	3.40	3.55	29.6	36.1	36.9	81.9	105.4	114.0
SQ11-1	0.38	45	1.58	2.44	2.53	2.92	25.0	36.2	37.9	25.6	30.3	32.0	1.56	3.23	3.32	27.0	36.0	36.3	72.7	97.0	103.5
SQ10-1	0.38	55	1.06	2.56	3.01	3.20	21.5	31.2	35.1	24.1	31.0	32.2	2.19	2.97	3.08	29.5	34.8	35.8	81.4	93.3	101.9
SQ2-1	0.43	35	1.11	2.14	2.77	3.07	24.0	33.7	35.9	23.7	30.4	30.4	2.15	2.43	3.34	27.2	31.8	31.8	85.3	90.7	112.5

续表

试验编号	水胶比	粉煤灰掺量（%）	劈拉强度（MPa）				轴心抗压强度（MPa）			抗压弹性模量（GPa）			轴心抗拉强度（MPa）			轴心抗拉弹性模量（GPa）			极限拉伸值（10^{-6}）		
			7d	28d	90d	180d	28d	90d	180d	28d	90d	180d	28d	90d	180d	28d	90d	180d	28d	90d	180d
SQ1-4	0.43	45	1.18	2.04	2.68	3.26	23.7	32.0	36.9	24.3	31.2	34.7	1.74	3.13	3.83	27.0	35.6	35.8	77.4	95.8	114.4
SQ3-2	0.43	55	0.85	1.35	2.21	2.42	16.4	26.5	32.9	19.5	27.1	30.5	1.66	2.56	3.12	24.3	30.4	30.1	78.9	92.6	114.7
SQ5-2	0.48	35	1.13	1.69	2.54	2.72	23.3	33.0	34.5	21.8	30.8	32.1	2.17	3.04	3.04	29.4	34.9	35.4	84.8	95.0	103.9
SQ8-1	0.48	45	1.07	1.78	2.35	2.50	20.8	29.8	33.1	22.7	30.9	31.3	1.94	2.60	2.80	26.4	32.8	33.2	80.1	88.4	90.4
SQ9-1	0.48	55	0.94	1.76	2.29	2.77	13.7	24.6	26.1	15.9	27.2	30.2	1.30	2.81	2.95	22.7	31.1	31.5	64.3	99.4	101.4

表 2-40　三级配大坝混凝土试验配合比耐久性能试验成果

试件编号	水胶比	煤灰掺量（%）	抗渗						28d 抗冻试验（SQ12-1、SQ1-4 为 90d）																
			等级			渗水高度（cm）			质量损失（%）								动弹性模量损失（%）								等级
			28d	90d	180d	28d	90d	180d	50	100	150	200	250	300	350	400	50	100	150	200	250	300	350	400	
SQ12-1	0.38	35	＞W10	＞W10	＞W10	1.2	0.5	0.5	0	0	0	0	0.1	0.2	0.4	0.5	97.2	96.9	94.9	92.9	90.7	89.0	87.5	85.3	＞F400
SQ11-1	0.38	45	＞W10	＞W10	＞W10	2.5	1.8	1.5	0.0	0.0	0.0	0.1	0.1	0.2	0.4	0.6	98.4	97.5	96.4	95.5	94.5	93.7	92.9	91.8	＞F400
SQ10-1	0.38	55	＞W10	＞W10	＞W10	4.2	2.2	2.0	0.0	0.0	0.0	0.0	0.1	0.4	0.8	1.1	99.3	98.3	97.8	97.3	96.7	95.9	94.9	93.7	＞F400
SQ2-1	0.43	35	＞W10	＞W10	＞W10	2.8	2.4	0.7	0.0	0.0	0.2	0.3	0.4	0.4	0.6	0.7	97.4	97.0	96.5	95.9	95.3	94.4	93.5	92.6	＞F400
SQ1-4	0.43	45	＞W10	＞W10	＞W10	2.4	1.8	0.5	0.1	0.4	0.8	1.0	1.2	1.4	1.6	1.8	97.7	95.8	93.6	91.9	90.0	88.1	86.3	84.7	＞F400
SQ3-2	0.43	55	＞W10	＞W10	＞W10	6.4	4.2	3.6	0.1	0.4	0.9	1.1	1.4	1.7	2.1	2.7	98.8	98.1	97.2	96.5	95.4	94.5	93.6	92.3	＞F400
SQ5-2	0.48	35	＞W10	＞W10	＞W10	3.2	2.8	2.2	0.0	0.0	0.4	0.5	0.6	0.6	0.7	0.8	99.8	99.2	98.1	97.7	96.6	95.9	95.1	94.2	＞F400
SQ8-1	0.48	45	＞W10	＞W10	＞W10	3.6	2.5	2.5	0.0	0.0	0.2	0.5	0.8	1.1	1.5	2.0	98.3	97.2	96.6	96.1	95.5	94.8	93.5	92.4	＞F400
SQ9-1	0.48	55	＞W10	＞W10	＞W10	7.8	6.4	6.0	0.0	0.3	0.6	0.9	1.2	1.7	2.1	2.6	99.1	98.6	98.1	97.4	96.8	96.1	95.1	94.6	＞F400

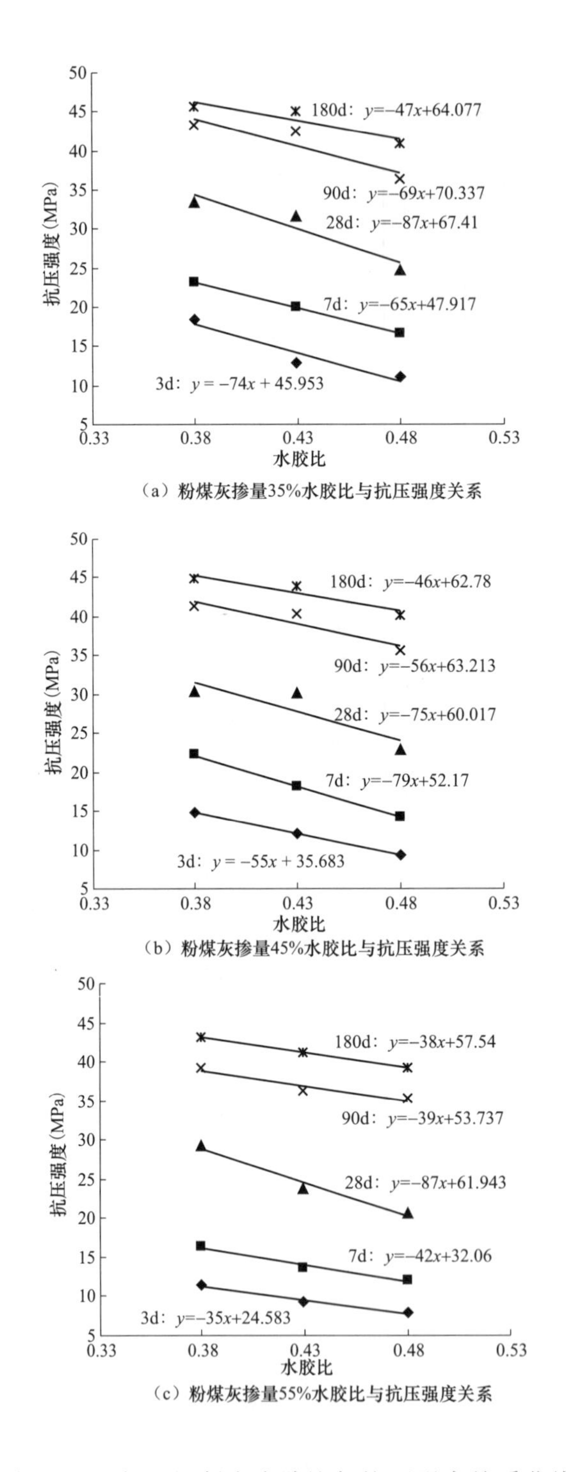

（a）粉煤灰掺量35%水胶比与抗压强度关系

（b）粉煤灰掺量45%水胶比与抗压强度关系

（c）粉煤灰掺量55%水胶比与抗压强度关系

图 2-8　三级配混凝土水胶比与抗压强度关系曲线

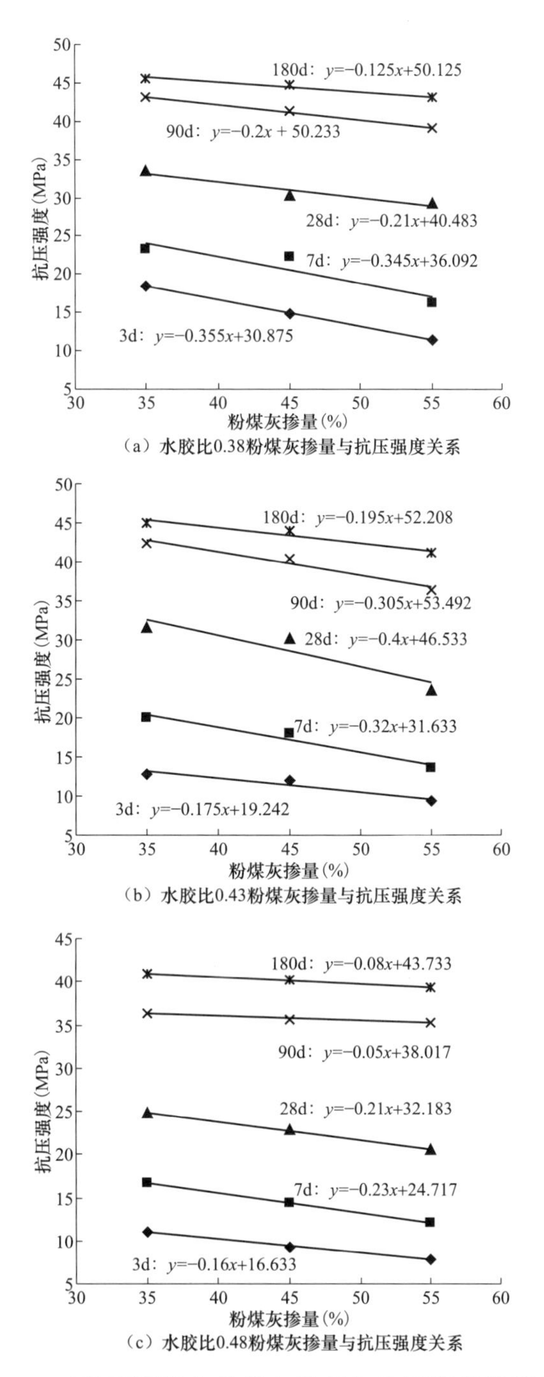

（a）水胶比0.38粉煤灰掺量与抗压强度关系

（b）水胶比0.43粉煤灰掺量与抗压强度关系

（c）水胶比0.48粉煤灰掺量与抗压强度关系

图 2-9　三级配混凝土粉煤灰掺量与抗压强度关系曲线

从表 2-40 试验结果看，各组试验参数的 28d、90d 和 180d 龄期抗渗均满足 W10 要求，粉煤灰掺量 35%和 45%时渗水高度较小，而粉煤灰掺量 55%时渗水高度较大。各组试验参数抗冻性能均达到 F400 级要求，说明水胶比

0.38～0.48、粉煤灰掺 35%～45%、含气量 4.5%～5.5%范围时，可以满足耐久性和强度要求。这与其他工程研究成果有一定差异，充分说明含气量在抗冻中起到了关键作用。

（四）三级配混凝土初选配合比试验

《水工混凝土施工规范》（DL/T 5122）规定，严寒地区坝体外部水位变化区最大水胶比为 0.45，严寒地区坝体外部其他高程部位最大水胶比为 0.50，有环境水侵蚀时水胶比应减小 0.05；《水工混凝土掺用粉煤灰技术规范》（DL/T 5055）规定，严寒地区采用硅酸盐水泥，外部混凝土粉煤灰最大掺量 45%。根据设计和规范要求，结合三级配混凝土配合比参数试验成果，初步选定大坝三级配混凝土配合比见表 2-41，试验成果见表 2-42～表 2-44。试验成果表明，初选三级配混凝土的各项指标均满足设计要求。

（五）四级配混凝土配合比试验

参照三级配水胶比、胶材组合交差关系试验情况，结合掺粉煤灰胶砂试验结果和其他工程配合比参数，四级配混凝土按掺 45%粉煤灰设计。四级配混凝土配合比试验采用 P·I42.5 型硅酸盐水泥（相当于 P·O 水泥粉煤灰掺量 37%左右）；山口 C1 料场骨料，5～20mm 小碎石，20～40mm 混合石，40～80mm 和 80～150mm 天然卵石；C1 料场天然砂 40%与人工砂 60%的混合砂，细度模数 2.65；NF-2 型缓凝高效减水剂和 PMS-NEA3 型引气剂；喀腊塑克项目部生活用水。具体试验参数见表 2-45，试验成果见表 2-46～表 2-48。试验结果表明，混凝土拌和物出机后约 30min 坍落度在 30～60mm 范围，含气量在 5.0%～5.5%范围，成型试件的各项混凝土性能指标均满足设计要求。

（六）抗冲磨混凝土配合比试验

抗冲磨混凝土的抗冲磨要求中未规定抗冲磨控制指标，一般强度高的混凝土抗冲磨性能较好；抗冲蚀要求主要体现在施工工艺上，要求混凝土表面平整、无气孔、避免空蚀。布尔津山口水电站抗冲磨混凝土设计指标为 28d 龄期 C40W6F300 级三级配混凝土，混凝土配合比调试试验参数见表 2-49，试验成果见表 2-50～表 2-52。试验成果表明，水胶比 0.28、粉煤灰掺量 20%的抗冲磨混凝土配合比 28d 各项指标均满足设计施工要求。

表 2-41　大坝三级配混凝土配合比试验参数表

试件编号	强度等级	级配	配合比参数							材料用量（kg/m³）											
			水胶比	粉煤灰（%）	砂率（%）	减水剂（%）	引气剂（%）	坍落度（cm）	含气量（%）	用水量	总胶材	水泥	粉煤灰	砂	天然砂 40%	人工砂 60%	粗骨料 小石	粗骨料 中石	粗骨料 大石	减水剂	引气剂
SQ2-1	C_{28}25W10 F200	三	0.43	35	29	0.70	0.018	3～6	4～5	92	214	139	75	620	248	372	310	465	775	1.498	0.039
SQ1-4	C_{90}25W6 F200	三	0.43	45	29	0.70	0.020	3～6	4～5	92	214	118	96	618	247	371	309	464	773	1.498	0.043
SQ8-1	C_{180}25W6 F200	三	0.48	45	29	0.70	0.020	3～6	4～5	92	192	105	86	625	250	375	312	468	781	1.342	0.038
SQ1-6	C_{90}25W6 F200 FDN减水剂	三	0.43	45	29	0.70	0.020	3～6	4～5	92	214	118	96	618	247	371	309	464	773	1.498	0.043
SQ1-5	C_{90}25W6 F200 乳化沥青	三	0.43	45	29	0.70	0.020	3～6	4～5	92	214	117	96	618	247	371	309	463	772	1.498	0.043
SQ2-2	C_{28}25W10 F200 乳化沥青	三	0.43	35	29	0.70	0.018	3～6	4～5	92	214	138	75	620	248	372	310	465	775	1.498	0.039

注　编号 SQ1-6 为采用 FDN 型缓凝高效减水剂进行的 C_{90}25W6F200 等级混凝土复核试验，其总体性能满足设计要求；成型时坍落度略大、含气量略高，力学指标较编号 SQ1-4 配合比低。编号 SQ1-5 和 SQ2-2 参数为掺加乳化沥青改性混凝土，乳化沥青固含量为 14.5%，掺量为胶材的 0.3%；混凝土掺乳化沥青改性后，在保持含气量和坍落度上有明显作用，但同时强度和力学性能也有明显降低，极限拉伸值未达到设计指标。

表 2-42 大坝三级配混凝土配合比拌和物性能与抗压强度试验成果

试件编号	强度等级	级配	坍落度（cm）				含气量（%）				推算容重（kg/m^3）				凝结时间（h:min）		抗压强度（MPa）				
			出机	15min	30min	1h	出机	15min	30min	1h	出机	15min	30min	1h	初凝	终凝	3d	7d	28d	90d	180d
SQ2-1	C_{28}25W10 F200	三	11.5	8.1	4.3	—	8.4	6.2	4.9	—	2396	2439	2468	—	15:22	21:04	12.8	20.0	31.7	42.5	45.1
SQ1-4	C_{90}25W6 F200	三	13.4	7.4	5.5	—	8.4	6.4	4.8	—	2407	2453	2483	—	18:20	22:50	12.0	18.1	30.2	40.4	44.0
SQ8-1	C_{180}25W6 F200	三	16.1	9.5	7.2	—	10.0	7.0	5.4	—	2395	2443	2481	—	21:25	26:40	9.3	14.3	22.8	35.7	40.2
SQ1-6	C_{90}25W6 F200 FDN 减水剂	三	17.5	—	15.0	8.1	11.8	—	8.5	6.4	2631	2397	2448	2476	21:35	27:12	—	14.6	24.4	33.0	40.3
SQ1-5	C_{90}25W6 F200 乳化沥青	三	12.4	8.0	7.5	5.4	9.6	8.4	8.0	5.9	2378	2404	2428	2460	—	—	—	15.0	24.4	32.8	36.4
SQ2-2	C_{28}25W10 F200 乳化沥青	三	8.0	6.0	5.7	3.4	9.5	8.4	7.5	6.2	2382	2418	2434	2459	—	—	9.3	15.1	23.9	33.8	—

表 2-43　　大坝三级配混凝土配合比力学性能与变形性能试验成果

试件编号	强度等级	级配	劈拉强度（MPa）				轴心抗压强度（MPa）			抗压弹性模量（GPa）			轴心抗拉强度（MPa）			轴心抗拉弹性模量（GPa）			极限拉伸值（10^{-6}）		
			7d	28d	90d	180d	28d	90d	180d	28d	90d	180d	28d	90d	180d	28d	90d	180d	28d	90d	180d
SQ2-1	C_{28}25W10 F200	三	1.11	2.14	2.77	3.07	24.0	33.7	35.9	23.7	30.4	30.4	2.15	2.43	3.34	27.2	31.8	31.8	85.3	90.7	112.5
SQ1-4	C_{90}25W6 F200	三	1.18	2.04	2.68	3.26	23.7	32.0	36.9	24.3	31.2	34.7	1.74	3.13	3.83	27.0	35.6	35.8	77.4	95.8	114.4
SQ8-1	C_{180}25W6 F200	三	1.07	1.78	2.35	2.50	20.8	29.8	33.1	22.7	30.9	31.3	1.94	2.60	2.80	26.4	32.8	33.2	80.1	88.4	90.4
SQ1-6	C_{90}25W6 F200 FDN 减水剂	三	—	—	1.83	—	22.5	30.1	—	24.3	30.3	—	2.04	2.28	—	29.6	30.6	—	87.0	90.2	—
SQ1-5	C_{90}25W6 F200 乳化沥青	三	—	—	1.65	—	17.7	26.8	—	23.6	28.0	—	1.70	2.26	—	25.4	29.5	—	78.1	82.0	—
SQ2-2	C_{28}25W10 F200 乳化沥青	三	—	1.33	—	—	18.5	28.3	—	23.9	28.2	—	1.58	1.75	—	24.5	25.3	—	76.1	84.6	—

表 2-44　大坝三级配混凝土配合比耐久性能试验成果

试件编号	强度等级	级配	龄期（d）	抗渗		抗冻试验																
				等级	渗水高度（cm）	质量损失（%）								动弹性模量损失（%）								等级
						50	100	150	200	250	300	350	400	50	100	150	200	250	300	350	400	
SQ2-1	C_{28}25W10 F200	三	28	＞W10	2.8	0.0	0.0	0.2	0.3	0.4	0.4	0.6	0.7	97.4	97.0	96.5	95.9	95.3	94.4	93.5	92.6	＞F400
			90	＞W10	2.4	0.1	0.2	0.2	0.3	0.3	0.3			97.4	96.4	95.6	94.5	93.7	92.4			＞F300
SQ1-4	C_{90}25W6 F200	三	90	＞W10	1.8	0.1	0.4	0.8	1.0	1.2	1.4	1.6	1.8	97.7	95.8	93.6	91.9	90.0	88.1	86.3	84.7	＞F400
			180	＞W10	0.5	0.3	0.5	0.8	0.9	1.2	1.3			97.8	96.6	95.6	94.8	93.7	92.5			＞F300
SQ8-1	C_{180}25W6 F200	三	28	＞W10	3.6	0.0	0.0	0.2	0.5	0.8	1.1	1.5	2.0	98.3	97.2	96.6	96.1	95.5	94.8	93.5	92.4	＞F400
			180	＞W10	2.5	0.1	0.5	0.7	0.9	1.2	1.4			98.9	98.1	97.4	96.2	95.3	94.4			＞F300

注　编号 SQ2-1 的配合比 180d 抗渗＞W10，渗水高度为 0.7cm；编号 SQ1-4 的配合比 28d 抗渗＞W10，渗水高度为 2.4cm；编号 SQ8-1 的配合比 90d 抗渗＞W10，渗水高度为 2.5cm。

表 2-45　大坝四级配混凝土配合比试验参数表

试件编号	混凝土等级	级配	配合比参数							材料用量（kg/m³）												
			水胶比	粉煤灰（%）	砂率（%）	减水剂（%）	引气剂（%）	坍落度（cm）	含气量（%）	用水量	总胶材	水泥	粉煤灰	砂	天然砂	人工砂	粗骨料				减水剂	引气剂
															40%	60%	小石	中石	大石	特大石		
SQ4-3	C_{90}25W10F300	四	0.43	45	26	0.70	0.020	3～6	5～5.5	82	191	105	86	570	228	342	332	332	498	498	1.335	0.038
SQ6-1	C_{90}30W10F300	四	0.38	45	25	0.70	0.020	3～6	5～5.5	82	216	119	97	542	217	325	332	332	498	498	1.511	0.043

续表

试件编号	混凝土等级	级配	配合比参数							材料用量（kg/m^3）												
			水胶比	粉煤灰（%）	砂率（%）	减水剂（%）	引气剂（%）	坍落度（cm）	含气量（%）	用水量	总胶材	水泥	粉煤灰	砂	天然砂	人工砂	粗骨料				减水剂	引气剂
															40%	60%	小石	中石	大石	特大石		
SQ7-1	C_{90}30W10F300	四	0.36	45	25	0.80	0.020	3～6	5～5.5	80	222	122	100	542	217	325	332	332	498	498	1.778	0.044
SQ4-5	C_{90}25W10F300 FDN 减水剂	四	0.43	45	26	0.70	0.020	3～6	5～5.5	82	191	105	86	570	228	342	332	332	498	498	1.335	0.038

注　编号 SQ4-5 为采用 FDN 型缓凝高效减水剂进行的 C_{90}25W10F300 等级混凝土复核试验，其总体性能满足设计要求。

表 2-46　大坝四级配混凝土配合比拌和物性能与抗压强度试验成果

试件编号	混凝土等级	级配	坍落度（cm）				含气量（%）				推算容重（kg/m^3）				凝结时间（h:min）		抗压强度（MPa）				
			出机	15min	30min	1h	出机	15min	30min	1h	出机	15min	30min	1h	初凝	终凝	3d	7d	28d	90d	180d
SQ4-3	C_{90}25W10F300	四	10.1	6.1	3.7	—	7.9	6.3	4.5	—	2441	2470	2493	—	15:15	21:48	10.8	15.2	26.8	37.5	42.6
	0.43/35/191																	15.9	25.0	34.8	39.5
	0.43/40/191																	11.4	21.8	33.1	40.5
SQ6-1	C_{90}30W10F300	四	11.7	9.6	7.4	—	8.4	7.0	5.4	—	2447	2478	2495	—	15:12	20:06	13.0	18.8	28.8	40.7	45.9
SQ7-1	C_{90}30W10F300	四	14.0	13.3	9.4	—	8.5	7.4	5.6	—	2445	2470	2506	—	19:51	24:10	16.2	23.4	32.3	45.7	49.8
SQ4-5	C_{90}25W10F300 FDN 减水剂	四	13.5	9.2	6.4	3.4	9.3	7.9	6.0	5.1	2426	2453	2490	2507	18.52	24:08	5.1	13.8	24.3	32.1	37.8

表 2-47　　大坝四级配混凝土配合比力学性能与变形性能试验成果

试件编号	混凝土等级	级配	劈拉强度（MPa）				轴心抗压强度（MPa）			抗压弹性模量（GPa）			轴心抗拉强度（MPa）			轴心抗拉弹性模量（GPa）			极限拉伸值（10^{-6}）		
			7d	28d	90d	180d	28d	90d	180d	28d	90d	180d	28d	90d	180d	28d	90d	180d	28d	90d	180d
SQ4-3	C_{90}25W10 F300	四	1.24	1.89	2.47	2.66	25.6	32.2	38.1	22.8	29.5	31.1	2.10	2.49	3.30	25.7	31.1	34.5	91.4	95.2	99.1
SQ6-1	C_{90}30W10 F300	四	1.26	2.21	2.60	2.92	27.3	38.4	49.6	25.6	29.8	35.8	2.21	3.26	3.41	31.1	30.7	32.3	79.2	115.6	117.7
SQ7-1	C_{90}30W10 F300	四	1.70	2.96	3.36	3.46	32.3	40.9	49.4	27.8	29.4	36.5	2.73	3.55	3.64	28.5	34.5	35.4	104.2	112.8	113.5
SQ4-5	C_{90}25W10 F300 FDN 减水剂	四	—	1.23	1.68	—	18.4	27.5	—	21.0	29.6	—	1.76	2.14	—	28.2	30.6	—	66.8	88.4	—

表 2-48　　大坝四级配混凝土配合比耐久性能试验成果

试件编号	混凝土等级	级配	龄期（d）	抗渗		抗冻试验																
				等级	渗水高度（cm）	质量损失（%）								动弹性模量损失（%）								等级
						50	100	150	200	250	300	350	400	50	100	150	200	250	300	350	400	
SQ4-3	C_{90}25W10 F300	四	90	＞W10	0.5	0.0	0.2	0.2	0.2	0.2	0.3	0.4	0.5	96.9	96.5	96.3	96.0	95.7	95.3	94.8	93.3	＞F400
			180	＞W10	0.2	0.1	0.2	0.2	0.3	0.3	0.7			98.6	97.6	96.8	95.8	94.9	93.7			＞F300
SQ6-1	C_{90}30W10 F300	四	28	＞W10	2.5	0.0	0.0	0.5	0.6	0.7	0.8	0.9	1.1	99.3	98.5	97.7	97.1	96.4	95.7	95.1	94.3	＞F400
			90	＞W10	0.5	0.2	0.4	0.5	0.7	0.8	0.9			99.0	98.1	97.0	95.9	94.8	93.8			＞F300
SQ7-1	C_{90}30W10 F300	四	28	＞W10	1.8	0.2	0.4	0.4	0.5	0.6	0.6	0.7	0.9	98.1	97.5	97.0	96.2	95.5	94.7	93.7	92.6	＞F400

注　编号 SQ4-3 的配合比 28d 抗渗＞W10，渗水高度 2.5cm；编号 SQ6-1 的配合比 90d 试件装箱时间已达 180d 龄期，其 180d 抗渗＞W10，渗水高度 0.5cm；由于编号 SQ6-1 的配合比已满足设计要求，编号 SQ7-1 的配合比 90d 和 180d 抗冻试件未装箱，编号 SQ7-1 的配合比 90d 和 180d 抗渗均＞W10，渗水高度均为 0.5cm。

表 2-49　　大坝抗冲磨混凝土配合比试验参数表

试件编号	混凝土等级	级配	配合比参数							材料用量（kg/m³）											
			水胶比	粉煤灰（%）	砂率（%）	减水剂（%）	引气剂（%）	坍落度（cm）	含气量（%）	用水量	总胶材	水泥	粉煤灰	砂	天然砂	人工砂	粗骨料			减水剂	引气剂
															40%	60%	小石	中石	大石		
SQ13-1	C_{28}40W6F300	三	0.30	25	27	0.80	0.012	3～6	4～5	96	320	240	80	550	220	330	303	455	759	2.560	0.038
SQ13-2	C_{28}40W6F300	三	0.28	25	27	0.80	0.010	3～6	4～5	96	343	257	86	543	217	326	300	451	751	2.743	0.034
SQ14-1	C_{28}40W6F300	三	0.32	20	27	0.80	0.012	3～6	4～5	96	300	240	60	556	222	334	307	461	768	2.400	0.036
SQ14-2	C_{28}40W6F300	三	0.30	20	27	0.85	0.010	3～6	4～5	96	307	246	61	557	223	334	308	462	769	2.607	0.031
SQ14-3	C_{28}40W6F300	三	0.28	20	27	0.80	0.010	3～6	4～5	96	343	274	69	545	218	327	301	452	753	2.743	0.034

表 2-50　　大坝抗冲磨混凝土配合比拌和物性能与抗压强度试验成果

试件编号	混凝土等级	级配	坍落度（cm）			含气量（%）			推算容重（kg/m³）			凝结时间（h:min）		抗压强度（MPa）			
			出机	15min	30min	出机	15min	30min	出机	15min	30min	初凝	终凝	3d	7d	28d	90d
SQ13-1	C_{28}40W6F300	三	11.3	9.7	7.9	6.4	6.0	4.7	2359	2381	2390	—	—	31.7	37.7	44.4	56.2
SQ13-2	C_{28}40W6F300	三	21.4	10.0	4.5	4.6	4.5	4.4	2393	2392	2405	—	—	27.2	36.7	46.3	—
SQ14-1	C_{28}40W6F300	三	12.0	11.0	7.7	7.2	6.2	5.2	2339	2348	2375	—	—	28.8	37.0	43.0	48.7
SQ14-2	C_{28}40W6F300	三	10.5	10.0	9.0	6.6	5.8	4.5	—	—	—	—	—	27.6	35.7	44.8	48.8
SQ14-3	C_{28}40W6F300	三	11.6	5.0	2.4	6.0	5.2	4.0	2373	2375	2425	12:20	16:25	31.6	48.2	52.2	—

表 2-51 大坝抗冲磨混凝土配合比力学性能与变形性能、抗渗性能试验成果

试件编号	混凝土等级	级配	劈拉强度（MPa）			轴心抗压强度（MPa）		抗压弹性模量（GPa）		轴心抗拉强度（MPa）		轴心抗拉弹性模量（GPa）		极限拉伸值（10^{-6}）		抗渗			
																等级		渗水高度（cm）	
			7d	28d	90d	28d	90d	28d	90d	28d	90d	28d	90d	28d	90d	28d	90d	28d	90d
SQ13-1	C_{28}40W6 F300	三	2.87	2.94	3.34	—	—	—	—	—	—	—	—	—	—	＞W10	＞W10	1.0	1.0
SQ13-2	C_{28}40W6 F300	三	—	2.95	—	—	—	—	—	—	—	—	—	—	—	＞W10	—	0.8	—
SQ14-1	C_{28}40W6 F300	三	2.62	2.86	3.32	40.9	43.7	30.5	31.4	2.88	4.38	29.8	34.1	104.0	138.8	＞W10	＞W10	1.4	1.3
SQ14-2	C_{28}40W6 F300	三	—	2.92	3.50	—	—	—	—	3.48	—	32.4	—	118.4	—	＞W10	—	1.0	—
SQ14-3	C_{28}40W6 F300	三	—	3.34	—	43.8	44.4	30.0	31.0	3.64	4.44	34.4	34.6	124.1	141.6	＞W10	—	1.1	—

表 2-52 大坝抗冲磨混凝土配合比抗冻试验成果

试件编号	混凝土等级	级配	龄期	质量损失（%）								动弹性模量损失（%）								等级
				50	100	150	200	250	300	350	400	50	100	150	200	250	300	350	400	
SQ14-3	C_{28}40W6 F300	三	28d	0	0	0	0	0.1	0.2	0.3	0.4	99.1	98.5	96.7	94.7	92.9	91.3	89.4	87.4	＞F400

（七）混凝土配合比热学指标

混凝土配合比的绝热温升试验成果见表 2-53 和图 2-10，混凝土配合比比热值和导温系数、导热系数试验成果见表 2-54。根据试验成果，选定的大坝四级配混凝土配合比的绝热温升值在 24～26℃之间。

三、推荐配合比

根据上述试验成果，推荐的布尔津山口水利枢纽工程大坝混凝土施工基本配合比见表 2-55。

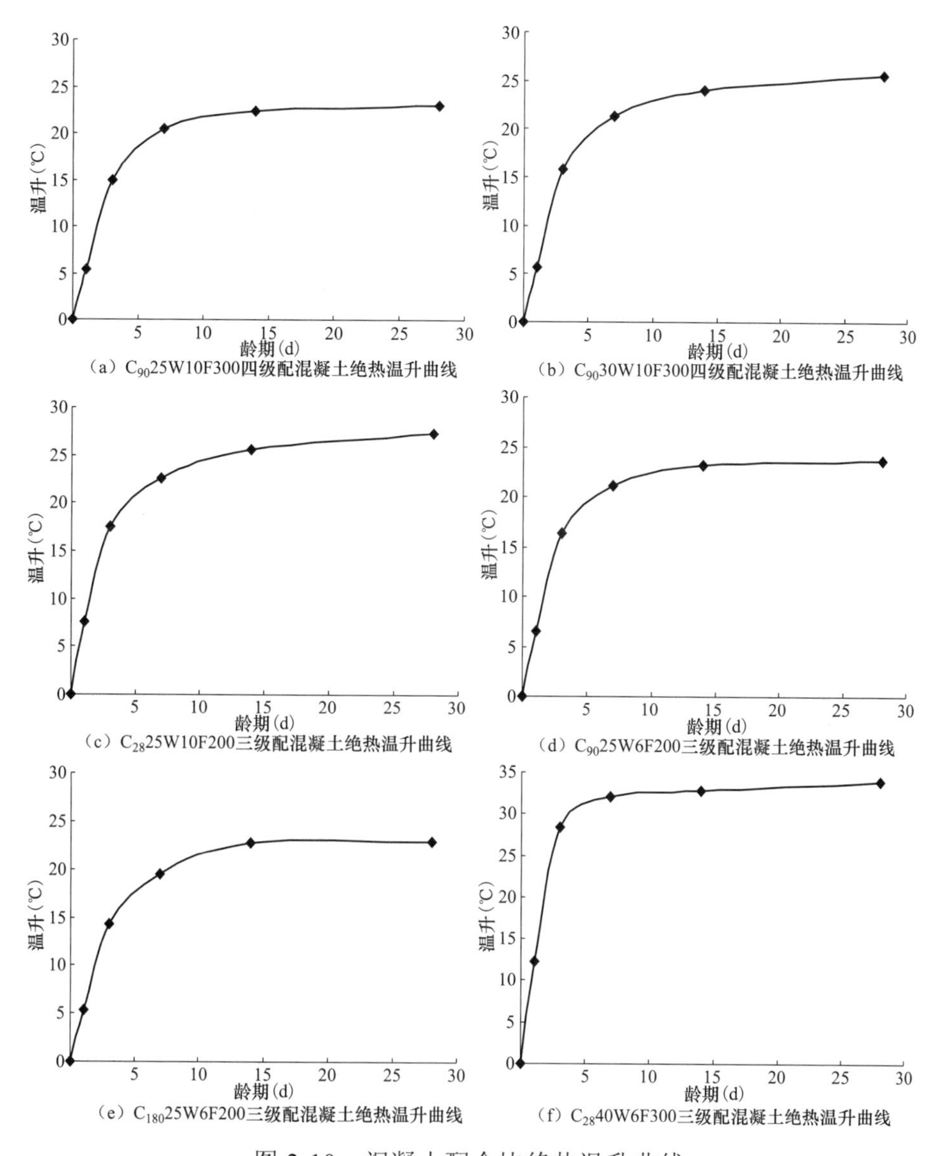

图 2-10　混凝土配合比绝热温升曲线

表 2-53　混凝土配合比绝热温升实测值及最终温升值

试件编号	强度等级	级配	主要试验参数					绝热温升（℃）								
			水胶比	粉煤灰掺量（%）	胶材用量（kg/m^3）			初始温度（℃）	实测值					拟合公式	D	T_m（℃）
					总胶材	水泥	粉煤灰		1d	3d	7d	14d	28d			
SQ4-3	C_{90}25W10F300	四	0.43	45	191	105	86	20.5	5.40	14.87	20.54	22.32	23.09	$T=\frac{T_m \times t}{D+t}$（$t \geqslant 2d$）$D$ 为常数	1.62	24.43
SQ6-1	C_{90}30W10F300	四	0.38	45	216	119	97	19.0	5.63	15.73	21.30	24.05	25.61		2.1	26.12
SQ2-3	C_{28}25W10F200	三	0.43	35	214	139	75	15.01	7.51	17.47	22.59	25.60	27.37		2.2	29.10
SQ1-4	C_{90}25W6F200	三	0.43	45	214	118	96	18.0	6.53	16.32	21.19	23.20	23.71		1.59	25.06
SQ8-1	C_{180}25W6F200	三	0.48	45	192	105	86	14.8	5.4	14.3	19.4	22.8	23.01		1.8	24.72
SQ14-2	C_{28}40W6F300	三	0.28	20	343	274	69	22.09	12.2	28.43	32.03	32.83	33.83		0.69	34.55

注　拟合公式中，t 为龄期（d），按≥2d 计算；T_m 为最终温升值（℃）；T 为某龄期的绝热温升值（℃）。

表 2-54　混凝土配合比比热值和导温系数、导热系数

试件编号	强度等级	级配	水胶比	煤灰掺量（%）	胶材用量（kg/m^3）			各温度范围比热值［kJ/（kg·℃）］					导温系数（m^2/h）	导热系数［kJ/（m·h·℃）］	导热系数［W/（m·℃）］
					总胶材	水泥	粉煤灰	20～30℃	30～40℃	40～50℃	50～60℃	均值			
SQ4-3	C_{90}25W10F300	四	0.43	45	191	105	86	0.8662	0.8960	0.9479	0.9638	0.9185	0.0038	8.740	2.487
SQ6-1	C_{90}30W10F300	四	0.38	45	216	119	97	0.8583	0.8830	0.9282	0.9387	0.9020	0.0039	8.802	2.445
SQ2-1	C_{28}25W10F200	三	0.43	35	214	139	75	0.8424	0.9123	0.9584	0.9692	0.9206	0.0035	7.984	2.218

续表

试件编号	强度等级	级配	水胶比	煤灰掺量（%）	胶材用量（kg/m³）			各温度范围比热值［kJ/（kg·℃）］					导温系数（m^2/h）	导热系数［kJ/（m·h·℃）］	导热系数［W/（m·℃）］
					总胶材	水泥	粉煤灰	20～30℃	30～40℃	40～50℃	50～60℃	均值			
SQ1-4	C_{90}25W6F200	三	0.43	45	214	118	96	0.8575	0.8524	0.8901	0.8981	0.8745	0.0035	7.566	2.102
SQ8-1	C_{180}25W10F300	三	0.48	45	192	105	86	0.8231	0.8533	0.9039	0.9140	0.8736	0.0035	7.555	2.099
SQ14-1	C_{28}40W6F300	三	0.28	20	343	274	69	0.8198	0.8524	0.8914	0.9324	0.8740	0.0034	7.408	2.058

表 2-55　布尔津山口水利枢纽工程大坝混凝土推荐施工基本配合比表

分区编号	混凝土等级	级配	配合比参数							材料用量（kg/m³）												
			水胶比	粉煤灰（%）	砂率（%）	减水剂（%）	引气剂（%）	坍落度（cm）	含气量（%）	用水量	总胶材	水泥	粉煤灰	砂	天然砂	人工砂	粗骨料				减水剂	引气剂
															4	6	小石	中石	大石	特大石		
A（Ⅲ） A（Ⅶ）	C_{28}25W10F200 C_{28}25W6F200	三	0.43	35	29	0.70	0.018	3～6	4～5	92	214	139	75	620	248	372	310	465	775	—	1.498	0.039
A（Ⅵ）	C_{90}25W6F200	三	0.43	45	29	0.70	0.020	3～6	4～5	92	214	118	96	618	247	371	309	464	773	—	1.498	0.043

续表

分区编号	混凝土等级	级配	配合比参数							材料用量（kg/m³）												
			水胶比	粉煤灰（%）	砂率（%）	减水剂（%）	引气剂（%）	坍落度（cm）	含气量（%）	用水量	总胶材	水泥	粉煤灰	砂	天然砂	人工砂	粗骨料				减水剂	引气剂
															4	6	小石	中石	大石	特大石		
A（Ⅵ）	C_{180}25W6F200	三	0.48	45	29	0.70	0.020	3～6	4～5	92	192	105	86	625	250	375	312	468	781	—	1.342	0.038
A（Ⅰ-1） A（Ⅰ-2）	C_{90}25F300W10 C_{90}25F300W8	四	0.43	45	26	0.70	0.020	3～6	4.5～5.5	82	191	105	86	570	228	342	332	332	498	498	1.335	0.038
A（Ⅱ）	C_{90}30F300W10	四	0.38	45	25	0.70	0.020	3～6	4.5～5.5	82	216	119	97	542	217	325	332	332	498	498	1.511	0.043
A（Ⅴ）	C_{28}40W6F300	三	0.28	20	20	0.80	0.010	3～6	4～5	96	343	274	69	545	218	327	301	452	753	—	2.743	0.034

注 1. 原材料：P·I42.5 型硅酸盐水泥；山口 C1 料场骨料，5～20mm 和 20～40mm 卵碎石混合石，40～80mm 和 80～150mm 天然卵石；C1 料场天然砂与人工砂的混合砂，混合砂细度模数按 2.6±0.1 控制；NF-2 型缓凝高效减水剂和 PMS-NEA3 型引气剂，FDN 型缓凝高效减水剂和 AER 型引气剂。

2. 严格控制含气量，出机测值可略大，现场施工时按 30min 控制含气量 F200 为 4%～5%、F300 为 4.5%～5.5%；坍落度按 3～6cm 控制，以满足现场工况不出现浮浆和干料为准。含气量以调整引气剂掺量控制；坍落度增加如超出 2cm，需按每 1cm 增加 2kg/m³ 单位用水量或适当增加减水剂用量调整。

3. 配合比按体积法进行计算，砂率为体积砂率，骨料以饱和面干为基准，现场生产成品骨料使用时需做好复核，如骨料级配和空隙率变化较大，可适当调整砂率等参数。

四、结语

（1）布尔津 P·I42.5 水泥各项技术指标满足规范要求。水泥比表面积、细度、强度等指标整体测值适中，可以满足大体积常态混凝土施工技术要求。

（2）玛纳斯电厂粉煤灰满足Ⅰ级粉煤灰要求，与山口工程其他材料适应性较好。

（3）试验用早期布尔津天然砂和人工砂按 4:6 比例调配后的混合砂，各点累计筛余量均在中砂区范围，细度模数 2.6±0.1，各项品质指标符合规范要求。特别是颗粒级配好，砂滚珠作用明显，混凝土拌和用水量低。

（4）C1 料场天然骨料级配较差，小石很少，中石不多，特大石很多。采用破碎大石补充小中石工艺，试验采用小石为碎石。考虑天然级配和破碎加工成本，本着少用小石中石和多用大石、特大石原则，选定四级配骨料比例为小石:中石:大石:特大石=2:2:3:3、三级配骨料比例为小石:中石:大石=2:3:5。粗骨料正式大规模生产后，应对骨料级配进行复核试验，并根据成果空隙率情况适当调整混凝土配合比砂率。

（5）配合比高性能化的设计要求，决定混凝土含气量是关键控制参数，试验成果也反应了该问题，施工含气量 4.5%～5.5%时可满足 F400 以上抗冻要求。施工中必须严格控制混凝土含气量，出机混凝土测值可略大，现场施工时（出机约 30min）F200 混凝土含气量按 4%～5%控制、F400 混凝土按 4.5%～5.5%控制，引气剂掺量根据含气量要求调整。

第五节　大坝全级配混凝土性能试验研究

受试验条件的限制，坝工界通常采用湿筛混凝土小试件的试验参数来评定大坝混凝土的有关特性。湿筛混凝土剔除了 40mm 以上的粗骨料，单位体积粗骨料的含量由 70 %左右减少至 30%左右，同时，胶材用量大大增加，使混凝土的本构关系发生了较大的变化，其力学、变形、热学和耐久性等相应改变。因此，湿筛混凝土的试验结果难以真实地反应全级配混凝土的各项特性。对于混凝土重力坝，大坝所受的应力不高，用湿筛混凝土进行试验并采用经验安全系数法，基本可以满足坝体设计和安全运行要求，而高拱坝的结构设计必须采用更为精确的设计参数。为此，国内高拱坝工程，如锦屏、溪洛渡、白鹤滩、小湾、乌东德等，均开展了大坝全级配混凝土特性的研究，为工程的顺利建设提供了重要支撑，积累了丰富的大坝全级配混凝土特性研究成果。

我国西南地区拱坝工程通常采用人工骨料，而新疆地区天然砂砾石料源丰富，从因地制宜、就地取材、减少投资等角度，工程多采用天然砂砾石骨料，目前，针对天然砂砾石骨料大坝全级配混凝土的研究十分少见，布尔津山口水利枢纽工程高拱坝全级配混凝土真实特性的研究填补了研究空白。

采用工程实际使用的混凝土原材料，在前期配合比设计基础上，对大坝全级配混凝土的特性开展了全面系统的试验研究，探明大坝全级配混凝土与湿筛混凝土的性能差异规律，了解大坝混凝土的真实特性，为工程的温控防裂和结构设计提供真实可靠的性能参数，保证大坝设计的安全性。

一、原材料性能

工程所采用的 P·I 型硅酸盐水泥的物理力学性能试验结果见表 2-56，化学成分分析结果见表 2-57，熟料的矿物组成计算结果见表 2-58。水泥各项性能均满足《通用硅酸盐水泥》（GB 175）P·I 型硅酸盐水泥的技术要求。

表 2-56　　水泥物理力学性能

水泥品种	密度（g/cm^3）	比表面积（m^2/kg）	细度（%）	安定性	凝结时间（min）		抗折强度（MPa）			抗压强度（MPa）		
					初凝	终凝	3d	7d	28d	3d	7d	28d
屯河水泥	3.18	318	2.5	合格	165	215	5.7	7.4	8.9	26.8	38.7	53.2
GB175P·I技术要求	—	≥300	—	合格	≥45	≤390	≥3.0	—	≥6.5	≥17.0	—	≥42.5

表 2-57　　水泥的化学成分　　单位：%

水泥品种	CaO	SiO_2	Al_2O_3	Fe_2O_3	MgO	SO_3	K_2O	Na_2O	R_2O*	Loss
屯河水泥	62.38	21.30	6.16	4.39	1.93	3.12	0.56	0.67	1.04	2.24
GB 175 P·I 技术要求	—	—	—	—	≤5.0	≤3.5	—	—	—	≤5.0

* R_2O 为当量碱含量，$R_2O=Na_2O+0.658K_2O$。

表 2-58　　水泥熟料的矿物组成　　单位：%

水泥品种	C_3S	C_2S	C_3A	C_4AF
屯河水泥	35.44	34.55	8.88	13.36

粉煤灰为 F 类 I 级粉煤灰，其品质检验结果见表 2-59，化学成分分析结果见表 2-60。粉煤灰的各项检测指标满足《水工混凝土掺用粉煤灰技术规范》（DL/T 5055）中 F 类 I 级粉煤灰的技术要求。

表 2-59　　粉煤灰品质检验结果

粉煤灰品种	细度（%）	需水量比（%）	烧失量（%）	SO_3 含量（%）	含水量（%）	密度（kg/m^3）	活性指数（%）
天山 I 级	4.8	95	2.5	1.3	0.2	2240	70.9
DL/T 5055F 类 I 级粉煤灰技术要求	≤12	≤95	≤5.0	≤3.0	≤1.0	—	—

表 2-60　　粉煤灰的化学成分　　单位：%

粉煤灰品种	SiO_2	Al_2O_3	Fe_2O_3	CaO	MgO	K_2O	Na_2O	SO_3
天山 I 级	50.56	22.13	6.57	7.59	2.45	2.10	2.21	1.25

细骨料由人工砂和天然砂按 4:6 的比例混合而成，简称混合砂。细骨料品质检验结果见表 2-61，颗粒分布见表 2-62，粗骨料品质检验结果见表 2-63。人工砂、天然砂、混合砂的颗粒分布曲线分别见图 2-11～图 2-13。人工砂中大于 1.25mm 粒径所占的比例较大（大于 50%），天然砂中小于 0.16～0.63mm 粒径所占的比例较大（大于 60%），两者混合后可以均衡各粒径的比例，混合砂的细度模数为 2.66。

表 2-61　　细骨料的品质检验结果

砂种类	细度模数	石粉含量（%）	吸水率（%）	表观密度（kg/m^3）	坚固性（%）
人工砂	3.24	10.1	1.1	2680	0.9
天然砂	2.06	9.6	0.9	2680	—
混合砂	2.66	9.7	1.0	2680	—

表 2-62　　细骨料颗粒分布　　单位：%

砂种类	粒度范围（mm）						
	＞5	5～2.5	2.5～1.25	1.25～0.63	0.63～0.32	0.32～0.16	＜0.16
人工砂	6.2	33.3	17.6	9.1	16.1	7.6	10.1
天然砂	2.3	12.4	6.8	3.8	36.1	28.8	9.6
混合砂	3.6	22.1	14.0	7.3	25.0	18.3	9.7

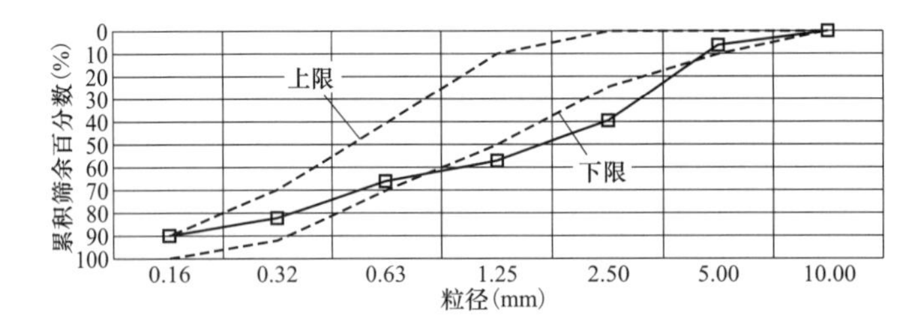

图 2-11　人工砂级配曲线

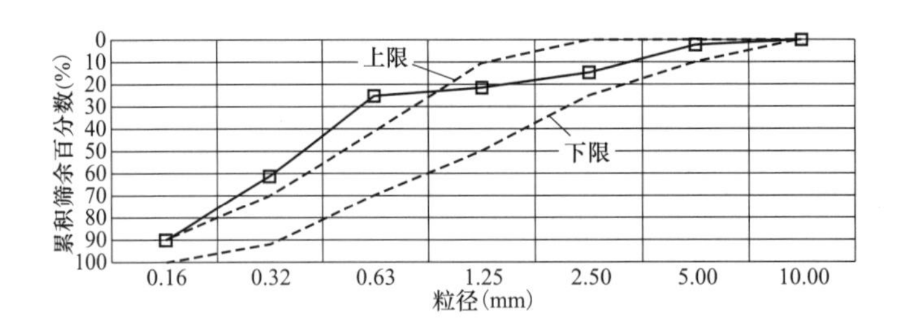

图 2-12　天然砂级配曲线

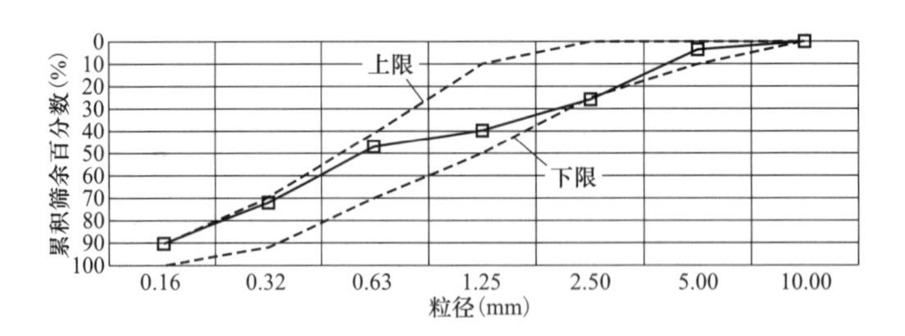

图 2-13　混合砂级配曲线

表 2-63　　粗骨料品质检验结果

粗骨料品种		饱和面干表观密度（kg/m^3）	饱和面干吸水率（%）	压碎指标（%）	坚固性（%）
卵石	小石	2700	0.3	5.6	0.43

续表

粗骨料品种		饱和面干表观密度（kg/m^3）	饱和面干吸水率（%）	压碎指标（%）	坚固性（%）
卵石	中石	2700	0.3	—	0.09
	大石	2700	0.2	—	0.07
DL/T 5144		≥2550	≤2.5	≤20	≤5

工程采用 NF-2 缓凝高效减水剂和 PMS-NEA3 引气剂，其品质检验结果分别见表 2-64 和表 2-65。其中，减水剂掺量为 0.7%，引气剂掺量为 0.006%，由于掺引气剂混凝土的含气量较大，其抗压强度比略低，减水剂和引气剂的其他性能指标均满足《混凝土外加剂》（GB 8076）要求。

表 2-64　　　　缓凝高效减水剂品质检验结果

名称	减水率（%）	含气量（%）	泌水率比（%）	28d 收缩率比（%）	凝结时间差（min）		抗压强度比（%）		
					初凝	终凝	3d	7d	28d
NF-2	20.0	1.3	54.3	123.4	+228	+219	139.6	142.5	133.2
GB 8076 缓凝高效减水剂	≥14	≤4.5	≤100	≤135	>+ 90	—	—	≥125	≥120

表 2-65　　　　引气剂品质检验结果

名称	减水率（%）	含气量（%）	泌水率比（%）	28d 收缩率比（%）	凝结时间差（min）		抗压强度比（%）			相对耐久性（200 次）（%）
					初凝	终凝	3d	7d	28d	
PMS-NEA3	6.4	6.1	58.2	103.8	+61	+79	88.2	83.3	81.4	93.5
GB 8076 引气剂	≥6	≥3.0	≤70	≤135	-90～+120		≥95	≥95	≥90	≥80

二、试验方法及方案

全级配混凝土的拌和、成型、养护及性能试验均按《水工混凝土试验规程》（SL 352）的相关规定进行，各性能试验采用的试件尺寸见表 2-66。成型全级配混凝土的同时成型湿筛混凝土小试件作为陪伴试件，以比较全级配大尺寸混凝土与湿筛小试件混凝土之间的性能差异。

大坝各部位混凝土的设计要求见表 2-1，C_{90}25W10F300、C_{90}30W10F300 全级配混凝土试验配合比及拌和物性能试验结果见表 2-67。天然砂、人工砂比例为 40:60，特大石、大石、中石、小石组合比例为 30:30:20:20。每次拌和完成后，测试混凝土的坍落度和含气量，静置 30min 左右，控制混凝土坍落度 30～60mm，含气量为 4.5%～5.5%，然后成型试件。全级配混凝土性能试验内容包括抗压强度、劈拉强度、抗压弹性模量、抗拉强度、极限拉伸值、抗渗性能、干缩、自生体积变形、徐变等。

表 2-66　　全级配混凝土各性能试验试件尺寸

试验项目	试件形状	试件尺寸（mm）
抗压强度	立方体	450×450×450
劈拉强度	立方体	450×450×450
轴心抗拉强度	棱柱体	450×450×1700
轴心抗压弹性模量	圆柱体	ϕ450×900
泊松比	圆柱体	ϕ450×900
自生体积变形	圆柱体	ϕ450×900
干缩	圆柱体	ϕ450×900
线膨胀系数	圆柱体	ϕ450×900
抗渗性能	圆柱体	ϕ450×450
徐变	圆柱体	ϕ450×1350
抗冻	棱柱体	450×450×900

表 2-67　　全级配混凝土试验配合比及拌和物性能

编号	混凝土等级	级配	水胶比	粉煤灰掺量（%）	砂率（%）	减水剂掺量（%）	引气剂掺量（%）
SQ-4	C_{90}25W10F300	四	0.43	45	26	0.7	0.012
SQ-6	C_{90}30W10F300	四	0.38	45	25	0.7	0.012

编号	混凝土材料用量（kg/m³）						坍落度（mm）		含气量（%）	
	水	水泥	粉煤灰	天然砂	人工砂	石	初始	30min	初始	30min
SQ-4	82	105	86	228	342	1660	80～100	50～60	6.8～8.5	5.0～5.8
SQ-6	82	119	97	217	325	1660	80～100	50～60	6.8～8.5	5.0～5.8

三、混凝土性能试验结果

（一）抗压强度和劈拉强度

全级配混凝土、湿筛混凝土的抗压强度及其增长率、全级配混凝土与湿筛混凝土抗压强度比值见表2-68；全级配混凝土、湿筛混凝土的劈拉强度及其增长率、全级配混凝土与湿筛混凝土劈拉强度比值见表2-69。全级配混凝土抗压强度、劈拉强度试验装置见图2-14、图2-15，试件断裂面情况见图2-16、图2-17。

表2-68　　全级配混凝土抗压强度试验结果

编号	强度等级	抗压强度（MPa）				抗压强度增长率（%）				全级配试件/湿筛试件（%）			
		7d	28d	90d	180d	7d	28d	90d	180d	7d	28d	90d	180d
SQ-4	$C_{90}25$	12.5	19.3	26.0	34.4	65	100	155	178	85.0	77.5	80.0	79.4
湿筛试件	$C_{90}25$	14.7	24.9	37.5	43.3	59	100	151	174				
SQ-6	$C_{90}30$	14.9	23.0	32.7	38.9	65	100	142	169	79.7	79.0	81.3	80.0
湿筛试件	$C_{90}30$	18.7	29.1	40.2	48.6	64	100	138	167				

表2-69　　全级配混凝土劈拉强度试验结果

编号	劈拉强度（MPa）				劈拉强度增长率（%）				全级配试件/湿筛试件（%）			
	7d	28d	90d	180d	7d	28d	90d	180d	7d	28d	90d	180d
SQ-4	0.73	1.37	2.24	2.86	53	100	164	209	119.7	135.6	123.1	104.8
湿筛试件	0.61	1.01	1.82	2.73	60	100	180	270				
SQ-6	1.05	1.76	2.55	3.27	60	100	145	186	101.9	118.1	119.7	104.8
湿筛试件	1.03	1.49	2.13	3.12	69	100	143	209				

由试验结果可知：

（1）两个配合比全级配混凝土90d龄期的抗压强度均略低于相应分区部位大坝混凝土的配制强度要求。

（2）全级配混凝土的抗压强度比湿筛混凝土的低，为其80%左右。由于大坝混凝土采用强度较高且表面光滑的天然骨料，因此，混凝土大多从骨料与砂浆间的界面区破坏，从全级配混凝土抗压强度断裂面情况图可以看出，大骨料均完好，混凝土从骨料与砂浆界面区裂开。全级配混凝土试件中粗骨料含量占65%，混凝土经湿筛后，粗骨料含量仅占40%，砂浆含量更丰富，界面过渡区结合更紧密且所占比例下降，所以，湿筛混凝土试件抗压强度比全级配混凝土高。

图 2-14　全级配混凝土抗压强度试验装置

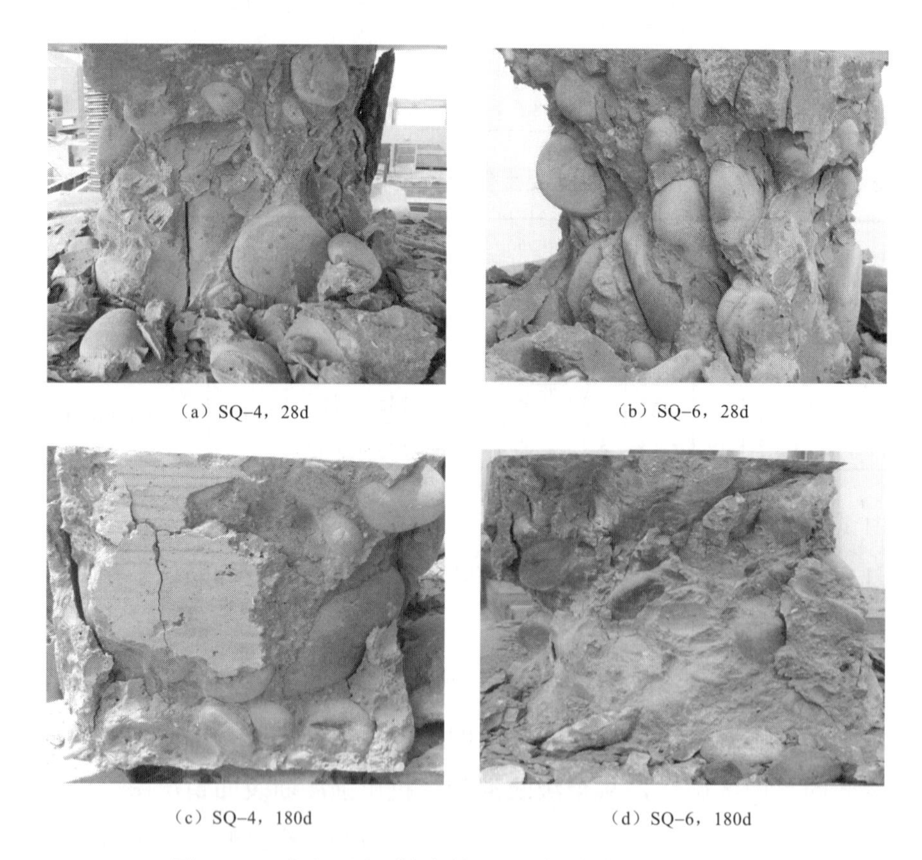

（a）SQ-4，28d

（b）SQ-6，28d

（c）SQ-4，180d

（d）SQ-6，180d

图 2-15　全级配混凝土抗压强度试验断裂面情况

（3）全级配混凝土的劈拉强度比湿筛混凝土的高，90d 龄期全级配混凝土的劈拉强度约为湿筛混凝土的 120%，而 180d 龄期全级配混凝土的劈拉强度与湿筛混凝土的劈拉强度较接近。从全级配混凝土劈拉强度断裂面情况图可以看出，90d 龄期时劈裂破坏面上混凝土小骨料大多断裂，而大骨料基本为脱出。这表明在劈拉试验过程中，裂缝绕过全级配混凝土中的大石、特大石，沿着大骨料—砂浆界面破坏，即全级配混凝土中的大石、特大石阻碍了裂缝的发展，使全级配混凝土的劈拉强度高于湿筛混凝土。而 180d 龄期时混凝土部分大石、特大石破裂。

图 2-16　全级配混凝土劈拉强度试验装置

（4）全级配混凝土的抗压强度增长率比湿筛混凝土的略高，全级配混凝土的劈拉强度增长率比湿筛混凝土的略低，但均较接近。

（a）SQ–4，28d　（b）SQ–6，28d

（c）SQ–4，90d　（d）SQ–6，90d

图 2-17　全级配混凝土劈拉强度试验断裂面情况（一）

（e）

（f）

图 2-17 全级配混凝土劈拉强度试验断裂面情况（二）

（二）轴拉强度和极限拉伸值

全级配混凝土与湿筛混凝土的轴拉强度及其增长率、全级配混凝土与湿筛混凝土轴拉强度比值、轴拉强度与劈拉强度比值见表 2-70、表 2-71，极限拉伸值试验结果见表 2-72，全级配混凝土轴拉强度试验设备（4000kN 卧式万能试验机）见图 2-18，试件断裂面情况见图 2-19。

表 2-70　　全级配混凝土轴拉强度试验结果

编号	轴拉强度（MPa）				全级配轴拉强度/湿筛轴拉强度（%）				轴拉强度增长率（%）			
	7d	28d	90d	180d	7d	28d	90d	180d	7d	28d	90d	180d
SQ-4	0.82	1.19	1.70	2.25	68.3	86.2	75.2	75.5	69	100	143	189
湿筛试件	1.20	1.38	2.26	2.98					87	100	164	216
SQ-6	1.10	1.36	2.10	2.67	81.5	84.5	73.2	78.8	81	100	154	196
湿筛试件	1.35	1.61	2.87	3.39					84	100	178	211

表 2-71　　全级配混凝土抗拉强度与抗压强度比值

编号	劈拉强度/抗压强度（%）				轴拉强度/抗压强度（%）			
	7d	28d	90d	180d	7d	28d	90d	180d
SQ-4	5.8	7.1	7.5	8.3	6.6	6.2	5.7	6.5
湿筛试件	4.1	4.1	4.9	6.3	8.2	5.5	6.0	6.9
SQ-6	7.0	7.7	7.8	8.4	7.4	5.9	6.4	6.9
湿筛试件	5.5	5.1	5.3	6.4	7.2	5.5	7.1	7.0

表 2-72　　全级配混凝土极限拉伸值试验结果

编号	极限拉伸值（$\times10^{-6}$）				全级配/湿筛（%）				极限拉伸值增长率（%）			
	7d	28d	90d	180d	7d	28d	90d	180d	7d	28d	90d	180d
SQ-4	35	49	57	65	56.5	64.5	60.0	61.9	71	100	116	133
湿筛试件	62	76	95	105					82	100	125	138
SQ-6	40	58	65	73	61.5	72.5	67.7	67.6	69	100	112	126
湿筛试件	65	80	96	108					81	100	120	135

由试验结果可知：

（1）全级配混凝土各龄期的轴拉强度均低于湿筛混凝土，平均为其 78%。

（2）全级配混凝土各龄期的极限拉伸值均低于湿筛混凝土，平均为其 64%，湿筛混凝土试件的极限拉伸值可满足设计要求。

（3）全级配混凝土的劈拉强度与抗压强度比值比湿筛混凝土的高，全级配混凝土的轴拉强度与抗压强度比值和湿筛混凝土较接近。

（4）全级配混凝土的轴拉强度增长率、极限拉伸值增长率均比湿筛混凝土的低。

（5）全级配混凝土轴拉试件均从中部断裂，断裂面骨料基本是被拔出，仅有较少量骨料被拉断。

图 2-18　全级配混凝土轴拉强度试验

（三）抗压弹性模量和泊松比

全级配混凝土与湿筛混凝土的抗压弹性模量和泊松比试验结果见表 2-73，全级配混凝土抗压弹性模量试验装置见图 2-20。

（a）SQ-4，7d

（b）SQ-6，7d

（c）SQ-4，28d

图 2-19　全级配混凝土与湿筛混凝土轴拉强度试验试件断裂面情况

表 2-73　　　　　全级配混凝土抗压弹性模量和泊松比

编号	抗压弹性模量（GPa）				全级配抗压弹性模量/湿筛抗压弹性模量（%）				泊松比		
	7d	28d	90d	180d	7d	28d	90d	180d	28d	90d	180d
SQ-4	20.3	27.9	33.9	35.8	104.6	116.7	114.9	114.9	0.11	0.19	0.21
湿筛试件	19.4	23.9	29.5	32.7					—	—	—
SQ-6	24.7	29.8	34.5	38.5	126.0	116.4	112.7	112.7	0.13	0.19	0.22
湿筛试件	19.6	25.6	30.6	34.6					—	—	—

由试验结果可知：

（1）全级配混凝土 90d 龄期的抗压弹性模量均高于 33GPa。

（2）全级配混凝土的抗压弹性模量高于湿筛混凝土，平均约为湿筛混凝土的 114%，全级配混凝土的骨料含量高，抗压弹性模量相应较高。

（3）全级配混凝土 90d 龄期的泊松比平均为 0.19，180d 龄期的泊松比平均为 0.22。

图 2-20　全级配混凝土抗压弹性模量试验装置

（四）干缩

全级配混凝土干缩率试验装置见图 2-21，试验结果见表 2-74，干缩率随时间变化的关系曲线见图 2-22。由试验结果可知，全级配混凝土的干缩率比湿筛混凝土小得多，180d 龄期全级配混凝土的干缩率约为湿筛混凝土干缩率的 46%。

图 2-21　全级配混凝土干缩试验装置

表 2-74　　混凝土干缩试验结果

编号	水胶比	干缩率（$\times10^{-6}$）							
		1d	3d	7d	14d	28d	60d	90d	180d
SQ-6	0.38	5	27	49	82	128	168	193	224
湿筛试件	0.38	7	49	133	215	320	372	435	483

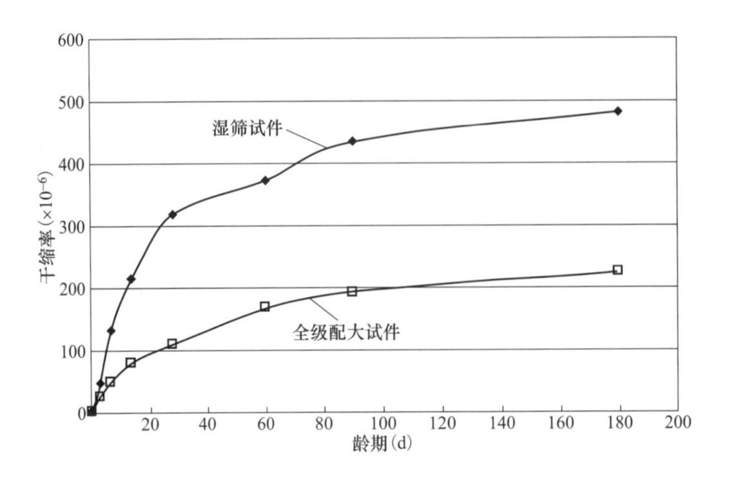

图 2-22 混凝土干缩率随时间变化的关系曲线

图 2-23 全级配混凝土自生体积变形试验装置

（五）自生体积变形

全级配混凝土自生体积变形试验装置见图 2-23，试验结果见表 2-75，自生体积变形随时间变化的关系曲线见图 2-24。由试验结果可知，采用现有原材料，大坝混凝土的自生体积变形表现为收缩，至 210d 龄期时趋于稳定。全级配混凝土 21d 龄期以前的自生体积收缩变形与湿筛混凝土较接近，后期小于湿筛混凝土，120d 龄期以后，全级配混凝土的自生体积收缩变形约为湿筛混凝土的 50%。

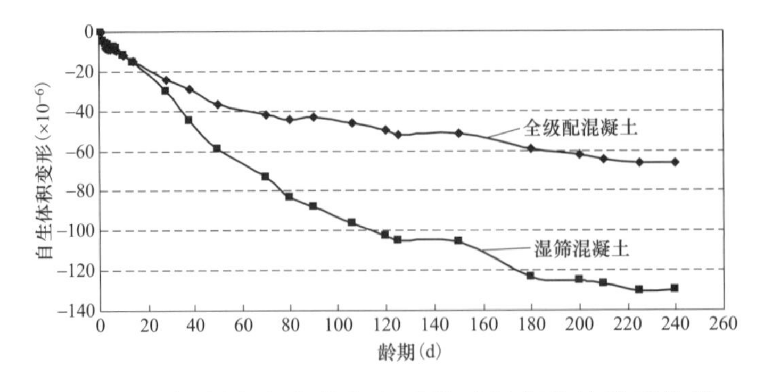

图 2-24 混凝土自生体积变形随时间变化的关系曲线

表 2-75　　全级配混凝土自生体积变形试验结果　　单位：$\times10^{-6}$

龄期	1d	2d	3d	4d	5d	6d	7d	14d	21d	28d	35d	50d
SQ-6	0	−5	−8	−9	−9	−9	−9	−12	−15	−24	−29	−36
湿筛	0	−5	−6	−7	−8	−8	−8	−12	−16	−30	−45	−59
龄期	70d	80d	90d	100d	100d	125d	150d	180d	200d	210d	225d	240d
SQ-6	−42	−45	−43	−46	−49	−52	−52	−59	−62	−64	−66	−66
湿筛	−73	−84	−88	−96	−103	−105	−106	−124	−125	−127	−130	−130

（六）受压徐变

混凝土的受压徐变是指在持续荷载作用下，混凝土结构的变形将随时间不断增加的现象，徐变度则是单位应力作用下的徐变变形。在混凝土早龄期加荷，由于混凝土中的水泥尚未充分水化，强度较低，徐变发展较快；而晚龄期加荷时，由于水泥的水化，混凝土强度的增长，徐变发展较慢。

湿筛混凝土受压徐变试件为ϕ150mm×450mm圆柱体，试件中心埋设 DI-25 型电阻应变计。混凝土成型前湿筛筛除大于 40mm 粒径的粗骨料，试件成型后在雾室养护 48h 后拆模，并用白铁皮筒进行密封处理，避免混凝土内部水分与外界交换，然后放入恒温（20±2℃）徐变试验室，使混凝土试件在整个试验过程中处于绝湿、恒温状态，待预定加荷龄期时进行加荷。

图 2-25　全级配混凝土徐变试验装置

全级配混凝土受压徐变试件为ϕ150mm×1350mm 圆柱体，试验装置见图 2-25，试验过程及步骤与湿筛混凝土小试件一致。

徐变加荷龄期为 7d、28d、90d、180d，每组两个试件，另设两个补偿试件。全级配及湿筛混凝土试件的徐变试验结果见表 2-76。不同加荷龄期，混凝土徐变度与持荷时间的关系曲线见图 2-26，图中湿筛混凝土数据是湿筛混凝土换算成全级配混凝土后的结果。

徐变的大小与混凝土胶凝材料含量相关。限于试验条件，一般进行湿筛混凝土小试件的试验，并通过式（2-9）将湿筛混凝土的徐变度试验结果近似换算为原级配混凝土徐变度。

$$\left.\begin{aligned} C(t,\tau) = \varepsilon_c \frac{1}{\sigma_c}\alpha = C_1(\tau)[1-e^{-k_1(t-\tau)}] + C_2(\tau)[1-e^{-k_2(t-\tau)}] \\ \alpha = V_0 / V \end{aligned}\right\} \tag{2-9}$$

式中　$C(t, \tau)$——原型混凝土徐变度，10^{-6}/MPa；

ε_c——试件混凝土徐变，10^{-6}；

σ_c——混凝土试件所受压应力，MPa；

α——灰浆率比；

V_0——每立方米原型混凝土中水泥、掺合料和水的体积，L；

V——每立方米制作试件混凝土中水泥、掺合料和水的体积，L；

C_1、C_2、k_1、k_2——拟合系数，见表 2-77。

根据湿筛混凝土徐变度试验结果，拟合出了混凝土徐变度与加荷龄期、持荷时间的关系，如式（2-10）所示。

$$\left.\begin{aligned} C_1(\tau) = C_1 + D_1 / \tau^{m_1} \\ C_2(\tau) = C_2 + D_2 / \tau^{m_2} \end{aligned}\right\} \tag{2-10}$$

式中　$C(t, \tau)$——在第τ天的加荷龄期下，持荷时间为（$t-\tau$）时的徐变度，10^{-6}/MPa；

C_1、C_2、D_1、D_2、m_1、m_2——拟合系数，见表 2-77。

表 2-76　　混凝土徐变试验结果

编号	级配	龄期	不同持荷时间的混凝土徐变度（×10^{-6}/MPa）								
			1d	2d	3d	4d	5d	14d	21d	28d	35d
SQ-6	湿筛混凝土原始结果	7d	12.8	16.5	21.5	24.5	25.5	36.0	41.5	43.0	44.3
		28d	6.8	9.3	10.5	12.0	13.8	16.8	18.7	19.7	20.8
		90d	3.8	4.2	5.3	5.8	6.3	7.8	8.8	9.2	9.8
		180d	2.5	2.8	3.2	3.5	3.7	4.7	5.0	5.3	6.2
SQ-6	湿筛混凝土换算成全级配的结果	7d	7.7	9.9	12.9	14.7	15.3	21.6	24.9	25.8	26.6
		28d	4.1	5.6	6.3	7.2	8.3	10.1	11.2	11.8	12.5
		90d	2.3	2.5	3.2	3.5	3.8	4.7	5.3	5.5	5.9
		180d	1.5	1.7	1.9	2.1	2.2	2.8	3.0	3.2	3.7

续表

编号	级配	龄期	不同持荷时间的混凝土徐变度（×10^{-6}/MPa）								
			1d	2d	3d	4d	5d	14d	21d	28d	35d
SQ-6	全级配	7d	4.6	5.2	6.6	7.9	8.5	13.5	15.6	17.3	18.6
		28d	3.0	4.1	5.3	5.9	6.5	8.4	9.2	9.4	10.0
		90d	1.4	1.8	2.2	2.5	2.8	3.5	4.0	4.3	4.5
		180d	1.0	1.3	1.5	1.7	1.8	2.2	2.5	2.8	3.0

编号	级配	不同持荷时间的混凝土徐变度（×10^{-6}/MPa）								
		42d	49d	60d	90d	120d	150d	180d	210d	240d
SQ-6	湿筛混凝土原始结果	44.8	44.2	44.8	45.3	45.8	46.0	46.3	46.5	46.7
		22.0	22.3	23.3	23.8	25.0	25.3	25.7	26.3	—
		10.2	10.3	10.5	11.0	12.0	12.3	—	—	—
		6.7	6.8	7.0	—	—	—	—	—	—
SQ-6	湿筛混凝土换算成全级配的结果	26.9	26.5	26.9	27.2	27.5	27.6	27.8	27.9	28.0
		13.2	13.4	14.0	14.3	15.0	15.2	15.4	15.8	—
		6.1	6.2	6.3	6.6	7.2	7.4	—	—	—
		4.0	4.1	4.2	—	—	—	—	—	—
SQ-6	全级配	19.2	19.5	20.0	20.6	20.8	20.9	21.0	21.1	21.2
		10.3	10.5	10.7	11.2	11.5	11.8	12.1	12.3	—
		4.7	4.8	5.0	5.1	5.4	5.8	—	—	—
		3.1	3.2	3.3	—	—	—	—	—	—

注　灰浆率为体积灰浆率。

表 2-77　　湿筛混凝土徐变度拟合系数

编号	k_1	k_2	C_1	C_2	D_1	D_2	m_1	m_2
SQ-6	0.5	0.03	1.51	1.79	112.7	8.8	0.9	0.3

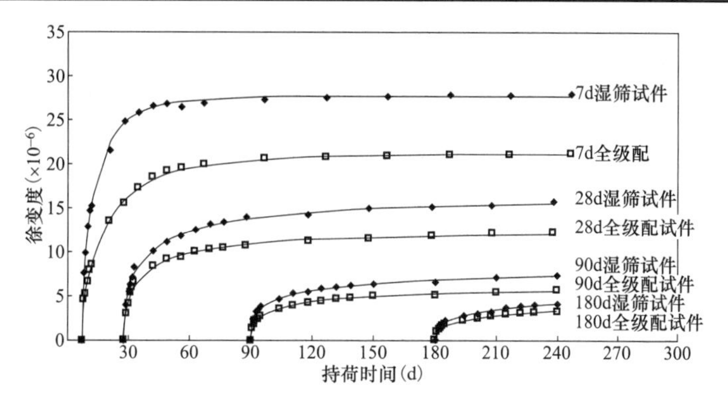

图 2-26　全级配混凝土及湿筛试件压缩徐变度曲线

由试验结果可知，湿筛混凝土小试件的徐变度通过经验公式换算后所得到的全级配混凝土的徐变度，比实测的全级配混凝土徐变度略高。

7d 加荷龄期，持荷约 240d 龄期后全级配混凝土大试件的徐变度是湿筛小试件徐变度换算值的 75.7%；28d 加荷龄期，持荷约 210d 龄期后全级配混凝土大试件的徐变度是湿筛小试件徐变度换算值的 77.8%。90d 加荷龄期，持荷约 150d 龄期后全级配混凝土大试件的徐变度是湿筛小试件徐变度换算值的 78.4%；180d 加荷龄期，持荷约 60d 龄期后全级配混凝土大试件的徐变度是湿筛小试件徐变度换算值的 78.6%。

（七）抗渗

全级配混凝土抗渗试验参照《水工混凝土试验规程》（SL 352）进行，先加压至 1.0MPa，保压 24h，再以每 0.1MPa/8h 的速度，加压至 3.1MPa，稳压 24h，未发现渗水后，卸压。劈开试件，量测平均渗水高度，并计算相对渗透系数。

全级配混凝土抗渗性能试验装置见图 2-27，抗渗试件渗水情况见图 2-28，抗渗试验结果见表 2-78。由试验结果可知，参照抗渗等级计算方法，大坝全级配混凝土的抗渗等级＞W10，按照相对渗透系数计算，大坝全级配混凝土的相对渗透系数为 0.22×10^{-10}cm/s，抗渗性能较好。

图 2-27　全级配混凝土抗渗性能试验装置

表 2-78　全级配混凝土抗渗试验结果

编号	混凝土等级	水胶比	粉煤灰掺量（%）	抗渗等级	平均渗水高度（mm）	相对渗透系数（cm/s）
SQ-6	C_{90}30W10F300	0.38	45	＞W10	43	0.22×10^{-10}

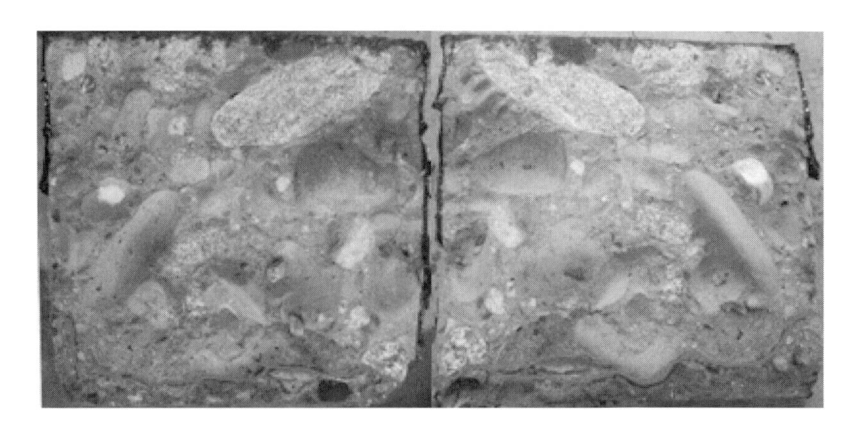

图 2-28　全级配混凝土抗渗试件渗水线（SQ-6）

四、小结

（1）通过研究探明了布尔津山口水利枢纽工程拱坝全级配混凝土的真实特性及其与湿筛混凝土性能的关系。大坝全级配混凝土 90d 设计龄期的抗压强度、抗拉强度、极限拉伸值分别为湿筛混凝土的 81%、74%、64%左右，抗压弹性模量分别为湿筛混凝土的 15%左右，180d 龄期的干缩率为湿筛混凝土的 46%，120d 龄期以后的自生体积收缩变形约为湿筛混凝土的 50%。全级配混凝土的徐变度略低于通过湿筛混凝土试验换算所得的全级配混凝土徐变度，前者约为后者的 78.3%。

（2）采用布尔津山口大坝混凝土推荐配合比，大坝混凝土湿筛后设计龄期的抗压强度和极限拉伸值有较多富裕，抗压弹性模量接近设计要求的 30GPa，但全级配混凝土设计龄期的抗压强度略低于配制强度的要求，极限拉伸值明显低于设计要求，抗压弹性模量在 33GPa 左右，抗拉强度满足设计要求，但富裕度低，抗渗等级满足设计要求，抗渗性能较好。但是采用屯河 P·I 型硅酸盐水泥，混凝土的自生体积收缩变形较大，对混凝土的防裂不利，必须采取措施提高混凝土的体积稳定性，减小自生体积收缩变形。

第六节　大坝混凝土热学及体积稳定性调控研究

大坝全级配混凝土性能试验结果表明，采用屯河 P·I 42.5 硅酸盐水泥，45%的粉煤灰掺量，在推荐水胶比下，大坝全级配混凝土的性能基本能够满足设计要求，但抗压强度略低于配制强度要求，尤其是混凝土自生体积收缩变形较大，240d 龄期，设计指标为 C_{90}30F400W10 的全级配混凝土和湿筛混凝土的自生体积收缩变形分别达到了 66με 和 130με，给大坝温控设计带来较大困难。

混凝土的自生体积变形是由混凝土中胶凝材料水化反应所引起的体积变形，混凝土自生体积变形可分为收缩型变形和膨胀型变形两大类。自生体积膨胀变形的混凝土一般采用具有膨胀组分的水泥。膨胀型水泥中的膨胀源可分为以下几类：

（1）MgO 膨胀源，由于方镁石与水反应生成水镁石引起体积膨胀，MgO 分为内含和外掺两类。

（2）CaO 膨胀源，CaO 水化后生成 $Ca(OH)_2$，水化后总体积大于水化前的总体积。

（3）K 型膨胀水泥，主要成分为氧化钙（CaO）、氧化铝（Al_2O_3）和无水石膏（$CaSO_4$）的水泥。

（4）M 型膨胀水泥，主要成分为高铝水泥熟料与无水石膏的水泥。

（5）W 型膨胀水泥，以铝酸三钙（C_3A）和无水石膏为膨胀组分的水泥。

K、M、W 型膨胀水泥水化后均生成钙矾石，产生体积膨胀。采用无膨胀组分的水泥配制的混凝土，其自生体积变形通常为收缩变形，其收缩是水泥在水化过程中化学收缩和自干燥收缩在宏观上的表现。硅酸盐水泥的四大熟料矿物水化后都会产生化学收缩，即熟料矿物水化产物的绝对体积同水化前熟料矿物和水的绝对体积之和相比有所减少。C_3A 水化后的化学收缩最大，每千克 C_3A 将产生 178.5cm^3 的体积收缩，是 C_3S、C_2S 水化收缩的 3～4 倍。此外，较低水胶比下，随着水泥水化的进行，在硬化水泥浆体中形成大量微细孔，水的饱和蒸汽压也随之降低，即水泥石内部相对湿度降低，产生自干燥，使毛细孔中的水由饱和状态变为不饱和状态，在浆体毛细孔中产生弯月面，硬化水泥浆体受负压的作用而产生收缩。

因此，混凝土的自生体积收缩变形主要取决于水泥的品种和特性，其次，掺合料品种和掺量、水胶比、用水量、骨料品种等也对自生体积变形有一定的影响。相同强度条件下，混凝土的胶凝材料用量越高，混凝土自生体积变形越大。高强度等级混凝土的自生体积变形高于低强度等级混凝土的自生体积变形。全级配混凝土的灰骨比小于湿筛混凝土，因此，全级配混凝土的自生体积变形小于湿筛混凝土。

综上，为提高大坝混凝土质量，同时降低大坝混凝土的温控难度，需要进一步提高大坝混凝土的抗压强度，同时降低混凝土的绝热温升和自生体积收缩变形。为此，开展了工程特供水泥的质量控制指标研究，同时调整粉煤灰掺量，研究水泥性能和粉煤灰掺量对混凝土力学、热学和变形性能的影响，在保证强度的前提下，重点研究其对混凝土自生体积变形性能的影响。

一、水泥质量控制指标研究

在高温下煅烧成的水泥熟料含有四种主要矿物，即：硅酸三钙（$3CaO \cdot SiO_2$），简称 C_3S；硅酸二钙（$2CaO \cdot SiO_2$），简称简称 C_2S；铝酸三钙（$3CaO \cdot Al_2O_3$），简称 C_3A；铁铝酸四钙（$4CaO \cdot Al_2O_3 \cdot Fe_2O_3$），简称 C_4AF。这几种矿物成分的性质各不相同，它们在熟料中的相对含量改变时，水泥的性能也随之改变，它们的一般含量及主要特征如下：

（1）C_3S——含量 40%～55%，它是水泥中产生早期强度的矿物，C_3S 含量越高，水泥 28d 以前的强度也越高。水化速度比 C_2S 快，28d 可以水化 70%左右，但比 C_3A 慢。这种矿物的水化热比 C_3A 低，较其他两种矿物高。

（2）C_2S——含量 20%～30%，它是四种矿物组分中水化最慢的一种，28d 水化只有 11%左右，是水泥中产生后期强度的矿物。它对水泥强度发展的影响是：早期强度低，后期强度增长率显著提高，一年后强度还继续增长，抗蚀性好，水化热最小。

（3）C_3A——含量 2.5%～15%，它的水化作用最快，发热量最高。强度发展虽很快但不高，体积收缩大，抗硫酸盐侵蚀性能差，因此，有抗蚀性要求时 C_3A+C_4AF 含量不超过 22%。

（4）C_4AF——含量 10%～19%，它的水化速度较快，水化热及强度均属中等。含量多时对提高抗拉强度有利，抗冲磨强度高，脆性系数小。

除上述几种主要成分外，水泥中尚有以下几种少量组分：

（1）MgO——MgO 水化和膨胀缓慢，含量过多时会使水泥安定性不良，发生膨胀性破坏。

（2）SO_3——主要是煤中的硫及由掺入的石膏带来的。掺量合适时能调节水泥凝结时间，提高水泥性能，但过量时不仅会使水泥快硬，也能使水泥性能变差。因此，规定 SO_3 含量不超过 3.5%。

（3）游离 CaO——为有害成分，含量超过 2%时，可能使水泥安定性不良。

（4）碱（K_2O，Na_2O）——含量多时会与活性骨料作用引起碱骨料反应，使体积膨胀，导致混凝土产生裂缝。

综上，矿物组成不同的水泥，其强度发展、收缩、放热量、放热速率和韧性相差很大。就强度而言，C_3S 具有较高的强度，特别是较高的早期强度；C_2S 的早期强度较低，但后期强度较高；C_3A 和 C_4AF 的强度均在早期发挥，后期强度几乎没有发展，但 C_4AF 的强度大于 C_3A 的强度。四种矿物中 C_3A 的收缩率最大，它比其他三种熟料矿物的收缩率高 3～5 倍。C_3S、C_2S、C_4AF 三种矿物的收缩率相差不大。不同熟料矿物的水化热和放热速率大致遵循下列顺序：$C_3A>C_3S>C_4AF>C_2S$。此外，水泥熟料中的主要矿物成分的水化产物的结构形成一般分为两类，一类为胶凝体，一类为晶体。属胶凝体的水化产物有 C-S-H、C-F-H 等，胶凝体比结晶体具有更大的韧性。C_3S 和 C_2S 水化产生 C-S-H 胶凝体的同时也生成 CH 晶体，C_3S 比 C_2S 产生的 CH 多，因此，水泥中的 C_3S 含量越大，水泥的脆性也越大。C_4AF 水化时不仅消耗一定的 CH，同时还生成 C-F-H 凝胶。水泥熟料矿物成分的 C_3A 含量大，不仅水化热及收缩大，且脆性系数（水泥胶砂抗压强度与抗折强度比值）也大，对抗裂极为不利；C_3S 含量大，同样水化热高，脆性系数也大。

因此，为了降低水泥的水化热和收缩，提高水泥的韧性，降低水泥的脆性，应尽量降低水泥熟料中 C_3A 含量，控制 C_3S 含量，适当增加 C_2S 和 C_4AF 含量。国内类似水利工程通常采用中热硅酸盐水泥提高混凝土的抗裂性能，其水泥熟料矿物组成一般控制在如下范围：C_3S，50%～55%；C_2S，20%～30%；C_3A，1%～3%；C_4AF，15%～17%；MgO，3.5%～5.0%。

对于工程 200km 范围内的水泥厂的调研表明，当地没有可以生产中热或低热硅酸盐水泥的厂家。各厂家中，布尔津水泥厂具有较好的生产规模、原燃料品质和产品质量，其生产的屯河 P·I42.5 硅酸盐水泥满足国家标准，但水泥的 C_3A 含量超过 8%，比表面积大于 $400m^2/kg$，导致工程混凝土自生体积收缩变形非常高。根据水泥熟料矿物组成特征、大坝混凝土自生体积变形和水化热的要求，以及大量类似工程实践经验，结合水泥厂的实际生产情况，参照中热硅酸盐水泥标准，工程对布尔津水泥厂生产的屯河 P·I 42.5 硅酸盐水泥提出了系统的质量控制要求：

（1）增加 MgO 含量下限值技术要求，利用方镁石的后期微膨胀，补偿混凝土自生体积收缩变形。

（2）增加比表面积上限值及波动区间技术要求。

（3）增加水化热限值技术要求。

（4）增加 C_3A 上限值技术要求；通过（2）～（4）的控制要求以限制水工混凝土早期放热速度和放热量。

（5）增加 C_4AF 下限值技术要求，提高水工混凝土韧性和抗裂性能。

（6）限定水泥 28d 抗压强度波动区间，以保证混凝土强度稳定性。

由此提出适用于工程的中热型 P·I42.5 硅酸盐水泥技术要求，见表 2-79。表中同时列出了国家标准《中热硅酸盐水泥、低热硅酸盐水泥、低热矿渣硅酸盐水泥》（GB 200）中热硅酸盐水泥技术要求和三峡工程水泥技术要求。可以看到，经过质量调控的屯河 P·I42.5 硅酸盐水泥具有较低的水化热，其水化热与中热硅酸盐水泥相近，预期其收缩变形和抗裂性能可以得到较大改善。工程要求厂家固定料源，采用固定设备生产大坝水泥，保证水泥质量的稳定性。同时建议厂家采用偏光显微镜快速测定熟料矿物组成和质量，采用 24h 快速强度测定方法建立水泥强度质量控制图，用于控制水泥质量波动，保证水泥熟料烧成质量。

基于工程研究提出的低热型 P·I42.5 硅酸盐水泥技术要求，可以成为新疆北疆地区大中型水利水电工程水泥质量控制的技术蓝本，推广应用于类似工程。

表 2-79　　水泥技术要求与标准

序号	技术要求	本工程 P·I42.5 硅酸盐水泥	GB 200 中热硅酸盐水泥	Q/CTG 14 三峡工程中热硅酸盐水泥
1	铝酸三钙（%）	≤6.0	≤6.0	≤4.0
2	硅酸三钙（%）	≤55	≤55	≤55

续表

序号	技术要求		本工程 P·I42.5 硅酸盐水泥	GB 200 中热硅酸盐水泥	Q/CTG 14 三峡工程中热硅酸盐水泥
3	铁铝酸四钙（%）		≥12	—	≥15
4	游离氧化钙（%）		≤1	≤1	≤1
5	氧化镁含量（%）		≥2.0，≤5.0	≤5.0	4.0～5.0
6	三氧化硫（%）		≤3.5	≤3.5	≤3.5
7	比表面积（m^2/kg）		320±20	≥250	≥250，≤320
8	碱含量（%）		≤0.60	≤0.60	≤0.55
9	28d 抗压强度（MPa）		49±3.5	≥42.5	49±3.5
10	28d 抗折强度（MPa）		≥6.5	≥6.5	≥7.5
11	水化热（kJ/kg）	3d	≤260	≤251	≤241
		7d	≤300	≤293	≤283

对采用生产质量控制后的两个批次 P·I42.5 硅酸盐水泥进行了性能检验，水泥的物理力学性能试验结果见表 2-80，化学成分分析结果见表 2-81，水泥水化热试验结果见表 2-82，表 2-82 中还列出了掺 35%和 40%粉煤灰的水泥水化热试验结果。两批次水泥的各项性能满足《通用硅酸盐水泥》（GB 175）对 P·I42.5 硅酸盐水泥的技术要求。采用质量控制标准后，水泥的 C_3A 含量从 8.9%降低到 5.5%、碱含量从 1.04%降低至 0.34%、SO_3 含量从 3.12%降低至 1.22%，氧化镁含量增加至 2.43%，且屯河 P·I42.5 硅酸盐水泥各龄期的水化热与《中热硅酸盐水泥　低热硅酸盐水泥 低热矿渣硅酸盐水泥》（GB 200）对中热硅酸盐水泥水化热的限值要求相近。掺粉煤灰后，水泥水化热显著降低，降低比率低于粉煤灰掺量，随龄期增长，水化热降低比率减小。水泥的各项性能指标普遍得到改善，更适用于大坝混凝土。

表 2-80　　水泥物理力学性能

P·I42.5 水泥	密度（g/cm^3）	比表面积（m^2/kg）	标准稠度（%）	安定性	凝结时间（min）		抗折强度（MPa）			抗压强度（MPa）		
					初凝	终凝	3d	7d	28d	3d	7d	28d
第一批次	3.16	346	25.2	合格	130	212	6.1	7.2	9.3	22.8	31.3	45.1
第二批次	3.28	337	25.0	合格	207	312	4.8	7.3	8.9	16.7	30.2	42.5
GB 175 技术要求	—	≥300	—	合格	≥45	≤390	≥3.0	—	≥6.5	≥17.0	—	≥42.5

表 2-81　　水泥的化学成分　　单位：%

P·I42.5 水泥	CaO	SiO_2	Al_2O_3	Fe_2O_3	MgO	SO_3	K_2O	Na_2O	R_2O*	Loss
第一批次	60.92	22.21	5.42	4.23	2.84	2.33	0.28	0.24	0.42	0.86
第二批次	62.38	23.20	4.76	4.21	2.43	1.22	0.34	0.12	0.34	1.23
GB 175 技术要求	—	—	—	—	≤5.0	≤3.5	—	—	—	≤3.0

*　R_2O 为当量碱含量，$R_2O=Na_2O+0.658K_2O$。

表 2-82　　水泥水化热试验结果

胶凝材料	水化热（kJ/kg）			水化热降低率（%）		
	1d	3d	7d	1d	3d	7d
屯河水泥 P·I 42.5	195	275	318	0	0	0
65%屯河水泥 P·I42.5+35%天山 I 级粉煤灰	127	186	229	34.9	32.4	28.0
60%屯河水泥 P·I42.5+40%天山 I 级粉煤灰	117	184	226	40.0	33.1	28.9
GB 200 中热水泥	—	≤251	≤293	—	—	—

二、试验原材料性能

采用 F 类 I 级粉煤灰进行试验。粉煤灰的化学成分分析结果见表 2-83，品质检验结果见表 2-84。试验结果表明，粉煤灰的各项品质指标满足 DL/T 5055—2007《水工混凝土掺用粉煤灰技术规范》中 F 类 I 级粉煤灰的技术要求。

表 2-83　　粉煤灰的化学成分　　单位：%

粉煤灰品种	SiO_2	Al_2O_3	Fe_2O_3	CaO	MgO	R_2O*	SO_3	Loss
天山 I 级	60.34	21.42	5.51	3.27	4.25	2.40	0.39	1.57

*　R_2O 为当量碱含量，$R_2O=Na_2O+0.658K_2O$。

表 2-84　　粉煤灰品质检验结果

粉煤灰品种	细度（%）	需水量比（%）	烧失量（%）	SO_3 含量（%）	含水量（%）	密度（kg/m^3）	28d 抗压强度比（%）
天山 I 级	9.9	91.6	1.57	0.39	0.52	2240	88
DL/T 5055 F 类 I 级粉煤灰技术要求	≤12	≤95	≤5.0	≤3.0	≤1.0	—	

试验使用布尔津山口水利枢纽现场用粗细骨料，其中细骨料由人工砂和天然砂按 6:4 的比例混合而成，细度模数为 2.66。

试验采用 NF-2 缓凝高效减水剂和 PMS-NEA3 引气剂以及 JM-II 缓凝高效减水剂与 GYQ 引气剂。采用屯河 P·I42.5 硅酸盐水泥、山口水利枢纽混合砂和小石对外加剂品质进行了检验，其中减水剂掺量为 0.7%，引气剂掺量为 0.006%，结果分别见表 2-85 和表 2-86。

表 2-85　　缓凝高效减水剂品质检验结果

试验编号	减水率（%）	含气量（%）	泌水率比（%）	28d 收缩率比（%）	凝结时间差（min）		抗压强度比（%）		
					初凝	终凝	3d	7d	28d
JM-II	21.0	1.9	75	94.0	+260	+340	174	202	135
NF-2	20.0	1.3	54.3	123.4	+228	+219	140	143	133
GB 8076 缓凝高效减水剂	≥14	≤4.5	≤100	≤135	＞+90	—	—	≥125	≥120

试验结果表明，除引气剂的抗压强度比略低于标准要求外，减水剂的各项性能和引气剂的其他性能分别满足《混凝土外加剂》（GB 8076）对缓凝高效减水剂和引气剂的要求。JM-II 缓凝高效减水剂的抗压强度比高于 NF-2 缓凝高效减水剂，GYQ 引气剂的抗压强度比高于 PMS-NEA3 引气剂。

三、混凝土性能试验

采用质量调控后生产的第一批次水泥，进行混凝土自生体积变形和徐变性能试验，按大坝混凝土基准配合比参数（C_{90}25W10F300），调整粉煤灰掺量为 35%，成型全级配混凝土，湿筛筛除大石和特大石，测定湿筛混凝土的徐变度和自生体积变形值，试验配合比见表 2-87。

采用质量调控后生产的第二批次水泥，进行混凝土力学性能、自生体积变形、绝热温升性能复核试验。按大坝混凝土基准配合比参数（C_{90}25W10F300、C_{90}30W10F300），调整粉煤灰掺量分别为 35%和 40%，进行混凝土复核性能试验，平行比较两种外加剂方案。两种外加剂方案分别为：联合掺用新疆五杰 NF-2 缓凝高效减水剂与 PMS-NEA3 引气剂，以及联合掺用江苏博特 JM-II 缓凝高效减水剂与 GYQ 引气剂。

表 2-86　引气剂品质检验结果

名称	减水率（%）	含气量（%）	泌水率比（%）	28d 收缩率比（%）	凝结时间差（min）		抗压强度比（%）			相对耐久性（200 次）（%）
					初凝	终凝	3d	7d	28d	
GYQ	10.3	5.4	50	95	+65	+95	90	92	91	94
NEA3	6.4	6.1	58	104	+61	+79	88	83	81	94
GB 8076 引气剂	≥6	≥3.0	≤70	≤135	−90～+120		≥95	≥95	≥90	≥80

表 2-87　大坝混凝土性能调控试验配合比（第一批次水泥）

编号	混凝土等级	级配	水胶比	粉煤灰掺量（%）	砂率（%）	外加剂方案	减水剂掺量（%）	引气剂掺量（%）	混凝土材料用量（kg/m^3）						坍落度（mm）		含气量（%）	
									水	水泥	粉煤灰	天然砂	人工砂	石	初始	30min	初始	30min
SQ-补	C_{90}25W10 F300	四	0.43	35	26	①	0.7	0.012	82	124	67	228	342	1660	80～100	50～60	6.8～8.5	5.0～5.8

注　本书多个表格中出现①、②，其中：①为 NF-2+PMS-NEA3，②为 JM-II+GYQ，余同。

采用第二批次水泥，进行混凝土力学性能和自生体积变形性能试验的试件，采用以下方法调整计算试验配合比参数：在基准配合比基础上，按照特大石、大石裹浆率（质量百分比）10%，计算筛除大石、特大石后混凝土的配合比参数，控制出机口混凝土坍落度在70～100mm，含气量在5.5%～6.5%，调整混凝土用水量和外加剂掺量，并微调混凝土砂率，调整后的试验混凝土配合比参数见表2-88，表中同时列出了基准配合比参数。每次拌和完成后，测试混凝土出机口拌和物性能，静置30min，再次测试混凝土拌和物性能，控制坍落度在30mm～60mm，含气量在4.5%～5.5%。

（一）力学性能试验结果

混凝土力学性能试验结果见表2-89。从试验结果来看：

（1）相同水胶比、相同外加剂，40%粉煤灰掺量混凝土比35%粉煤灰掺量混凝土早期（7d、28d）抗压强度有所降低，但90d龄期后抗压强度基本赶上35%混凝土。此外，粉煤灰掺量的变化对采用第二种外加剂方案混凝土的抗压强度的影响小于采用第一种外加剂方案的混凝土。

（2）相同水胶比、相同外加剂，粉煤灰掺量从35%增加到40%，180d龄期混凝土劈拉强度降低比率高于抗压强度的降低比率，但轴拉强度降低幅度不大，甚至有所增加。

（3）相同水胶比、相同粉煤灰掺量，采用第二种外加剂方案（JM-II+GYQ），各龄期混凝土的强度高于采用第一种外加剂方案（NF-2 + PMS-NEA3），极限拉伸值相近。

（4）到90d设计龄期，水胶比0.38，粉煤灰掺量35%或40%的混凝土，其抗压强度和极限拉伸值均能满足强度等级为 $C_{90}30$ 的大坝混凝土的配制强度和极限拉伸值设计要求；水胶比0.43，粉煤灰掺量35%或40%的混凝土，其抗压强度和极限拉伸值均能满足强度等级为 $C_{90}25$ 的大坝混凝土的配制强度和极限拉伸值设计要求。

（5）根据全级配混凝土性能试验结果，90d龄期全级配混凝土的抗压强度为湿筛混凝土的80%左右，根据试验结果推算的设计龄期全级配混凝土强度见表2-89。根据表2-90，建议对于强度等级为 $C_{90}30$ 的大坝混凝土，选用水胶比0.38，粉煤灰掺量35%或40%；对于强度等级为 $C_{90}25$ 的大坝混凝土，若采用第一种外加剂方案，在水胶比0.43的情况下，粉煤灰掺量不宜高于35%，若采用第二种外加剂方案，则可选用40%的粉煤灰掺量。

表 2-88　大坝混凝土性能调控试验配合比（第二批次水泥）

编号	混凝土等级	级配	水胶比	粉煤灰掺量（%）	砂率（%）	外加剂方案	减水剂掺量（%）	引气剂掺量（%）	混凝土材料用量（kg/m^3）						坍落度（mm）		含气量（%）	
									水	水泥	粉煤灰	天然砂	人工砂	石	初始	30min	初始	30min
XB1	$C_{90}25W10$ F300	二	0.43	35	26	①	0.7	0.012	82	124	67	223	334	1596	70～100	40～60	5.5～6.5	4.5～5.5
XB5		二	0.43	35	26	②	0.7	0.012	82	124	67	223	334	1596	70～100	40～60	5.5～6.5	4.5～5.5
XB3		二	0.43	40	26	①	0.7	0.012	82	114	76	222	334	1594	70～100	40～60	5.5～6.5	4.5～5.5
XB7		二	0.43	40	26	②	0.7	0.012	82	114	76	222	334	1594	70～100	40～60	5.5～6.5	4.5～5.5
XB2	$C_{90}30W10$ F300	二	0.38	35	25	①	0.7	0.012	82	140	76	212	317	1599	70～100	40～60	5.5～6.5	4.5～5.5
XB6		二	0.38	35	25	②	0.7	0.012	82	140	76	212	317	1599	70～100	40～60	5.5～6.5	4.5～5.5
XB4		二	0.38	40	25	①	0.7	0.012	82	129	86	211	317	1597	70～100	40～60	5.5～6.5	4.5～5.5
XB8		二	0.38	40	25	②	0.7	0.012	82	129	86	211	317	1597	70～100	40～60	5.5～6.5	4.5～5.5

表 2-89　大坝混凝土力学性能试验结果

编号	水胶比	粉煤灰掺量（%）	砂率（%）	外加剂方案	抗压强度（MPa）				劈拉强度（MPa）				轴拉强度（MPa）			极限拉伸值（$\times10^{-6}$）			弹性模量（GPa）		
					7d	28d	90d	180d	7d	28d	90d	180d	28d	90d	180d	28d	90d	180d	28d	90d	180d
XB1	0.43	35	48	①	15.9	25.0	34.8	39.5	1.22	2.18	2.64	3.30	2.48	3.19	3.76	85	94	105	22.3	26.4	29.7
XB5	0.43	35	48	②	15.9	27.7	41.2	46.0	1.46	2.31	3.08	3.65	2.63	3.11	3.82	83	85	102	22.0	27.5	30.8
XB3	0.43	40	48	①	11.4	21.8	33.1	40.5	0.95	2.15	3.25	2.87	2.16	3.10	3.70	75	96	106	23.7	24.4	29.2
XB7	0.43	40	48	②	14.4	26.8	39.5	45.4	1.15	2.08	3.27	3.11	2.51	3.34	3.91	77	86	100	23.5	26.8	30.1
XB2	0.38	35	48	①	18.6	33.5	46.2	46.8	1.62	2.34	3.26	3.67	2.69	3.52	4.08	84	108	114	26.0	27.0	31.2
XB6	0.38	35	48	②	20.6	33.9	47.5	51.7	1.79	2.75	3.66	4.32	2.64	3.34	3.95	84	91	107	25.6	30.7	33.0
XB4	0.38	40	48	①	15.0	29.3	42.4	44.7	1.21	2.21	3.41	3.32	2.52	3.29	3.85	80	98	110	25.2	29.3	32.6
XB8	0.38	40	48	②	18.2	33.7	47.0	52.4	1.46	2.56	3.80	4.01	2.88	3.54	4.14	84	98	109	24.2	29.8	32.1

表 2-90　根据试验结果推算的大坝全级配混凝土抗压强度

编号	水胶比	粉煤灰掺量（%）	砂率（%）	外加剂方案	90d 抗压强度（MPa）	
					湿筛	全级配
XB1	0.43	35	48	①	34.8	27.8
XB5	0.43	35	48	②	41.2	33.0
XB3	0.43	40	48	①	33.1	26.5
XB7	0.43	40	48	②	39.5	31.6
XB2	0.38	35	48	①	46.2	37.0
XB6	0.38	35	48	②	47.5	38.0
XB4	0.38	40	48	①	42.4	33.9
XB8	0.38	40	48	②	47.0	37.6

（二）自生体积变形

采用第一批次水泥配制的大坝混凝土自生体积变形试验结果见表 2-91。试验结果表明，采用第一批次水泥配制的大坝混凝土，在 28d 龄期前表现为自生体积微膨胀变形，但在 1d 自生体积膨胀变形就达到最大值 24～25 个微应变，其后膨胀值逐渐减小，28d 龄期以后，自生体积变形表现为收缩变形，其后收缩值逐渐增大，到 300d 自生体积变形基本稳定，收缩变形量在 62～63 个微应变之间。但若以第一天的自生体积变形量为基准，则总收缩量在 86～87 个微应变。

采用第二批次水泥，大坝混凝土自生体积变形复核试验结果见表 2-92。试验结果表明，采用第二批次水泥配制的大坝混凝土，在 52d 龄期前均表现为自生体积微膨胀变形，但一般在 4d 龄期自生体积膨胀变形达到最大值，其后膨胀值逐渐减小，一定龄期以后，不同配合比混凝土的自生体积变形均表现为收缩变形，其后收缩值逐渐增大，截至 200d 观测龄期，不同配合比混凝土中最大自生体积收缩变形量小于 52×10^{-6}。相同外加剂条件下，混凝土早期的自生体积膨胀变形有随水胶比减小而增大、随粉煤灰掺量增加而减小的趋势。总的来看，混凝土早期的自生体积膨胀变形越大，后期收缩变形越小，但若以最大自生体积膨胀变形量为基准，则总收缩量均在（65～80）$\times10^{-6}$之间。

表 2-91 大坝混凝土自生体积变形试验结果（第一批水泥）

编号	水胶比	粉煤灰掺量（%）	自生体积变形（$\times10^{-6}$）											
SQ-补	0.43	35	1d	2d	3d	4d	5d	6d	7d	8d	9d	10d	11d	12d
			0	24	24	25	24	24	24	22	22	22	20	19
编号	水胶比	粉煤灰掺量（%）	自生体积变形（$\times10^{-6}$）											
SQ-补	0.43	35	13d	14d	15d	18d	21d	28d	32d	36d	45d	60d	70d	80d
			18	16	14	12	7	−1	−3	−6	−11	−19	−23	−27
编号	水胶比	粉煤灰掺量（%）	自生体积变形（$\times10^{-6}$）											
SQ-补	0.43	35	90d	100d	110d	120d	130d	140d	150d	160d	170d	190d	200	210
			−28	−36	−37	−36	−40	−40	−41	−42	−45	−48	−51	−52
编号	水胶比	粉煤灰掺量（%）	自生体积变形（$\times10^{-6}$）											
SQ-补	0.43	35	220	230	244	258	265	272	293d	314d	335d	342d	380d	
			−52	−53	−54	−54	−56	−57	−60	−62	−63	−63	−62	

表 2-92　大坝混凝土自生体积变形试验结果（第二批水泥）

编号	水胶比	粉煤灰掺量（%）	砂率（%）	外加剂方案	自生体积变形（$\times10^{-6}$）																
					1d	2d	3d	4d	5d	6d	7d	8d	9d	10d	11d	12d	13d	14d	28d	35d	45d
XB1	0.43	35	48	①	0	55	56	59	57	53	59	57	57	52	52	52	46	48	41	35	32
XB5	0.43	35	48	②	0	22	35	42	31	38	38	38	37	37	34	37	36	37	23	19	16
XB3	0.43	40	48	①	0	17	23	26	22	22	22	20	17	20	15	17	18	18	6	5	4
XB7	0.43	40	48	②	0	21	22	21	19	26	20	20	22	16	18	20	21	20	9	6	2
XB2	0.38	35	48	①	0	54	60	63	62	61	61	59	59	59	59	57	46	48	41	35	32
XB6	0.38	35	48	②	0	37	38	42	38	35	38	41	41	41	41	41	37	36	27	19	19
XB4	0.38	40	48	①	0	20	24	29	29	27	29	26	27	27	29	21	21	23	10	8	7
XB8	0.38	40	48	②	0	20	23	28	28	27	25	27	25	21	21	25	23	21	16	12	10

编号	水胶比	粉煤灰掺量（%）	砂率（%）	外加剂方案	自生体积变形（$\times10^{-6}$）													
					52d	59d	66d	73d	90d	122d	140d	165d	180d	200d	230d	260d	280d	310d
XB1	0.43	35	48	①	30	26	25	23	16	7	−1	−2	−5	−7	−14	−18	−19	−19
XB5	0.43	35	48	②	16	13	9	5	−4	−12	−17	−18	−20	−22	−24	−31	−34	−35
XB3	0.43	40	48	①	2	−8	−12	−13	−19	−29	−39	−43	−48	−51	−55	−62	−63	−63
XB7	0.43	40	48	②	1	−1	−5	−8	−19	−30	−36	−45	−46	−51	−55	−59	−62	−63
XB2	0.38	35	48	①	27	24	24	19	12	6	−8	−7	−10	−14	−19	−19	−26	−26
XB6	0.38	35	48	②	19	19	19	16	−9	−20	−26	−28	−30	−32	−34	−38	−43	−44
XB4	0.38	40	48	①	0	−2	−5	−11	−24	−33	−40	−44	−49	−52	−56	−58	−61	−62
XB8	0.38	40	48	②	3	0	−4	−8	−20	−33	−41	−42	−45	−48	−58	−61	−64	−67

（三）徐变

徐变试验采用第一批次水泥进行，按基准配合比参数成型全级配混凝土，湿筛筛除大石和特大石，测定湿筛混凝土的徐变度，根据《水工混凝土试验规程》（SL 352）的相关规定，通过灰浆率将湿筛混凝土的徐变度折算为全级配混凝土的徐变度。混凝土徐变试验结果见表 2-93。

表 2-93　　　　大坝混凝土徐变试验结果

编号	龄期	不同持荷时间的混凝土徐变度（×10^{-6}/MPa）																	
		1d	2d	3d	4d	5d	6d	7d	8d	9d	10d	11d	12d	13d	14d	17d	21d	22d	23d
SQ-补	7d	7	10	11	12	13	14	14	15	16	16	17	17	18	18	19	21	21	21
	28d	4	5	6	6	7	7	8	8	8	9	9	9	9		10		11	
	90d	2	3	3	3	4	4	4	4	4	4	4	4	5	5	5	5		

编号	龄期	不同持荷时间的混凝土徐变度（×10^{-6}/MPa）																	
		24d	25d	26d	27d	28d	29d	30d	31d	32d	33d	35d	38d	43d	48d	53d	58d	63d	68d
SQ-补	7d	21	22	21	22	22	22	22	22	22	22	23	23	23	24	23	24	24	24
	28d									11			11	12	12	12	12	12	12
	90d					6						6		7	7	7	7	7	7

编号	龄期	不同持荷时间的混凝土徐变度（×10^{-6}/MPa）																
		73d	78d	83d	90d	98d	111d	123d	128d	133d	138d	141d	153d	170d	190d	210d	225d	270d
SQ-补	7d	24	24	24	24	24	24	25	25	25	25	25	27	26	26	26	26	26
	28d	12		13	13	13	13	13	13	13	13	13	13	13	13	14	14	14
	90d	7	7	7	7	8	8	8	8	8	8	8	8					8

根据湿筛混凝土徐变度试验结果，拟合混凝土徐变度与加荷龄期、持荷时间的关系式，如式（2-11）所示：

$$C(t,\tau)=C_1(\tau)[1-\mathrm{e}^{-k_1(t-\tau)}]+C_2(\tau)[1-\mathrm{e}^{-k_2(t-\tau)}] \tag{2-11}$$

其中：

$$C_1(\tau)=C_1+D_1/\tau^{m_1}$$

$$C_2(\tau)=C_2+D_2/\tau^{m_2}$$

式中　$C(t,\tau)$ ——在第 τ 天的加荷龄期下，持荷时间为（$t-\tau$）时的徐变度，10^{-6}/MPa；

C_1、C_2、D_1、D_2、k_1、k_2、m_1、m_2 ——拟合系数，见表 2-94。

（四）绝热温升

大坝混凝土绝热温升复核试验采用第二批次水泥进行，粉煤灰掺量为 35% 和 40%，成型全级配混凝土，测定全级配混凝土的绝热温升值。混凝土绝热温升试验配合比见表 2-95，试验结果见表 2-96，根据试验结果拟合的混凝土温升历时关系式见表 2-97。

表 2-94　　混凝土徐变度拟合系数

编号	k_1	k_2	C_1	C_2	D_1	D_2	m_1	m_2
SQ-补	0.6	0.03	0.17	0.49	42.98	23.54	0.58	0.40

表 2-95　大坝混凝土绝热温升试验配合比（第二批次水泥）

编号	水胶比	粉煤灰掺量（%）	级配	砂率（%）	外加剂方案	减水剂掺量（%）	引气剂掺量（%）	混凝土材料用量（kg/m³）					
								水	水泥	粉煤灰	天然砂	人工砂	石
XB1	0.43	35	四	26	①	0.7	0.012	82	124.0	66.7	228	342	1660
XB2	0.38	35	四	25	①	0.7	0.012	82	140.3	75.5	217	325	1660
XB3	0.43	40	四	26	①	0.7	0.012	82	114.4	76.3	228	342	1660
XB6	0.38	35	四	25	②	0.7	0.012	82	140.3	75.5	217	325	1660

表 2-96　大坝混凝土绝热温升试验结果（第二批水泥）

编号	水胶比	粉煤灰掺量（%）	砂率（%）	外加剂方案	入仓温度	绝热温升（℃）									
						1d	2d	3d	4d	5d	6d	7d	8d	9d	10d
XB1	0.43	35	26	①	23.3	4.0	11.3	13.9	15.1	16.1	16.6	16.9	17.1	17.2	17.4
XB2	0.38	35	25	①	23.2	5.1	12.1	14.2	16.3	17.2	17.8	18.2	18.4	18.6	18.8
XB3	0.43	40	26	①	24.7	3.1	10.1	12.7	13.8	14.7	15.1	15.4	15.6	15.8	15.9
XB6	0.38	35	25	②	24.9	5.5	12.7	14.6	16.4	17.4	18.1	18.5	18.6	18.8	18.9

编号	水胶比	粉煤灰掺量（%）	砂率（%）	外加剂方案	入仓温度	绝热温升（℃）									
						11d	12d	13d	14d	15d	16d	17d	18d	19d	20d
XB1	0.43	35	26	①	23.3	17.6	17.7	17.9	17.9	18.1	18.3	18.5	18.6	18.6	18.6
XB2	0.38	35	25	①	23.2	19.0	19.2	19.4	19.5	19.7	19.9	20.0	20.1	20.2	20.4
XB3	0.43	40	26	①	24.7	16.1	16.3	16.4	16.6	16.8	17.0	17.1	17.2	17.3	17.4
XB6	0.38	35	25	②	24.9	19.1	19.3	19.5	19.6	19.8	20.0	20.1	20.2	20.3	20.4

续表

编号	水胶比	粉煤灰掺量（%）	砂率（%）	外加剂方案	入仓温度	绝热温升（℃）							
						21d	22d	23d	24d	25d	26d	27d	28d
XB1	0.43	35	26	①	23.3	18.7	18.8	18.9	19.0	19.1	19.2	19.3	19.3
XB2	0.38	35	25	①	23.2	20.5	20.6	20.7	20.8	20.9	21.0	21.1	21.1
XB3	0.43	40	26	①	24.7	17.5	17.7	17.8	17.9	18.0	18.1	18.2	18.2
XB6	0.38	35	25	②	24.9	20.6	20.7	20.8	20.9	21.0	21.1	21.1	21.2

表 2-97　大坝混凝土绝热温升（*T*）—历时（*t*）拟合方程

编号	水胶比	粉煤灰掺量（%）	砂率（%）	外加剂方案	入仓温度	28d 绝热温升（℃）	最终绝热温升（℃）	拟合方程	相关系数
XB1	0.43	35	26	①	23.3	19.3	20.6	$T=20.6t/(t+1.90)$	0.998
XB2	0.38	35	25	①	23.2	21.1	22.5	$T=22.5t/(t+1.98)$	0.999
XB3	0.43	40	26	①	24.7	18.2	19.1	$T=19.1t/(t+1.78)$	0.999
XB6	0.38	35	25	②	24.9	21.2	22.5	$T=22.5t/(t+1.85)$	0.999

从试验结果可以看出：

（1）相同外加剂、相同粉煤灰掺量，水胶比从 0.43 降低到 0.38，混凝土 28d 绝热温升增加 2℃左右。

（2）相同外加剂、相同水胶比，粉煤灰掺量从 40%降低到 35%，混凝土 28d 绝热温升增加 1℃左右。

（3）相同水胶比、相同粉煤灰掺量，不同外加剂，混凝土早期温升略有差异，但 28d 绝热温升相近。

（4）强度等级为 $C_{90}30$ 的大坝混凝土，28d 绝热温升为 20～21℃，强度等级为 $C_{90}25$ 的大坝混凝土，28d 绝热温升为 18～19℃。

（五）小结

（1）采用质量调控后的低热型 P·I42.5 硅酸盐水泥，将粉煤灰掺量从 45%降低至 35%后，在不改变水胶比条件下，混凝土自生体积收缩变形明显减小；与采用未调控的水泥相比，混凝土绝热温升降低 4～5℃，强度等级为

$C_{90}30$ 的大坝混凝土，28d 绝热温升为 20～21℃，强度等级为 $C_{90}25$ 的大坝混凝土，28d 绝热温升为 18～19℃；各强度等级混凝土强度增加 5MPa 左右，满足设计强度要求，且有较多富裕，混凝土综合性能改善明显。

（2）采用质量调控后的低热型 P·I 42.5 硅酸盐水泥，大坝混凝土的自生体积变形规律如下：早期（28d 或 52d）自生体积变形表现为微膨胀，但一般在 4d 龄期自生体积膨胀变形就达到最大值，其后膨胀值逐渐减小，一定龄期以后，不同配合比混凝土的自生体积变形均表现为收缩，其后收缩值逐渐增大。总的来看，混凝土早期的自生体积膨胀变形越大，后期收缩变形越小，但若以最大自生体积膨胀变形量为基准，则不同配合比混凝土的总收缩量均在（65～80）$\times10^{-6}$ 之间。相同外加剂条件下，混凝土早期的自生体积膨胀变形有随水胶比减小而增大、随粉煤灰掺量增加而减小的趋势。

（3）相同条件下，粉煤灰掺量从 35%增加到 40%，混凝土早期（28d 前或 7d 前）抗压强度有所降低，但 90d 龄期后抗压强度基本赶上 35%混凝土；180d 龄期混凝土劈拉强度降低比率高于抗压强度的降低比率，轴拉强度降低幅度不大，甚至有所增加。

（4）相同条件下，水胶比从 0.43 降低到 0.38，混凝土 28d 绝热温升增加 2℃左右，粉煤灰掺量从 40%降低到 35%，混凝土 28d 绝热温升增加 1℃左右。采用不同外加剂，混凝土早期温升略有差异，但 28d 绝热温升相近。强度等级为 $C_{90}30$ 的大坝混凝土，28d 绝热温升为 20～21℃，强度等级为 $C_{90}25$ 的大坝混凝土，28d 绝热温升为 18～19℃。

（5）相同条件下，采用 JM-II 缓凝高效减水剂和 GYQ 引气剂，各龄期混凝土的强度高于采用 NF-2 缓凝高效减水剂和 PMS-NEA3 引气剂。

四、大坝施工配合比

根据研究结果提出的大坝推荐施工配合比见表 2-98。

表 2-98　　　大坝混凝土推荐的配合比

分区编号	设计要求	级配	配合比参数						
			水胶比	粉煤灰（%）	砂率（%）	减水剂（%）	引气剂（%）	坍落度（cm）	含气量（%）
A（III）	$C_{28}25W10F200$	三	0.43	35	29	0.70	0.018	3～6	4～5

续表

分区编号	设计要求	级配	配合比参数						
			水胶比	粉煤灰（%）	砂率（%）	减水剂（%）	引气剂（%）	坍落度（cm）	含气量（%）
A（Ⅶ）	C_{28}25W6F200	三	0.43	35	29	0.70	0.018	3～6	4～5
A（Ⅵ）	C_{90}25W6F200	三	0.43	45	29	0.70	0.020	3～6	4～5
A（Ⅵ）	C_{180}25W6F200	三	0.48	45	29	0.70	0.020	3～6	4～5
A（Ⅰ-1）	C_{90}25F300W10	四	0.43	45	26	0.70	0.020	3～6	4.5～5.5
A（Ⅰ-2）	C_{90}25F300W8								
A（Ⅱ）	C_{90}30F300W10	四	0.38	45	25	0.70	0.020	3～6	4.5～5.5
A（Ⅴ）	C_{28}40W6F300	三	0.28	20	20	0.80	0.010	3～6	4～5

分区编号	设计要求	级配	材料用量（kg/m^3）						
			用水量	总胶材	混合砂	粗骨料			
						小石	中石	大石	特大石
A（Ⅲ）	C_{28}25W10F200	三	92	214	620	310	465	775	—
A（Ⅶ）	C_{28}25W6F200								
A（Ⅵ）	C_{90}25W6F200	三	92	214	618	309	464	773	—
A（Ⅵ）	C_{180}25W6F200	三	92	192	625	312	468	781	—
A（Ⅰ-1）	C_{90}25F300W10	四	82	191	570	332	332	498	498
A（Ⅰ-2）	C_{90}25F300W8								
A（Ⅱ）	C_{90}30F300W10	四	82	216	542	332	332	498	498
A（Ⅴ）	C_{28}40W6F300	三	96	343	545	301	452	753	—

注 1. 严格控制含气量，出现测值可略大，现场施工时按30min控制含气量F200为4%～5%、F300为4.5%～5.5%；坍落度按3～6cm控制，以满足现场工况不出现浮浆和干料为准。含气量以调整引气剂掺量控制；坍落度增加如超出2cm，需按每1cm增加$2kg/m^3$单位用水量或适当增加减水剂用量进行调整。

2. 配合比按体积法进行计算，砂率为体积砂率，骨料以饱和面干为基准，现场生产产品骨料使用时需做好复核，如骨料级配和空隙率变化较大，可适当调整砂率等参数。

参考文献

[1] 黄国兴，陈改新，纪国晋，等. 水工混凝土技术［M］. 北京，中国水利水电出版社，2014.

[2] 黄国兴. 试论水工混凝土的抗裂性 [J]. 水力发电，2007，33（7）：90-93.

[3] 中国水利水电科学研究院. 恶劣环境与运行条件下大坝混凝土的耐久性研究及应对措施研究 [R]. 2011.06.

[4] 孔祥芝，陈改新，李曙光，等. 渗漏溶蚀作用下碾压混凝土层（缝）面抗剪强度衰减规律试验研究 [J]. 水利学报，2017，48（9）：1082-1088.

[5] 刘晨霞. 混凝土碱—骨料反应的抑制及膨胀预测的试验研究. 北京：中国水利水电科学研究院，2006.

第三章

严寒地区拱坝温控防裂关键技术研究

第一节　拱坝温控防裂必要性和难点

一、拱坝温控防裂的必要性

拱坝是受两岸坝肩、基岩三面约束的高次超静定混凝土薄壳结构，在坝体温度变化过程中受外界的约束较强，容易产生较大的温度应力。从混凝土拱坝的温度应力发展过程来看，一般分为早期应力、中期应力和晚期应力。早期应力是指自混凝土浇筑开始，至水化热发散基本结束，一般为30～90d。在此期间，伴随着水泥放出大量水化热，导致坝体混凝土结构温度场的急剧变化，同时混凝土的弹性模量随时间也急剧变化；中期应力是指自水泥水化热作用基本结束至混凝土冷却至接缝灌浆温度时，混凝土的温度应力主要由混凝土的冷却和外界温度变化所致，再与早期应力叠加，组成中期应力，同时混凝土的弹性模量随时间尚有小幅度变化；晚期应力是指混凝土冷却以后的运行时期，混凝土的温度应力主要由外界温度与水温变化引起，此部分应力再与早、中期应力叠加，形成混凝土的晚期应力。可见，混凝土拱坝的应力发展贯穿了整个施工期和运行期。

在施工过程中，混凝土拱坝受较大的基础温差作用可能会产生贯穿性裂缝，同时较大的内外温差也会导致表面裂缝的产生，这些表面裂缝在水库蓄水后受水力劈裂和温差的作用，可能进一步发展成深层或贯穿性裂缝。因此，在拱坝施工过程中，必须严格控制坝体的基础温差和内外温差，以防止危害性裂缝的产生。坝体横缝在封拱灌浆后，整个拱坝连成一个整体，运行期受外界气温、水温的影响，会在拱坝中产生较大的温度荷载。拱坝的温度荷载通常分解为三部分：沿坝体厚度的平均温度 T_m、等效温差 T_d 以及非线性温差 T_n。在严寒地区，拱坝运行期的温度荷载对坝体应力和内力的影响往往超过水荷载。温度荷载以及寒潮引起的温度应力可导致拱坝在运行期出现较多裂缝。

从国内外已建工程来看，众多混凝土拱坝在施工期及运行期出现了裂缝。美国垦务局建设的野牛嘴（Buffalo Bill）拱坝，坝址最低月平均气温-3℃，最高月平均气温 21℃，施工时未设横缝，在两岸之间连续浇筑混凝土，施工期坝体产生了大量的垂直和水平裂缝；罗马尼亚的德拉根（Dragan）双曲拱坝，高 120m，1979 年开始浇筑坝体混凝土，至 1982 年产生了水平裂缝 44 条，垂直裂缝 15 条，均为温度裂缝；葡萄牙的卡布里尔（Cabril）双曲拱坝，坝高 132m，弧长 290m，1954 年建成，至 1980 年因有大量裂缝而被迫进行修理，当时在下游面共有裂缝 252 条，均为施工缝被拉开，有限元分析结果表明：温度应力是裂缝产生的主要原因。澳大利亚的 Tamwarth 拱坝由于遭遇了气温骤降而发生开裂，垂直裂缝从坝顶向下几乎达到坝基，最大缝宽 10mm。意大利的坎卡诺拱坝，坝高 126m，由于拱圈封拱温度较高且年内气温变化，导致下游面出现众多水平裂缝，同时坝基部位出现与坝基垂直的竖向裂缝。俄罗斯于 1963～1987 年间在西伯利亚的叶尼塞河上游修建了高 242m、坝顶长 1066m 的萨扬—舒申斯克重力拱坝，大坝坝址区年平均气温 0.8℃，7 月最高气温 40℃，1 月最低气温达-44℃。1985 年对已浇筑 600 万 m^3 混凝土的观测调查发现，大坝出现裂缝 5590 条，开裂坝块占总坝块的 24%。1990 年库水位首次升高到正常蓄水位时，大坝裂缝继续发展，河床部位的 21～46 坝段 359m 高程以下区段大量漏水，每个坝段的漏水量为 0.05～44L/s 不等。后来查明，主要是由于坝体柱状块浇筑上升过快和温控不当导致的温度裂缝。我国的响水拱坝为单曲薄拱坝，坝高 19.5m，当地气候寒冷，年平均温度 2.4℃，月平均气温 1 月为-17.7℃，7 月为 19.7℃。该坝坝体于 1981 年 8 月开始浇筑，坝体内部最高温度达 53℃，同年 10 月开始蓄水。1984 年发现裂缝 18 条，1987 年增至 36 条，均为贯穿性裂缝，温度应力是裂缝产生的主要原因。白山混凝土高拱坝（坝高 149.5m）虽然在施工期采取了一系列温控措施（薄层浇筑，埋冷却水管通低温水进行一、二期冷却，用低温水拌和混凝土，坝面保温以及采用早期强度高、具有微膨胀性能的抚顺大坝水泥），但仍因一些部位保温措施不力出现裂缝600余条，运行期在大坝7条廊道内新发现明显裂缝141条，其中95条渗水，基础廊道内的裂缝最多，共54条，其中有41条渗水。陈村拱坝由于Ⅰ、Ⅱ期新老混土温差过大及运行期经历了两次高温低水位和三次低温低水位工况，致使105m高程出现贯穿上下游的长达450m长的水平裂缝。丰乐拱坝由于1978年该地区遭遇100年一遇的高温干旱气候，拱坝向上游位移过大，造成下游面下部出现较大的拉应力，从而产生大量裂缝。我国20世纪末建成的第一座200m级高拱坝（二滩拱坝，坝高240m）在施工期仅发现很少裂缝，但运行期在拱坝右岸下游面因不均匀温度荷载影响陆续出现了一些浅表性裂缝，2000年12月首次在右岸坝后发现裂缝3条，2002年底检查结果为6条，随后进入裂缝数量增长较快的时期，2003年底发现裂缝30条，2006年底裂缝总条数达128条，截至2010年初发现裂缝共计138条。小湾拱坝坝高接近300m，最大底宽73m，坝顶宽度12m，在大坝施工过程中采取了严格的温控防裂措施，但在施工阶段不少坝段都出现了裂缝。大坝由于二期冷却降温幅度过大及冷却高程范围过小，未在高程方向上形成合理的温度梯度，导致在970～1116m高程范围内13～32号共计20个坝段内出现裂缝38条，裂缝最高达125m，最宽达5mm，平均宽度1.7mm。另外，在脱离基础强约束区后的一些坝段还出现了横河向水平裂缝，裂缝大多位于坝段内顺水流方向大约1/3坝厚部位。经分析，这些裂缝成因主要是由于二期冷却温差较大以及顺水流方向分区冷却温差较大导致。

综上所述，混凝土拱坝在施工期及运行期容易产生裂缝。裂缝的出现，轻者影响混凝土结构的外观，导致坝体渗漏，降低大坝的耐久性，重者破坏大坝的整体性和连续性，影响大坝的稳定性和安全性。裂缝的处理往往耗资巨大，影响工期。故裂缝控制，尤其是施工期和运行期温度裂缝的控制（简称温控）是保证严寒地区坝体混凝土质量，提高混凝土大坝安全性的关键，是大中型混凝土坝设计和施工中的一项重要任务。

二、布尔津拱坝温控防裂难点

布尔津山口水利枢纽工程所在地地理纬度高，加之受准噶尔盆地古尔班通古特沙漠的影响，其气候特征表现为：空气干燥，春秋季短，冬季较长；

夏季气温较高，冬季多严寒，气温日较差明显，年较差悬殊。根据工程区所在地气象站多年气象资料统计：其多年平均气温为5℃；极端最高气温达39.4℃，极端最低气温达–41.2℃；多年平均降水量仅153.4mm，多年平均蒸发量达1619.5mm；多年平均风速3.7m/s，极端最大风速32.1 m/s；最大冻土深127cm。工程所在河流冰情一般发生在11月上旬～次年4月中旬，并且冰盖较厚，河水水温在5～10月平均值为9.3℃，最高值为20.2℃。

山口拱坝为常态混凝土双曲拱坝，坝顶高程649m，建基面高程555m，最大坝高94m，拱冠梁底宽27.0m，厚高比0.287。坝身布置表孔和深孔组合泄洪，深孔兼有放空检修电站进水口的功能，表孔坝段布置在拱冠段，共布置三孔，每孔净宽10m，放水深孔布置在其右侧，一孔，净宽6m，出口均采用挑流消能；发电引水系统布置在右岸，进水口闸井与混凝土拱坝分离布置；发电厂房布置于河道右岸坝轴线下游处，机组轴线与拱冠斜交。

混凝土拱坝本身比较单薄，受外界气温和水温变化影响较大，而严寒地区年平均气温低，冬季寒冷、夏季炎热，全年寒潮频繁、空气干燥。“冷”“热”“风”“干”的气候特点导致混凝土拱坝承受的基础温差、内外温差、上下层温差及运行期非线性温差都很大，防止裂缝的任务艰巨。山口拱坝温控防裂的难点主要体现在以下几个方面：

（1）坝址区夏季炎热，浇筑的混凝土最高温度较高，而年平均气温很低，导致夏季浇筑的混凝土基础温差很大，控制坝体贯穿性裂缝的难度很大。

（2）坝址区全年寒潮频繁，日温差显著，年温差悬殊，极端温差达80.6℃，同时气候干燥，坝体表面附近混凝土受内外温差和干缩影响容易出现表面裂缝，这些表面裂缝在运行期可能进一步发展形成深层裂缝或贯穿性裂缝。

（3）大坝施工期为每年4～10月，11月进入负温期，直至次年3月，冬季月平均气温除11月（–3.3℃）和3月（–3.5℃）稍高外，12月～次年2月都在–13.3℃以下，冬季严寒且持续时间长，风强（月平均风速均超过4.0m/s，）雪大（最大积雪深度达46cm），不适合混凝土施工，必须进行越冬长间歇。这种严寒气候条件和长间歇式的施工方式使大坝具有独特的温度应力时空分布规律，大大增加了坝体混凝土温控与防裂的难度：坝体上、下游面必须进行永久保温，越冬仓面及未进行永久保温的上、下游坝面和其他临空面（横缝面等）在冬季需进行妥善越冬保温，以减小坝体内外温差，降低坝体混凝土开裂风险；经过漫长越冬期（常常超过5个月），即便是越冬面附近冬休前浇筑的混凝土的弹性模量一般都达到最终弹性模量的90%以上，加之越冬面附近的混凝土在经过了漫长的越冬温降后一般温度较低，受工期限制，一般没有足够时间让所有越冬面附近老混凝土的温度都回升到一定值以上。来年开春浇筑混凝土时，受上、下层温差及内外温差的影响，越冬面及附近混凝土容易开裂。这种在温度低、弹性模量高的越冬面老混凝土上浇筑的新混凝土温控防裂难度较大，新、老混凝土结合层面也容易开裂，是严寒地区混凝土坝温控防裂的重点之一。

（4）封拱灌浆温度对拱坝运行期的温度应力影响较大，为了减小拱坝运行期温度应力，一般要求封拱灌浆温度要低于坝体稳定温度。由于山口拱坝封拱灌浆温度7℃左右，在将坝体混凝土温度冷却至封拱温度的过程中产生的温度应力较大，必须采取优化的冷却封拱措施，以防止裂缝的产生。

（5）受当地原材料限制，坝体混凝土配合比优化后仍具有线膨胀系数高、自生体积变形收缩较大的特点，导致坝体防裂难度增大。

针对上述难点，为了做好山口拱坝的温控防裂工作，开展了以下工作：

（1）在设计阶段进行了大坝体型优化设计、大坝混凝土配合比优化设计以及三维有限元温控防裂仿真计算，为山口拱坝温控设计提供科学依据。

（2）在大坝施工期，成立由业主、设计、科研单位技术人员组成的温控工作小组，进行大坝施工期温控防裂有限元跟踪分析及反馈。根据现场出现的问题、实际的边界条件、实际的材料参数等，进一步优化温控方案及温控指标，及时反馈设计，指导施工，以确保大坝施工期和运行期的防裂安全。

第二节　山口拱坝温控防裂设计

根据工程区气象资料、地质地形资料、设计拟定的特征水位、优化设计选定的拱坝体型、设计拟定的施工进度计划、坝体混凝土材料分区和结构分缝、前期材料试验获得坝体混凝土热力学性能，对山口拱坝的稳定场和准稳定温度场、施工期和运行期的坝体温度和温度应力进行了仿真计算和分析，根据仿真计算和分析的结果并参考规范和类似工程经验提出了本工程施工期的温控指标和温控措施建议，设计单位据此进行详细的温控设计。温控设计的关键内容包括封拱温度选择、混凝土温控标准和温控措施等。

一、混凝土温控标准

为了防止或控制坝体裂缝，必须严格控制混凝土最高温度和混凝土温差，包括基础温差、上下层温差及内外温差，混凝土最高温度和温差控制通过控制混凝土浇筑温度、水管冷却、坝体临空面（浇筑仓面、上下游坝面和横缝面）临时保温和/或永久保温等措施来实现。

（一）基础温差

基础温差定义为基础约束范围以内，混凝土最高温度与稳定温度或封拱温度之差（稳定温度和封拱温度二者中取较小值）。本工程约束区分区规定如下：

（1）基础面以上高度为 0.2*L*（*L* 为浇筑块长边长度）的坝体区域；或龄期超过 14d 的老混凝土以上高度为 0.2*L* 的坝体区域，以及孔口周围 15m 范围内的坝体区域，可称之为强约束区。

（2）基础面以上高度为 0.2*L*～0.4*L* 的坝体区域，可称之为弱约束区。

（3）基础面以上高度 0.4*L* 以上的坝体区域，称之为自由区。

考虑到山口拱坝坝址区气候条件比较恶劣，结合坝体混凝土特性，根据《混凝土拱坝设计规范》（SL 282）及有关工程资料，并结合温控仿真计算及封拱温度计算分析，拟定大坝混凝土基础容许温差控制标准，详见表 3-1。

表 3-1　　大坝基础约束区混凝土允许温差控制标准　　单位：℃

距基岩面高度 *H*	浇筑块长边长度 *L*		
	16m 以下	17～20m	21～30m
基础强约束区 0～0.2*L*	25	22	19
基础弱约束区 0.2*L*～0.4*L*	27	25	22

注　*L* 为浇筑块长边长度。

（二）上、下层温差

在老混凝土（龄期超过 28d）面上浇筑新混凝土时，新混凝土受老混凝土的约束。上、下层温差越大，新老混凝土中产生的温度应力也越大。坝体因为在冬季无法施工长时间停歇而造成越冬面，在越冬面的新老混凝土结合面附近出现较大的拉应力，故有必要进行上、下层温差控制。

上、下层温差是指在老混凝土（龄期超过 28d）上、下各 *L*/4 块长范围内，上层新浇混凝土最高平均温度与新混凝土开始浇筑时下层老混凝土的平均温度之差，即新老混凝土温差。根据温控仿真计算结果，本工程上、下层温差按如下所述控制：

（1）当老混凝土位于基础约束区或老混凝土位于自由区但存在强约束条件时，对连续上升且浇筑高度＞*L*/4 的浇筑块，上、下层混凝土容许温差为15℃。

（2）老混凝土位于自由区，且 0.2*L*（浇筑块长边尺寸）以下无强约束条件，对连续上升且浇筑高度＞*L*/4 的浇筑块，上、下层混凝土容许温差为18℃。

（3）老混凝土位于自由区，且 0.4*L*（浇筑块长边尺寸）以下无强约束条件，对连续上升且浇筑高度＞*L*/4 的浇筑块，上、下层混凝土容许温差为20℃。

（4）对侧面长期暴露、上层混凝土浇筑块高度＜*L*/4 或非连续上升的浇筑块，其上、下层温差从严控制，并加强混凝土临时保温保湿。各坝块应均匀上升，相邻块高差不超过 12m，相邻坝块浇筑时间的间隔小于 30d。

（三）内、外温差

内、外温差为混凝土坝体内部最高温度与混凝土表面温度之差。

控制内、外温差的目的主要是防止表面裂缝。过大的内外温差，将使坝体温度应力增加而产生表面裂缝，具体情况如下：

（1）当外界温度较低时，坝体内过高的温升将使表面坝体混凝土拉应力增大。

（2）当气温骤降或混凝土拆模时，坝内过高的混凝土温度使混凝土拉应力增大。

（3）当坝体混凝土温度过高时，气温年变化将使坝体产生的温度应力增加。

根据《混凝土拱坝设计规范》（SL 282）规定，内、外温差要求一般控制在 15～22℃，本工程根据三维有限元仿真计算结果按 19℃控制。

（四）水管冷却温差

为了防止水管冷却时水温与混凝土浇筑块温度相差过大和冷却速度过快而产生裂缝，初期通水冷却温差按 15～18℃控制；后期水管冷却温差为 20～22℃。本着“基础块从严，正常块从宽”的原则，在规定幅度内选取。混凝土的日降温速度控制在每天 0.5～1.0℃范围内。

（五）最高温度控制标准

根据设计封拱温度及容许温差控制要求，拟定不同浇筑月份容许最高温度。控制混凝土最高温度的方法主要为控制浇筑温度和一期通水冷却，在采取上述措施后，山口拱坝最高温度的控制标准详见表 3-2。

表 3-2　　混凝土最高温度控制标准　　单位：℃

月份		4		5	6	7	8	9	10	
旬		上旬	下旬						上旬	下旬
平均气温		8.4		16.2	21.3	22.5	20.5	14.3	6.2	
基础强约束区（0～0.2L）		18	19	21	22	22	22	21	19	18
基础弱约束区（0.2L～0.4L）		20	21	21	24	24	24	21	21	20
脱离约束自由区（＞0.4L）	调整后	22	22	26	31	31	31	26	22	22

当浇筑部位出现老混凝土时，混凝土最高温度还应满足上、下温差控制标准；在孔口坝段，孔口周围 15m 范围内，混凝土容许最高温度为 22℃。

在自由区，设计初拟混凝土允许最高温度较严，除越冬面以外，在浇筑各仓混凝土时，其下层混凝土的温度在夏季（6～8 月）不会低于 16℃，在春秋季不低于 13℃，计算分析表明，在气温骤降或寒潮期混凝土表面妥善进行临时保温的情况下，自由区混凝土内部最高温度由上、下层温差控制，按最小允许上、下层温差 15℃考虑，自由区混凝土内部最高温度在夏季可按 31℃、春秋季可按 28℃控制，考虑到春秋季寒潮频发，将春秋季允许最高温度适当降低。

二、封拱温度设计

（一）坝体分缝

山口拱坝坝顶上游面弧长为 319.65m，根据横缝设置原则和坝身泄洪等建筑物的布置要求，采用“一刀切”形式的垂直平面分缝，共设置21道横缝，将大坝分为22个坝段，每条横缝间距约为15m。各坝段浇筑块横缝主要控制特性参数见表3-3。

根据分缝设计成果，浇筑块基础最大长度为27m，基础最大宽度为17.5m，最大仓面面积约472.5m^2，坝块结构尺寸长宽比为1.5，虽然浇筑块面积不大，但结合本工程坝址区恶劣的气候条件，施工期混凝土浇筑仍然必须采取严格的温控措施。

（二）设计封拱温度

温度荷载是拱坝的一项主要荷载，参照《混凝土拱坝设计规范》（SL 282）有关规定，根据拱坝结构需要、坝体稳定温度场、温度控制要求、施工水平等因素，拟定山口拱坝各层拱圈的封拱温度见表3-4。

表3-3　　坝体横缝位置控制参数

横缝编号	横缝位置（宽度、截距、方向角）			横缝编号	横缝位置（宽度、截距、方向角）			横缝编号	横缝位置（宽度、截距、方向角）		
	宽度（m）	Y值（m）	φ值（°）		宽度（m）	Y值（m）	φ值（°）		宽度（m）	Y值（m）	φ值（°）
左坝端		112.270	47.520	8号横缝	17.5	89.728	4.950	16号横缝	15	106.819	35.670
1号横缝	14.37	98.658	45.858	9号横缝	12.5	0.000	0.000	17号横缝	15	115.731	39.038
2号横缝	15	88.242	42.710	10号横缝	12.5	89.699	4.950	18号横缝	15	125.333	41.981
3号横缝	15	78.629	39.003	11号横缝	12.5	54.974	13.000	19号横缝	15	135.467	44.571
4号横缝	15	71.639	34.151	12号横缝	15	80.358	16.930	20号横缝	15	146.067	46.858
5号横缝	15	62.125	29.418	13号横缝	15	85.260	22.478	21号横缝	15	157.064	48.887
6号横缝	15	55.680	23.303	14号横缝	15	91.420	27.442	右坝端	10.276	168.049	49.447
7号横缝	15	50.790	16.244	15号横缝	15	98.660	31.826				

表 3-4　　山口拱坝封拱温度方案

高程（m）	649	635	620	605	592	579	567	555
封拱温度（℃）	8.0	8.0	7.0	7.0	7.0	7.0	6.0	6.0

考虑孔口坝段处容易出现应力集中，孔口坝段封拱温度拟定为 6℃，考虑坝基周边基础强约束区混凝土温度控制的难度，建基面周边亦采用较低的封拱温度（6℃），设计拟定各坝段封拱温度见表 3-5。

表 3-5　　山口拱坝各坝段封拱温度表　　单位：℃

高程（m）	坝段号																					
	1	2	3	4	5	6	7	8	9	10	11	12	13	14	15	16	17	18	19	20	21	22
649	8	8	8	8	8	8	8	6	6	6	6	6	8	8	8	8	8	8	8	8	8	8
635		8	8	8	8	8	8	6	6	6	6	6	8	8	8	8	8	8	8	8		
620			6	6	7	7	7	6	6	6	6	6	7	7	7	7	7	6	6			
605				6	6	7	7	6	6	6	6	6	7	7	7	7	6	6				
592					6	6	7	7	7	7	7	7	7	7	7	6	6					
579						6	6	7	7	7	7	7	7	7	6	6						
567							6	6	6	6	6	6	6	6	6							
555								6	6	6	6	6	6	6								

三、大坝混凝土温控措施

在山口拱坝坝址区，夏季炎热、冬季严寒且持续时间长；昼夜温差大且寒潮频繁，常态混凝土坝每年 4～10 月为施工期，冬季停止混凝土施工，这种间歇式的施工方法及恶劣的气候条件使其具有独特的温度应力时空分布规律，亦增加了混凝土坝温控与防裂的难度。必须采取一系列措施，才能在施工期和运行期有效控制坝体混凝土的基础温差、上下层温差和内外温差以及坝体混凝土的最高温度，从而使坝体混凝土温度应力控制在允许范围之内，达到防止或较少混凝土裂缝的目的。

根据大坝温控仿真计算成果、规范、工程经验、坝体施工进度安排及坝址区气候条件，提出如下温控措施：

（1）在满足混凝土设计强度前提下，优化混凝土配合比，减少发热量，降低绝热温升。

（2）采用较小的横缝间距，以减小基础对坝体的约束。大坝坝体横缝间距均采用 15m。

（3）控制浇筑层厚和层间间隔时间。

（4）控制坝体各部位混凝土的浇筑温度。

（5）采用水管冷却及其他辅助冷却措施。

（6）对坝体临空面（仓面、上下游面和横缝面等）进行养护和保温（临时保温和/或永久保温）。

（一）控制浇筑层厚和层间间隔时间

根据《混凝土拱坝设计规范》（SL 282）的规定以及温控计算成果，并结合施工进度要求，针对主河床坝段和岸坡坝段，提出大坝基础约束区与非约束区混凝土不同季节合理的浇筑厚度。主河床坝段、较缓的岸坡坝段基础约束区，春季、夏季、秋季浇筑厚度均为 1.5m；主河床坝段、较缓的岸坡坝段非约束区，春季、夏季、秋季浇筑厚度均为 3m；较陡的岸坡坝段（如左岸部分岸坡坝段）基础约束区浇筑层厚可采用 3m。具体可根据现场施工条件进行调整，调整原则根据标准钢模板尺寸定。

另外，对结构形状复杂的部位、廊道、孔口附近、边坡坝段的底部以及夏季高温季节浇筑基础混凝土时混凝土温度预测将超过控制标准时，可进行浇筑层厚度的调整，调整原则上不增加浇筑层厚，应加强冷却降温措施，从而满足相应最高温升控制标准要求。

根据规范、温控计算成果以及坝址区气候条件，推荐的浇筑间歇期如下：

（1）强弱约束区采用同一浇筑间歇期，春季、夏季为 7d，秋季为 5～7d。

（2）自由区混凝土浇筑间歇期，春季、夏季、秋季均为 7d。

（3）浇筑间歇期可根据施工进度要求进行调整，应尽量避免出现老混凝土，即约束区原则上不应超过 14d，自由区原则上不应超过 21d，也不应小于 3d。

（二）浇筑温度控制

各部位各月混凝土浇筑温度不应超过表 3-6 中数值。

根据设计推荐的浇筑温度，结合施工控制要求，对出机口温度及入仓温度有如下要求：

表 3-6　　混凝土浇筑温度控制标准　　单位：℃

月份	4		5	6	7	8	9	10	
旬	上旬	下旬						上旬	下旬
平均气温	8.4		16.2	21.3	22.5	20.5	14.3	6.2	
基础强约束区（0～0.2L）	8	9	10	12	12	12	10	9	8
基础弱约束区（0.2L～0.4L）	9	10	10	12	12	12	10	10	9
脱离约束自由区（>0.4L）	9	10	10	12	12	12	10	10	9

（1）混凝土出机口温度应为在拌和楼出料口取样测得的混凝土表面以下3～5cm处的混凝土温度，按6℃控制。

（2）混凝土入仓温度应为混凝土卸料平仓前在距混凝土表面5～10cm处测量的混凝土温度，该温度反映了出机口至上覆混凝土覆盖前的温度回升值，要求4月、10月低于浇筑温度3℃，其他月份低于浇筑温度2℃，以确保混凝土最高温度满足设计要求。

（3）可通过加强施工管理，尽量减少转运次数，缩短运输时间，避免混凝土运输车辆在受料斗前长时间等候。

（4）混凝土运输车设置防晒和防雨设施。

（5）当外界气温高于22℃时，对混凝土运输设备（吊罐、运输车辆等）采取适当的保温/隔热措施，以减少运输过程中混凝土温度回升。

（三）水管冷却

1. 冷却水管材质

考虑坝基强约束区范围内混凝土将作为固结灌浆混凝土盖重，故在坝基强约束区范围混凝土内预埋冷却水管采用镀锌钢管，以上弱约束区及自由区混凝土内预埋冷却水管均采用大坝专用高导热性HDPE塑料冷却水管。

钢管采用外直径25mm，壁厚1.5～1.8mm，转弯处采用标准90°弯头连接。

高强聚乙烯HDPE塑料管，管内径32/30mm，壁厚2mm，导热系数不小于1.66kJ/（m·h·℃）。在深孔孔口周围15m范围内及表孔闸墩部位，水管内径采用 32mm。高强聚乙烯 HDPE 塑料冷却水管技术要求见表 3-7。

表 3-7　　高强聚乙烯 HDPE 塑料冷却水管技术要求

项目	单位	指标
管内（外）直径	mm	30/32
管壁厚度	mm	2.0
标准卷长	m	200
导热系数	kJ/（m·h·℃）	≥1.66
拉伸屈服应力	MPa	≥20
纵向尺寸收缩率	%	＜3
断裂伸长率	%	200
破坏内水静压力	MPa	≥2.0
液压试验	不破裂、不渗漏（温度：20℃；时间：1h；环向应力：11.8MPa）	
	不破裂、不渗漏（温度：80℃；时间：170h；环向应力：3.9MPa）	

2. 冷却水管布置

（1）水管层数。根据本工程坝址区气候条件，结合类似相关工程经验，初步拟定每 3.0m 升程混凝土冷却水管层数如下：

1）强约束区铺设 3 层冷却水管，竖向层间距 1.0m。

2）弱约束区铺设 2 层冷却水管，竖向层间距 1.5m。

3）自由区铺设 2 层冷却水管，竖向层间距 1.5m。

4）冷却水管一般布置在浇筑层底部，在能保证混凝土覆盖时间，水管也可铺在每个浇筑层的坯层中部；多层冷却水管垂直向布置可根据铺层厚度进行，原则上应均匀。

5）根据施工要求进行冷却水管层数调整时，原则上不减少单位长度冷却水管控制的混凝土方量。

（2）水管水平间距。水管间距是控制混凝土最高温升的关键因素之一，根据温控仿真计算成果，建议采用 1.0m、1.5m 两种水管水平间距。具体如下：

1）强约束区冷却水管间距参数：水平间距 1.0m。

2）弱约束区冷却水管间距参数：水平间距 1.0m。

3）自由区冷却水管间距参数：水平间距 1.5m。

4）根据施工要求进行冷却水管水平间距调整时，原则上不增加单位长度冷却水管控制的混凝土方量。

（3）水管布置其他要求。冷却水管采用蛇形布置，除满足间距控制外，还应满足以下要求：

1）冷却水管采用蛇形布置，单根水管的长度不大于 200m，蛇形管走向垂直于横缝，进水管从上游弯曲至下游，蛇形管应避免交叉。

2）冷却水管接头处必须连接紧密，严格防止漏水。

3）最多允许 3 根蛇形干管并联在一根支管上，一个仓面最多布置两根支管，当同一仓面需要布置多条水管时，各条水管的长度应基本相当；同一干管上不允许超过 6 个接头，以防止接头漏水。

4）单根水管长度富余时，在不浪费材料的前提下，宜使上游面水管间距减少，在后期冷却时上游面可获得稍大的降温幅度，使拱坝上、下游的封拱温度形成一定的梯度，对结构有利。

5）进、出口处水管水平间距和垂直间距一般不小于 1.0m，管口外露长度不应小于 20cm，并对管口妥善保护，防止堵塞。

6）冷却蛇形管不允许穿过横缝及各种孔洞。

7）在进行接触灌浆、固结灌浆、帷幕灌浆时，若需要在已浇筑仓面打孔，应防止冷却水管被钻孔打断，保证冷却水管在钻孔时不被破损。

8）支管进、出口分区分片集中布置于拱坝下游栈桥上，与水包连接，水包再与冷却水总管连接；冷却干管和支管均需包裹保温材料，冷却蛇形管进口水温与冷水厂出口水温之差不宜超过 1℃。

9）支管与各条冷却水管之间的联结应随时有效，并能快速安装和拆除，同时要能可靠地控制某条水管的流量而不影响其他冷却水管的循环水。

10）单根冷却蛇形管冷却水流量控制在 1.2～1.5m^3/h，水流方向每 24h 变换一次。

11）支管及坝内冷却蛇形管均应编号标识，并作详细记录。

12）接缝灌浆结束后，应先用 M40 的水泥浆对坝内冷却蛇形管进行回填灌浆，再切除蛇形管的外露部分，并处理至满足坝面美观要求。

（4）冷却水温。原则上应采用较低的冷却水温，设计推荐冷却水温如下：

1）一期冷却：春季（4月、5月）采用天然河水，夏季（6月、7月、8月）通6℃制冷水，秋季（9月、10月）通6～8℃制冷水冷却。

2）中期冷却：采用通天然河水冷却。

3）后期冷却：采用通4℃制冷水冷却，且冷却水温与混凝土温度温差＜20℃。

4）低温季节天然河水温度低于6℃时，可采用天然河水进行各期冷却。

5）其他温控措施调整时，若有需要，可降低冷却水温。

（5）通水时间。根据温控计算分析成果，设计推荐通水时间如下：

1）一期冷却：考虑常态混凝土在浇筑后发热很快，建议在浇筑混凝土前0.5h开始通水进行冷却，对于连续浇筑（层间间隔时间不超过7d）的混凝土，冷却结束时间为混凝土浇筑以后20d。对于与其上层层间间隔时间将超过10d的混凝土，其冷却结束时间为混凝土浇筑以后10d。

2）中期冷却：每年9月对当年4～7月浇筑的混凝土、10月对当年8～9月浇筑的混凝土进行通水冷却，冷却时间按混凝土温度降至16～18℃为准，通水时间为15～30d。

3）后期冷却：后期冷却开始时间按该组混凝土最短龄期90d为准，最终冷却至封拱温度6～8℃，通水时间为50～60d。

4）一期冷却如果采用更长的通水时间时，应注意限制混凝土温降速率。

（6）各期冷却技术要求。

根据温控计算成果以及工程经验，并结合本工程坝址区气候条件以及工程施工，制定混凝土一期冷却的相关技术要求如下：

1）一期通水冷却的主要目的是削减浇筑混凝土初期水化热温升，控制混凝土不超过允许最高温度，同时削减坝体混凝土内、外温差，降低二期冷却开始时的混凝土温度，减小温度应力。

2）在混凝土开仓浇筑前，应对已铺设好的冷却水管进行通水检查，如发现渗漏和堵塞现象，应立即处理，未处理好不得开仓浇筑。

3）要求在开仓浇筑前0.5h即开始通天然河水（春季）或6℃制冷水（夏季、秋季）进行冷却。

4）一期通水冷却蛇形管入口处水温为6～8℃，通水时间为14～21d。

5）一期冷却一开始就应对坝体通水冷却的各个技术指标进行监测，做好记录，并进行对比分析并及时反馈。

6）一期冷却结束时间一般以冷却降温幅度达到温控计算要求进行控制，通常情况下约束区降温幅度控制为$\Delta T \leqslant 8$℃，自由区为$\Delta T \leqslant 10$℃。冷却降温幅度ΔT定义为在达到最高温度后开始降温的阶段，最高温度和历时温度之差。一期冷却未达到降温幅度要求时，可适当延长通水冷却时间。

7）考虑混凝土早龄期强度较低，要求一期冷却降温阶段还应控制日降温幅度不应超过0.5～1℃，要求根据监测资料进行反馈分析，必要时可通过减少通水流量进行控制。

8）根据监测数据分析确定一期通水冷却是否结束，一期冷却结束后应进行全面的测温，以确定冷却效果是否达到设计要求。若未达到设计要求应继续通水，直至达到要求为止。

9）在混凝土浇筑过程中，应注意避免水管受损、折断、碰坏和堵塞。

10）一期冷却后中期冷却尚未开始前，混凝土由于其他原因温度可能产生回升，预计混凝土最高温度有可能超过一期冷却控制温度时，应及时采取降温措施，除可采用表面喷冷水雾、流水冷却外，必要时还可重新通水冷却。

混凝土中期冷却有两个目的，一是对每年夏季浇筑的混凝土在入冬前通水进行冷却，以减小大坝上、下游坝面附近混凝土的内、外温差，减小越冬时的温度应力，防止产生坝面裂缝；二是对大坝混凝土的温度进行缓慢降温，以减小接缝灌浆前大坝混凝土降至稳定温度或封拱温度的压力。

1）每年9月对当年4～7月浇筑的混凝土进行中期冷却。

2）每年10月对当年8～9月浇筑的混凝土进行中期冷却。

3）中期冷却采用通天然河水。

4）冷却时间按照混凝土温度降到16～18℃为准，通水时间为15～30d。

5）中期冷却开始一段时间就应对坝体通水冷却的各个技术指标进行监测，做好记录，并进行对比分析，及时反馈。

6）根据监测数据分析确定中期通水冷却是否结束，中期冷却结束后应进行全面的测温，以确定冷却效果是否达到设计要求。

混凝土后期冷却的目的是将坝体混凝土温度降至稳定温度或设计要求的封拱温度，使混凝土充分收缩，进行接缝灌浆。

混凝土后期冷却主要技术要求如下：

1）约束区混凝土后期冷却开始时间与一期冷却的时间间隔不少于 6 个月；非约束区混凝土也应该分期冷却，但一期、后期冷却的时间间隔可放宽至不少于 3 个月；对拱坝顶部的两个灌区，如果水库提前蓄水需要提前进行二期冷却，要作必要的论证。

2）在后期冷却前应进行一次普遍的测温，以确定混凝土后期冷却前的起始温度。

3）后期冷却历时：对于约束区一般要求不少于 80d，非约束区一般要求不少于 60d；根据封拱灌浆计划确定后期冷却开始时间，同时按该组混凝土最短龄期 90d 为准，如果不能满足历时规定要求，可暂停后期冷却或调节冷却水温度和流量来延长后期冷却历时。

4）后期冷却水温采用 4～6℃制冷水，即尽量和一期冷却水温保持一致，视封拱温度高低而定，后期冷却同样要求日温降幅度不应大于 0.5～1℃。

5）单根冷却蛇形管冷却水流量控制在 1.2～1.5m^3/h（或 20～25L/min），水流方向每 24h 变换一次。

6）实际实施时后期冷却历时和水温均有可能不满足设计要求，通过现场温控仿真计算分析后可进行适当调整，调整原则上要求后期冷却蛇形管入口处最低水温不高于 6℃。确定可用通水水温后，根据冷却前坝体实测温度，通过后期冷却计算，确定后期冷却历时，根据封拱灌浆计划确定后期冷却开始时间。

7）后期冷却必须在封拱灌浆前进行，也可在封拱灌浆前的冬季进行。如果后期冷却结束后不能及时封拱灌浆，则要采取措施防止混凝土温度回升。后期通水冷却结束 2 个月，尚未进行接缝灌浆的灌区，安排灌浆前需重新测量混凝土温度，确定是否再进行后期冷却。夏季或高温季节进行后期冷却时，要注意防止混凝土表面温度回升。

8）同一灌区的相邻坝块，一般需同时进行后期通水冷却。正在实施灌区的上部一至两个灌区的坝块一般也需同时通水冷却，冷却温度可稍低于正在实施的灌区，沿高程方向可有适当的梯度。

9）预计混凝土温度将接近设计要求的灌浆温度时，各灌区相邻坝块各选取 3～4 层冷却水管进行测温，以了解后期通水效果。未达到设计灌浆温度的灌区，应继续通水直至达到要求为止。

10）坝体实测灌浆温度与设计灌浆温度的差值控制在–2～0.5℃和范围内，即实测灌浆温度可比设计灌浆温度高 0.5℃或比设计灌浆温度低 2℃，以避免较大的超温或超冷，在坝体达到设计要求的接缝灌浆温度后，即停止后期冷却通水并实施接缝灌浆。

（7）辅助措施。在高温季节，除严格按照要求进行水管冷却外，可采取以下辅助措施控制坝体混凝土温度：

1）在混凝土浇筑仓内用高压水枪喷冷水雾，以改变仓内小环境，降低仓内气温，以有效达到防止气温热量倒灌的目的。

2）在仓内配备保温被，在混凝土收仓后及时进行保温/隔热覆盖，一方面可防止外界热量倒灌，另一方面可防止气温骤降对混凝土的冷击。

3）对混凝土上、下游坝面及暴露的侧面贴临时保温板或采取永久保温措施。

4）尽量避开白天中午阳光直射的施工时段，利用早晚和夜间低温时段浇混凝土。

5）提高混凝土入仓强度，缩短各个工序的间隔时间，做到混凝土及时入仓、及时振捣、及时养护和保温。

6）混凝土收仓后，及时进行保湿养护，条件允许时对仓面和上、下游坝面采用薄层流水养护，降低混凝土温度。

（四）坝体混凝土保温

1. 永久保温和非仓面越冬保温

根据温控计算成果，为满足坝体混凝土各项温差控制标准，坝体上、下游面均采用喷涂 10cm 厚发泡聚氨酯进行永久保温。暴露的横缝面及未喷涂聚氨酯永久保温层的上、下游面采用粘贴 10cm 厚 XPS 挤塑板进行越冬保温，

XPS 挤塑板外用三防布覆盖。聚氨酯和 XPS 挤塑板的材料特性应满足表 3-8 所列要求。

表 3-8 保温材料特性表

材料	厚度（cm）	导热系数［kJ/（m·h·℃）］	容重（kg/m^3）
XPS 挤塑板	10	0.10	40～50
发泡聚氨酯	10	0.10	

2. 仓面越冬保护

本工程施工期为每年 4～10 月，11 月进入负温期，此时混凝土浇筑龄期较短，强度较低。入冬前浇筑的混凝土（越冬面附近的混凝土）因表面散热温度较低，来年浇筑的混凝土因水化热温升导致温度较高，致使上、下层温差有可能过大而产生裂缝。

针对这种情况，根据温控仿真计算成果，并参考其他工程建设经验，对越冬面采取以下越冬保温措施：

（1）越冬面采用“1mm 厚塑料膜+26cm 保温棉被”的方式保温，保温被上部覆盖一层三防帆布，并用沙袋压盖，以保证下层混凝土在来年揭开保温层时的温度相对较高。

（2）因坝体越冬面上、下游部位属棱角双向散热，因此，对上、下游坝面以下 2.5m 范围内在已有永久保温层基础上再喷涂 10cm 厚的发泡聚氨酯，以加强保温。

（3）为使上、下层温差满足温差控制标准，来年浇筑混凝土时应采取严格的温控措施，控制混凝土的最高温度，以减小新老混凝土上下层温差，降低结合面温度应力。

（4）在混凝土越冬面上游侧设置水平铜止水，两端与大坝横缝止水相连接。

3. 气温骤降或低温季节温控措施

气温骤降或低温季节浇筑混凝土应采取如下措施：

（1）在低温季节和气温骤降时将廊道、深孔等孔口部位进行严密封闭保护，以防冷风贯通产生混凝土表面裂缝（环形裂缝）。

（2）对不到拆模龄期的混凝土，在低温季节或遇气温骤降时，应在使用的钢模板外喷 2～5cm 发泡聚氨酯进行保温。

（3）模板拆除的时间应根据混凝土的强度和混凝土内外温差而定，且应避免在夜间或气温骤降期间拆模，且拆模时间不得早于浇筑完毕后 7d。低温季节，预计到拆模后混凝土的表面降温可能超过 6℃时，应推迟拆模时间，如必须拆模时，拆模后应立即采取表面保护措施。

（4）对于龄期小于 14d 的混凝土，如遭遇气温骤降时，宜用 5.0cm 厚挤塑聚苯乙烯泡沫塑料板对暴露面进行保护，或者延期拆模。

（5）对于龄期小于 90d 的混凝土，在日气温变幅超过 20℃时，或日均气温低于 10℃时，也应采用 5.0cm 厚挤塑聚苯乙烯泡沫塑料板对暴露面进行保护。

（6）对于长期暴露的混凝土，在棱边或体形突变处，采用 5.0cm 厚挤塑聚苯乙烯泡沫塑料板进行保护。

聚苯乙烯泡沫塑料板保温材料主要指标应满足：厚度 50mm，10℃时热阻≥0.93（m^2·K）/W，25℃时热阻≥0.86（m^2·K）/W，10℃时导热系数≤0.027W/（m·K），25℃时导热系数≤0.029W/（m·K），其他指标应符合《绝热用挤塑聚苯乙烯泡沫塑料（XPS）》（GB/T 10801.2）的要求。聚苯乙烯板边缘之间的接缝应紧密搭接。

（五）特殊部位温控

1. 陡坡坝段温控

陡坡坝段的温控标准及温控措施主要包括：

（1）陡坡坝段约束区容许最高温度为 22℃。

（2）陡坡坝段约束区浇筑层厚 3m，浇筑温度 10℃，采用 3 层 1.0m 间距冷却水管进行冷却。

（3）陡坡浇筑块基础部位防止产生应力集中，在采用并缝结构形式及严格的温控措施，最大限度控制混凝土最高温度的同时，还应尽可能安排在低温季节进行连续稳定浇筑。

（4）陡坡坝段结合温控及结构需要，应在基础面上布置抗裂钢筋及抗滑插筋。

2. 孔口坝段温控

孔口坝段的温控标准及温控措施主要包括：

（1）孔口坝段执行上、下层温差控制标准为 15℃，孔口周围 15m 范围内容许最高温升为 21℃。

（2）孔口坝段浇筑层厚 3m，浇筑温度 10℃，采用 2 层 1.5m 间距冷却水管进行冷却，在孔口周围 15m 范围内及闸墩部位冷却水管干管采用 32mm 内径。

（3）孔口形成后，进入冬季时，应在孔口边墙、底板及角缘部位采取保温措施，防止寒潮及温度骤降产生不利影响。

（4）封拱灌浆施工时，尽量使孔口上下 1.5 倍孔高范围在同一个冷却降温带内，使其变形一致，尽可能地减小温度应力。

3. 廊道部位施工温控要求

廊道部位的温控标准及温控措施主要包括：

（1）廊道部位采取严格温控措施，严格控制混凝土最高温度，尽可能地减小其温度应力。

（2）廊道部位浇筑应稳定连续浇筑，并尽快完成廊道顶部的覆盖。

（3）廊道部位由冷却水管穿过时，采用预埋钢管的方式实现水管连接。

（4）进入冬季时，廊道进出口采取封闭措施，防止冷空气灌入产生不利影响。

4. 普通置换混凝土塞施工温控要求

拱坝上、下游基础拱座以及拱坝坝基层间层内错动带及其影响带采用混凝土置换处理，对小规模的普通置换块，具体要求如下：

（1）与坝体混凝土分开先行浇筑，形成拱坝基础的一部分，混凝土仓顶面应保证拱坝建基面形状并与周围岩基面平顺衔接。为减少开挖卸荷松弛影响程度，置换塞混凝土应在开挖后立即进行回填施工。

（2）普通置换塞浇筑建议采用 1～2m 层厚度，根据施工具体条件确定浇筑温度及冷却方案。低温季节建议采用薄层常温浇筑，间歇期 5～7d，不设水管冷却；高温季节采用低温浇筑，建议浇筑层厚 2m，浇筑温度 12℃，间歇期 3～5d，并设水管冷却，根据情况可采用冷却水或常温水进行冷却。

（3）有冷却措施的置换混凝土，应在满足温控和通水冷却技术要求的前提下连续冷却至天然地温，并保证混凝土最高温度不超过 24℃；无冷却措施的置换混凝土，应提前实施，应保证在坝体混凝土浇筑至置换块部位时和天然地温一致。

（4）采用水管冷却时，应结合大坝浇筑方案合理布置冷却水管，选择合适的冷却水管进出口布置。

四、低温季节混凝土施工温控标准和措施

根据施工计划和现场实际情况，本工程在低温（平均气温低于 5℃，最低气温低于 0℃）时可能仍需继续施工。

低温季节施工的混凝土需满足混凝土的防冻和防裂要求。为了防止早期混凝土结冻，一般要求混凝土具有较高的浇筑温度。但另一方面，正是由于该工程位于气候寒冷地区，坝体稳定温度较低，即便是冬季施工，如果不控制浇筑温度，坝体基础温差和内外温差可能超过允许温差，不能满足混凝土防裂要求。因此，解决大体积混凝土冬季施工防冻与防裂要求的矛盾，集中体现在选择混凝土浇筑温度、表面保温、合适的水管冷却时间和冷却水温。

为满足混凝土防冻防裂要求，除继续掺防冻剂以外，宜采取以下温控措施和温控标准：

（1）控制混凝土出机口温度和浇筑温度。为了防止早期混凝土受冻，寒冷季节施工时混凝土的浇筑温度不得低于 5℃。为了减小内、外温差和基础温差，满足防裂要求，浇筑温度亦不得高于各部位混凝土的设计要求值。考虑到运输和浇筑过程中的热量损失，出机口混凝土温度应该控制在 8～10℃。

（2）基础和冷壁（模板）预热和临时保温。在浇筑混凝土以前，对与新混凝土接触的基础和边界（钢模板和老混凝土等），应用蒸汽（或热风）清除所有的冰和霜冻。建议在白天气温较高的时间备仓，并将验收合格后的仓面用 2 层 2cm 厚聚乙烯棉被和 1 层三防帆布进行临时覆盖保温，尽可能地使基础（老混凝土）温度控制在 5℃以上，浇筑混凝土时随揭随浇。

（3）原材料加热。当气温不低于–1℃时，可只需将拌和水加热，以满足出机温度的要求。水温不超过 60℃，以免水泥发生假凝。当气温低于–1℃时，须将水与细骨料加热，同时加热粗骨料，使其中的冰雪融化。加热砂石料时，

应避免过热和过分干燥，最高温度不得超过 75℃。

（4）运输中的保温。建议采用大型运输罐，运输灌外喷聚氨酯保温层。缆机吊灌外喷 10cm 聚氨酯保温层，顶部亦应采取相应保温措施，避免混凝土运送入仓过程中热量损失过大。

（5）浇筑过程中减少热量损失。加快浇筑速度，缩短浇筑时间；已平仓振捣完毕的仓面立即用 2 层 2cm 厚聚乙烯棉被和 1 层三防帆布进行覆盖保温，其他工作面用 2 层 2cm 厚聚乙烯棉被覆盖保温。浇筑时间建议选在气温不低于−5℃的时间段内。

（6）保温养护。新浇混凝土任何位置温度不得降至零下。仓面在浇筑后立即采用 2 层 2cm 厚聚乙烯棉被和 1 层三防帆布进行临时覆盖保温，一周后按设计要求进行越冬仓面保温。

对于冬季拆除的模板外侧全部（包括桁架）喷 6cm 厚聚氨酯做临时保温，冬季不拆除的模板喷 10cm 厚聚氨酯做越冬保温。

（7）水管冷却。当浇筑温度在 8～10℃时，按设计要求在浇筑混凝土前 0.5h 开始通水进行冷却，冷却水温不得低于 4℃。当浇筑温度低于 8℃时，在浇筑后 12h 开始通水冷却，冷却水温不得低于 4℃。混凝土一期冷却通水时间一般不少于 7d，实际通水时间视混凝土内部温度变化而定，当混凝土温度升至最高温度后下降至 18℃时可停止一期通水冷却。当浇筑温度低于 6℃时可取消一期冷却，由于后期冷却的需要，冷却水管仍需按设计要求进行铺设。

第三节　大坝施工期现场温控防裂跟踪、分析和优化

鉴于工程区“冷”“热”“风”“干”的不利气候因素和国内、外严寒地区已建混凝土坝（尤其是混凝土拱坝）在施工或运行期均出现了较多裂缝，且危害性裂缝较多，给大坝安全和耐久性带来较大影响，工程界逐渐认识到：在混凝土坝设计和施工技术已经比较成熟的当今，高寒地区混凝土坝（尤其是混凝土拱坝）成败的关键在于“温控设计和实施”，尤其是大坝施工期各项温控措施和温控指标的落实、跟踪、调整和优化。

虽然山口拱坝在设计阶段已进行了大坝施工和运行期的温控仿真计算和

分析，并根据其成果进行了详细的温控设计，制订了具体的温控指标和温控措施，但考虑到大坝施工过程中温控问题无处不有（涉及每一仓混凝土）、无时不在（贯穿施工期的每一天），为了及时处理施工过程中与温控相关的众多问题，降低大坝施工期及运行期产生温度裂缝的风险，开展施工期大坝温控防裂跟踪和仿真分析工作是非常必要的。

施工期温控防裂跟踪分析，是由专门的温控技术人员进驻施工现场，结合现场实际的浇筑进度、材料参数、边界条件及现场监测数据等开展三维有限元仿真计算，及时分析与坝体混凝土有关的温控问题，提出优化建议，及时反馈设计、指导施工，主要包括以下几个方面的内容：

（1）跟踪大坝混凝土施工各环节，如骨料生产、混凝土生产、运输、入仓、摊铺、碾压或振捣、水管冷却、养护（保湿和保温）等，对施工中出现的与大坝混凝土温控有关的问题，如水泥问题（发热量大、自生体积变形大）、温控措施不到位、浇筑进度调整、坝体混凝土开裂、保温结构遴选等，在现场进行分析，必要时通过仿真计算进行分析，同业主、设计、监理和施工单位密切合作，及时查清问题产生的原因。根据现场实际情况及时提供相关温控建议，以反馈参建各方、指导后续施工。

（2）根据混凝土热力学性能复核试验结果，施工现场采集的最新数据及各类信息，开展典型坝段温度场和应力场的仿真计算和分析，及时根据现场实际情况优化或调整温控指标和温控措施，包括浇筑温度、水管冷却、仓面喷雾、表面流水、临时保温、越冬保温、永久保温等，与参建各方一起努力做好大坝施工期的温控防裂。

（3）针对施工过程中可能出现的温控指标超标问题，根据现场实测温度资料，开展热学参数复核分析，根据大坝建设的实际进度、实际边界条件及复核分析确认的热学参数开展三维有限元仿真分析，根据分析结果进一步优化或调整大坝混凝土温控指标和温控措施。

（4）协助有关方对大坝监测资料（主要是坝体的温度、应力应变等）进行分析，根据分析结果提出温控相关建议。

一、基础灌浆盖板混凝土裂缝成因分析

基础固结灌浆盖板位于基础强约束区，且在结构上为一薄而宽的板状结

构，浇筑完毕后进行固结灌浆，往往要间歇2～3个月才能浇筑上层混凝土。山口拱坝曾于2011年10月下旬在7号坝段和8号坝段固结灌浆盖板各发现一条裂缝，裂缝情况如下：

（1）10月26日上午发现7号坝段两层混凝土(559.7～560.7m和560.7～561.7m）开裂，裂缝大约位于坝段顺水流方向中部垂直水流方向，从7、8坝段横缝面上可以看出裂缝垂直于混凝土浇筑层面且贯穿两层混凝土。

（2）10月22日上午发现8号坝段顶部浇筑层（557.2～558.5m，10月9日浇筑）开裂，裂缝约位于顺流方向中部，从仓面和8、9号坝段之间的横缝面上可以明显看出裂缝贯穿顶部浇筑层。

为分析山口拱坝基础固结灌浆盖板开裂原因，对8号坝段基础固结灌浆盖板的温度和温度应力进行多工况仿真计算和分析。计算结果表明，影响8号坝段基础固结灌浆盖板顶部浇筑层温度应力的主要因素包括以下6个方面：

（1）浇筑温度过高：8号坝段顶部浇筑层入仓温度9.7～15.3℃，平均11.6℃，其中开裂的中游部位入仓温度10.3～14.0℃，平均12.7℃。若混凝土浇筑温度按实际入仓温度计算，气温变化和保温（无保温措施）按实际情况考虑，通水冷却情况采用根据8号坝段温度反演分析调整后的结果，仿真计算显示，顶部浇筑层中部最高温度达25.05℃，该处所承受的拉应力在10月21日白天增至1.54MPa，夜间达到1.91MPa，均大大超过混凝土在该龄期（12.5d）的极限抗拉强度（1.14MPa）；假设保持其他条件不变，控制顶层混凝土的浇筑温度不超过10.0℃，顶部浇筑层中部最高温度可将至23.07℃，所承受的拉应力在10月21日白天达到1.25MPa，夜间达到1.61MPa，对比按照实际浇筑温度的计算结果，应力虽有降低，但仍大于极限抗拉强度1.14MPa，尤其是在夜间。

（2）未进行混凝土表面临时保温：10月18日最高气温17℃，19日骤降到6℃，20日继续降温至3.5℃。假定10月19日气温骤降前浇筑仓面铺2cm厚聚氨酯保温被，顶部浇筑层中部所承受的拉应力在10月21日白天达到1.33MPa，夜间达到1.40MPa，大大低于不设保温情况下的拉应力1.54MPa和1.91MPa，但仍然超过混凝土在该龄期（12.5d）的极限抗拉强度1.14MPa。

（3）冷却水温偏低：冷却用水采用河水，水温无法控制。10月15日以后水温降至 8℃以下，在 10 月 21 日和 10 月 22 日降到 4℃和 3℃。冷却水温过低，混凝土冷却速度过快。假设控制 10 月 15 日以后冷却水温不低于 8℃，其他条件均不变，顶部浇筑层中部所承受的拉应力在 10 月 21 日白天达到 1.37MPa，夜间达到 1.71MPa，较实际通河水冷却情况低约 0.2MPa，但仍均超过混凝土在该龄期（12.5d）的极限抗拉强度 1.14MPa。

（4）未及时通水冷却：从 8 号坝段埋设温度计观测结果分析，8 号坝段顶层混凝土通水冷却时间滞后浇筑时间超过 1.5d，其下层混凝土中的冷却水管在 10 月 8 日中午至 11 月 11 日中午期间亦停止通水。若顶层混凝土浇筑时冷却水管及时通水，其下层混凝土中的冷却水管在 10 月 8 日中午至 11 月 11 日中午期间亦通水，顶部浇筑层中部最高温度可从 25.05℃降至 22.66℃，所受拉应力在 10 月 21 日白天达到 1.45MPa，夜间达到 1.81MPa，较实际通水情况降低约 0.1MPa，亦均超过混凝土在该龄期（12.5d）的极限抗拉强度 1.14MPa。

（5）混凝土自生体积变形偏大：假设控制 8 号坝段顶部浇筑层浇筑温度不超过 10℃，浇筑后及时通水冷却，冷却水温不低于 8℃，浇筑仓面 10 月 19～31 日铺 2cm 厚聚氨酯保温被，10 月 31 日以后按越冬保温处理（26cm 厚棉被），计算结果表明，虽然顶部浇筑层中部在 10 月 21 日夜间所承受的拉应力仅为 1.05MPa，小于混凝土在该龄期（12.5d）的极限抗拉强度 1.14MPa，但由于混凝土自生体积变形的作用，顶部混凝土中部所承受的拉应力随着混凝土龄期的增加而增加，在 2011/2012 年越冬期结束时（2012 年 4 月 5 日）达到最大，约 3.35MPa，大大超过混凝土在该龄期（188d）的极限抗拉强度（2.50MPa）。若保持上述其他假设条件并不计混凝土自身体积变形，10 月 21 日夜间顶部浇筑层中部所承受的拉应力为 0.98MPa，较考虑自生体积变形情况只小 0.07MPa，但在 2012 年 3 月 5 日达到最大 2.56MPa，较考虑自生体积变形情况小 0.79MPa，仍略高于混凝土在该龄期的极限抗拉强度 2.49MPa。

（6）坝块较长（建基面处长约 30m，顶部浇筑层顶面 558.5m 高程处长约 33.5m），且在上、下游与岩基浇筑在一起，导致坝体顺水流方向受到的较大约束。假定两种工况，即混凝土在上、下游与基岩完好胶结和完全脱开，完好胶结工况顶层混凝土中部所受拉应力比完全脱开工况大，其中，在 10 月

21日夜间大0.1MPa，在2012年2月底大0.79MPa。

综上分析，8号坝段顶部浇筑层在中部开裂是各种不利因素综合作用的结果，其影响因素从大到小依次包括：未进行混凝土表面临时保温、浇筑温度偏高、冷却水温偏低、冷却水管未及时通水冷却、混凝土自生体积变形偏大以及上、下游岩基对混凝土的约束。即便严格按照温控设计要求采取相应的温控措施，由于混凝土自身体积变形的影响，8 号坝段顶部浇筑层中部所受拉应力在2011/2012年越冬期结束时仍能达到3.35MPa，大大超过同龄期混凝土的极限抗拉强度2.5MPa，不可避免导致开裂。

二、春夏季浇筑混凝土温度场及应力场预报

1. 计算目的

由于本工程每年可施工期少于8个月，在天气条件允许的情况下尽早开浇可增加施工工期。2012年4月，施工方制冷设备仍未调试完毕，混凝土入仓温度完全受外界气温控制，本地区夏季气温较高，加之较强的太阳辐射强形成热量倒灌，混凝土浇筑温度很难控制达到设计温控要求（≤12℃）。本计算以6号岸坡坝段为对象，对低温季节（4月，浇筑温度10℃）和高温季节（7月，浇筑温度15℃）浇筑的混凝土的抗裂安全性进行评估。

2. 计算模型

6号坝段2011年浇筑到565.7m高程，鉴于该部分混凝土已经具有较高的强度，并且本次研究的重点是2012年4月低温期、7月高温期浇筑混凝土的温度及应力情况，模型中把2011年浇筑部分按老混凝土处理。考虑接缝灌浆对坝体的作用，计算模型垂直水流方向取6号半个坝段（7.5m）、7号全坝段（15m）。在坝踵上游和坝趾下游各取150m，深度取150m作为地基。

3. 浇筑信息

根据施工计划，6号坝段至2012年8月浇筑到581.7m高程，各层浇筑信息统计表见表3-9。

表3-9　山口拱坝6号坝段浇筑进度表

浇筑层	浇筑日期	每层高度（m）	每层高程（m）	浇筑温度（℃）	说明
1	2012年4月13日	1.0	566.7	10.0	6号已完成浇筑

续表

浇筑层	浇筑日期	每层高度（m）	每层高程（m）	浇筑温度（℃）	说明
2	2012 年 4 月 19 日	2.0	567.7	10.0	6 号已完成浇筑
3	2012 年 4 月 25 日	3.0	568.7	10.0	
4	2012 年 4 月 30 日	4.0	569.7	10.0	
5	2012 年 5 月 7 日	5.0	570.7	11.8	
6	2012 年 5 月 22 日	1.3	567	11.0	7 号已完成浇筑
7	2012 年 5 月 27 日	6.0	571.7	10.7	6 号已完成浇筑
8	2012 年 6 月 1 日	7.0	572.7	12.7	
9	2012 年 6 月 2 日	3.8	569.5	13.5	7 号已完成浇筑
10	2012 年 6 月 7 日	8.0	573.7	12.1	6 号已完成浇筑
11	2012 年 6 月 18 日	10.0	575.7	11.8	6 号已完成浇筑
12	2012 年 7 月 30 日	6.8	572.5	15.0	7 号未浇筑
13	2012 年 8 月 5 日	9.8	575.5	15.0	7 号未浇筑
14	2012 年 8 月 10 日	13.0	578.7	15.0	6 号未浇筑
15	2012 年 8 月 15 日	16.0	581.7	15.0	6 号未浇筑
16	2012 年 8 月 20 日	12.8	578.5	15.0	7 号未浇筑
17	2012 年 8 月 25 日	15.8	581.5	15.0	7 号未浇筑
18	2013 年 5 月 15 日	15.8	581.5	8.0	封拱灌浆

4. 材料参数

除混凝土自生体积变形和徐变外，混凝土和岩石其他主要热力学参数采用中心试验室提供结果，其值如表 3-10～表 3-12 所示。计算中，岩石弹性模量和泊松比分别取值 16.0GPa 和 0.23，混凝土材料泊松比均取值 0.2。

表 3-10　　混凝土和岩石热学参数

材料编号	混凝土强度等级和级配	比热［kJ/（kg·K）］	导温系数（m^2/h）	热膨胀系数（$10^{-6}/K$）
A（Ⅰ）	C_{90}30W10F400，三级配	0.918	0.0038	10.00
A（Ⅱ）	C_{90}30W10F400，四级配	0.897	0.0035	9.98
岩石		0.805	0.0032	7.0

表 3-11　　混凝土绝热温升

材料编号	混凝土强度等级和级配	绝热温升（℃）
A（Ⅰ）	C_{90}30W10F400，三级配	T=28.97t/（2.88+t）
A（Ⅱ）	C_{90}30W10F400，四级配	T=24.5t/（1.258+t）

表 3-12　　混凝土弹性模量

材料编号	混凝土强度等级和级配	弹性模量（GPa）
A（Ⅰ）	C_{90}30W10F400，三级配	$30.4\times(1-e^{-0.196t^{0.626}})$
A（Ⅱ）	C_{90}30W10F400，四级配	$29.5\times(1-e^{-0.218t^{0.592}})$

由于前期试验结果中混凝土自生体积变形偏大，采用调整后的第一批次水泥（2011 年 12 月），进行混凝土自生体积变形和徐变复核试验，按基准配合比参数（SQ-补，C_{90}25W10F300），调整粉煤灰掺量为 35%，成型全级配混凝土，湿筛筛除大石和特大石，测定湿筛混凝土的徐变度，根据《水工混凝土试验规程》（SL 352）的相关规定，通过灰浆率将湿筛混凝土的徐变度折算为全级配混凝土的徐变度，折算所得的全级配混凝土 C_{90}25W10F300 的徐变度用式（3-1）拟合：

$$C(t,\tau)=(C_1+D_1/\tau)(1-e^{-r_1(t-\tau)})+(C_2+D_2/\tau)(1-e^{-r_2(t-\tau)}) \quad (3\text{-}1)$$

式中　$C(t,\tau)$——混凝土在第 τ 天的加荷龄期下，持荷时间为 $(t-\tau)$ 时的徐变度，10^{-6}/MPa；

C_1、C_2、D_1、D_2、r_1、r_2——拟合系数，见表 3-13。

表 3-13　　混凝土 C_{90}25W10F300 徐变度拟合系数

编号	r_1	r_2	C_1	C_2	D_1	D_2
SQ-补	0.81691	0.04732	2.3669	4.73974	59.86774	69.15883

根据大坝各级别混凝土和 C_{90}25W10F300 的配比，山口大坝四级配混凝土 A（Ⅱ）和 A（Ⅲ）的灰浆率与 C_{90}25W10F300 相等，计算中其徐变度取与 C_{90}25W10F300 复核试验（SQ-补）结果相同的值，三级配混凝土 A（Ⅰ）灰浆率约为 C_{90}25W10F300 的 1.13 倍，考虑其强度较高，计算中其徐变度仍近似按 C_{90}25W10F300 复核试验（SQ-补）结果取值。

混凝土自生体积变形均按复核试验（SQ-补）湿筛试件试验结果的 60% 取值（见表 3-14）。计算中假设混凝土自生体积变形在 180d 以后不再变化。

表 3-14　　　　混凝土自生体积变形

混凝土	自身体积变形（$\times10^{-6}$）											
	3d	7d	14d	21d	28d	45d	65d	90d	100d	120d	150d	180d
A（Ⅰ）	14.4	14.4	9.6	4.2	−0.6	−6.6	−12	−16.8	−21.6	−21.6	−24.6	−27
A（Ⅱ）	14.4	14.4	9.6	4.2	−0.6	−6.6	−12	−16.8	−21.6	−21.6	−24.6	−27

5. 热边界条件

（1）上、下游面在浇筑以后覆盖 2cm 厚聚氨酯泡沫被进行临时保温，按第三类边界条件考虑。

（2）浇筑层面采用 2cm 厚聚氨酯泡沫被进行临时保温，并对 5～7 月浇筑的混凝土采取表面洒水方式养护，水温在 5 月约为 18℃，在 6～7 月约为 20℃，在 9 月约为 18℃。

（3）对大坝浇筑的每层混凝土均布设 1.0m×1.0m 水管进行一期通水冷却，开始浇筑混凝土前 0.5h 即通水预冷，通水结束时间为浇筑后 20d。通水流量为 25L/min，通水方向每天倒换一次，采用 15℃河水进行冷却。

（4）2012 年 9 月 1 日开始二期冷却，通水 15d，水温 15℃；2013 年 4 月 15 日开始三期冷却，水温 4℃；2013 年 5 月 15 日进行接缝灌浆；二期和三期冷却通水流量均为 25L/min。

（5）上下游面均采用 10cm 厚喷涂聚氨酯进行保温，等效放热系数为 23.90kJ/（m^2·d·K）。

（6）越冬顶面采用 26cm 厚棉被进行保温，等效放热系数为 15.37kJ/（m^2·d·K）。

6. 结论与建议

通过计算分析得知：

无论低温季节（4 月，浇筑温度 10℃）还是高温季节（7 月，浇筑温度 15℃）浇筑的混凝土，其内部应力均较小，均远小于混凝土允许抗拉强度，不会出现裂缝；但整个上、下游面（包括低温季节和高温季节浇筑的混凝土），尤其是靠近基础在低温季节浇筑的混凝土下游面，拉应力超过混凝土允许抗拉强度，开裂风险较大，拉应力超标深度在距坝表面大约 0.5m 范围内。

为了确保工程质量，降低坝体混凝土开裂风险，建议做到：

1）加强临时保温保湿，无论是低温季节还是夏季。低温期防止寒潮，高温期防止间歇期热量倒灌，确保临时保温被之下有水膜。

2）确保冷却水管高效运行，保证通水及时且满足通水流量和水温要求。

3）拌和系统尽量满负荷运转，尽量降低混凝土入仓温度，控制混凝土浇筑温度满足设计温控要求（≤12℃）。

4）对上、下游面及时进行永久保温，最好是跟进保温，最迟在 8 月底完成已拆模板坝面的永久保温工作。

三、浇筑温度、混凝土养护和保温措施对坝体温度和应力的影响

对不同浇筑温度、不同混凝土养护和保温措施对坝体温度和应力的影响进行计算评估。其计算模型、基准浇筑信息和材料参数如前所述，部分计算工况假设条件见表 3-15。除工况 C10 和 C11 外，其余工况浇筑时间、浇筑层厚和浇筑温度采用基准浇筑信息。

表 3-15　　部分计算工况假设条件

工况编号	假设条件
工况 C1	上、下游面裸露，10 月 15 日后 10cm 聚氨酯保温，仓面油布，喷雾养护 20d，冬季保温被
工况 C3	上、下游面裸露，喷雾养护 60d，上下游面 10 月 15 日加 10cm 聚氨酯保温，仓面油布，喷雾养护 20d，冬季保温被
工况 C4	上、下游面裸露，喷雾养护 60d，随后 2cm 聚氨酯保温，10 月 15 日后 10cm 聚氨酯保温，仓面油布，喷雾养护 20d，冬季保温被
工况 C5	上、下游面裸露，喷河水养护 60d，随后 2cm 聚氨酯保温，上、下游面 10 月 15 日加 10cm 聚氨酯保温，仓面油布，喷雾养护 20d，冬季保温被
工况 C8	上、下游面裸露，喷河水养护 60d，随后加 10cm 聚氨酯保温，仓面 2cm 聚氨酯，喷雾养护 20d，冬季保温被
工况 C9	除不考虑徐变外，其他条件同工况 C5
工况 C10	除浇筑温度全部假设为 10℃外，其他同工况 C8
工况 C11	除浇筑温度全部假设为 15℃外，其他同工况 C8

1. 计算结论

（1）在除浇筑温度外其他条件不变的情况下，工况 C11（所有混凝土浇筑温度 15℃）与工况 C8 相比（强约束区混凝土浇筑温度 10℃，其他各层混凝土浇筑温度 11～15℃），其强约束区第一主应力大于 2MPa 的范围（从坝踵和坝趾附近坝面分别向内部延伸）明显增大，强约束区以外部位混凝土的第一主应力变化不大，最大值都不大于 2MPa，故浇筑温度的变化对强约束区混凝土的应力状态影响较大，强约束区（0.2*L*）混凝土的浇筑温度应严格按照设计要求控制在 10℃以内。非强约束区的混凝土的浇筑温度可在一定条件下（做好内部水管冷却和临空面混凝土养护和保温）适当提高。

（2）长间隔浇筑层面附近混凝土应力明显增大，故应控制浇筑层之间间隔时间，尽可能做到均匀连续浇筑。

（3）如果坝体上、下游面在入冬保温前完全裸露，即无任何养护和保温措施，坝体上、下游面温度随气温变化幅度最大，当采用不同的养护和保温措施后，坝体上、下游面温度变化幅度明显降低，尤其是在 C8 工况下，亦即浇筑后上、下游面喷淋河水养护 60d，随后喷 10cm 聚氨酯永久保温，坝体上、下游面温度变化幅度最小，坝面混凝土所受最大拉应力（第一主应力）也大幅度降低，所以养护和保温措施对约束区范围内上、下游面混凝土的应力状态影响很大。

2. 相关建议

根据山口大坝温度应力仿真计算分析结果、混凝土材料试验结果、大坝温控措施实施情况，对山口拱坝 2012 年夏季的温控工作提出了以下几点建议：

（1）加强混凝土仓面和其他临空面的保温和养护。对坝体上、下游面和横缝面采用河水进行喷淋养护。根据温度应力仿真计算分析，采用该措施对临空面进行临时或永久保温，可有效控制高温天气和太阳辐射引起的热量倒灌，从而有效控制临空面附近坝体混凝土最大温升和温度应力。如果在坝体浇筑后相当一段时间内不能对坝体临空面进行临时和永久保温，喷淋养护是最有效控制坝体上、下游面温度应力的温控措施。喷淋养护应做到以下几点：

1）喷淋养护范围应包括新浇混凝土的立模面，亦即直接对钢模板进行喷淋降温。

2）减小喷淋孔间距，加大喷淋流量，使喷淋水膜覆盖整个坝面。

3）增加横缝临空面的喷淋养护。

（2）控制强约束区和层间间歇期超过两周的新浇混凝土的浇筑温度在10℃以内，控制非强约束区的混凝土浇筑温度在12℃左右。

（3）保证冷却水管及时通水，初期冷却时间夏天不少于15d，通水不间断，流量不小于25L/min，每24h通水方向变化一次。

四、越冬保温措施调整

山口拱坝越冬保温在原来设计推荐方案的基础上，根据现场实际情况以及施工期温控跟踪计算的结果进行了适当调整。

1. 各坝段顶部仓面附近上、下游面混凝土的越冬保温

若拆模后环境温度允许、拆模后可大部分补喷聚氨酯永久保温层时，可将仓面越冬保温的塑料薄膜、13层棉被（每层厚度约2cm）和顶部的1层三防帆布延长盖过各坝段顶部仓面上下游边缘，盖过长度不少于30cm，延长到上、下游面的越冬保温被、棉被和三防布周边用板条固定，使之密不透风。

若拆除模板较晚、环境温度过低、拆模后不能大部分补喷聚氨酯永久保温层时，拆模后上、下游面用低温压敏胶粘贴XPS板或其他保温材料，保温材料厚度视顶部仓面的位置而定，若顶部仓面位于约束区，XPS板或聚氨酯板的厚度应不小于10cm。若顶部仓面位于非约束区、顶仓浇筑层厚度大于或等于2m且层间间隔时间在7d以内，XPS板或聚氨酯板的厚度可减至4cm。若顶部仓面位于非约束区、顶仓浇筑层厚度大于或等于2m但层间间隔时间在7d以上，XPS板或聚氨酯板的厚度可减至6cm。XPS板或其他保温材料的接缝位置和四周用低温密封胶密封使之密不透风。各坝段仓面保温层向上、下游面延伸50cm左右，仓面保温层顶部的三防布向上、下游面延伸盖过XPS板。值得注意的是，对于次年5月底以前必须在其上浇筑新混凝土的月底仓面，无论其所处位位置是否在约束区，无论其浇筑层厚和层间间隔时间，为降低新老混凝土温差，降低新浇混凝土开裂风险，其上、下游坝面和其他临空面的越冬保温按约束区临空面越冬保温处理。

若模板拆除后气温太低不能喷聚氨酯永久保温层，且因各种原因不能在上、下游坝面贴XPS板或其他保温材料，可结合顶部仓面越冬保温对仓面附

近上、下游坝面进行越冬保温，可将顶部仓面越冬保温的底部塑料薄膜和 3 层 2cm 厚的棉被延长盖过上、下游坝面裸露区，并另加一定层数 2cm 厚棉被进行包裹：

（1）若顶部仓面位于约束区，需另加 10 层（共计 13 层）。

（2）若顶部仓面位于非约束区，顶仓浇筑层厚度大于或等于 2m 且层间间隔时间在 7d 以内，需另加 3 层（共计 6 层）。

（3）若顶部仓面位于非约束区，顶仓浇筑层厚度小于 2m 或层间间隔时间大于 7d，需另加 5 层（共计 8 层）。

各层保温被应错开铺设，错开幅度不小于幅宽的 30%，同一层相邻保温被之间应有一定的搭接，搭接宽度不小于 20cm，坝体上、下游面保温被外用三防布包裹，三防布铺设亦应有一定的搭接，搭接宽度不小于 50cm。保温被和三防布在坝顶仓面用砂袋压紧固定。保温被和三防布下部边缘应盖过坝体上、下游面的永久保温层 15cm 以上，两侧应和其他坝段的保温层相接，并用板条或其他措施固定，使接合处密不透风，所有结合处缝隙可考虑喷涂聚氨酯或用低温密封胶封堵。

2. 不能及时喷聚氨酯保温层的混凝土的越冬保温

横缝面和其他不能及时喷聚氨酯保温层的上、下游面应全部用低温压敏胶粘贴 10cm XPS 板进行越冬临时保温，XPS 板接缝位置和四周用低温密封胶密封使之密不透风。横缝面范围较大，XPS 板外应采用从坝段顶部仓面垂下的三防布加以保护。

五、封拱灌浆时间调整计算分析

（一）计算目的

根据可行性研究阶段温控仿真计算成果及《BEJSK 水利枢纽工程混凝土拱坝温控设计说明及施工技术要求》，对于 4～8 月浇筑混凝土在浇筑当年的 10 月 1 日开始中期冷却，来年 4 月 15 日进行三期冷却，5 月 15 日封拱灌浆；对于 9～10 月浇筑的混凝土在来年 5 月进行中期冷却、7 月进行三期冷却，8 月进行封拱灌浆。

施工现场由于工期较紧，2013 年浇筑强度较大，需要抓住有利时机在气温不高的 4～5 月加大浇筑强度，把底部应该在 5 月进行的接缝灌浆时间调整到11月。为此，进行了封拱时间调整的计算和分析。

选择埋设仪器较多的9号坝段作为计算模型，首先根据监测温度对计算条件进行调整，以求计算温度与监测温度尽可能相近，在此基础上分析坝体应力变化情况；并且对2013年11月进行2011～2012年浇筑块接缝灌浆、2014年11月进行2013年浇筑块封拱灌浆的可行性做出评估。

（二）计算模型

参考施工单位2013年浇筑计划，9号坝段2013年底浇筑到625.0m高程，根据对称性计算模型沿坝轴线方向取9号坝段的一半宽度，亦即6.25m，考虑封拱灌浆的影响加入8号坝段17.5m，在坝踵上游和坝趾下游各取100m，深度取100m作为地基。

（三）浇筑信息

根据施工计划，拟定9号坝段2013年10月17日浇筑完成，坝顶高程626.5m，各层浇筑信息统计表见表3-16。

表3-16　浇筑进度表

<table>
<tr><th>序号</th><th>浇筑天数（d）</th><th>浇筑日期</th><th>层顶高度（m）</th><th>入仓温度（℃）</th><th>二冷时间</th><th>三冷时间</th></tr>
<tr><td>1</td><td>0</td><td>2011年10月6日</td><td>0.7</td><td>12.87</td><td>无</td><td rowspan="13">2013年10月1日，水温4℃，持续30d</td></tr>
<tr><td>2</td><td>16</td><td>2011年10月22日</td><td>1.7</td><td>12</td><td>无</td></tr>
<tr><td>3</td><td>19</td><td>2011年10月25日</td><td>2.7</td><td>12</td><td>无</td></tr>
<tr><td>4</td><td>233</td><td>2012年5月26日</td><td>3.7</td><td>12</td><td rowspan="10">2012年10月1日，水温10℃，持续15d</td></tr>
<tr><td>5</td><td>284</td><td>2012年7月16日</td><td>5</td><td>11</td></tr>
<tr><td>6</td><td>290</td><td>2012年7月22日</td><td>7</td><td>11.73</td></tr>
<tr><td>7</td><td>301</td><td>2012年8月2日</td><td>10</td><td>11.62</td></tr>
<tr><td>8</td><td>307</td><td>2012年8月8日</td><td>12</td><td>12.71</td></tr>
<tr><td>9</td><td>312</td><td>2012年8月13日</td><td>14.5</td><td>12.6</td></tr>
<tr><td>10</td><td>328</td><td>2012年8月29日</td><td>17.5</td><td>11.51</td></tr>
<tr><td>11</td><td>340</td><td>2012年9月10日</td><td>19.5</td><td>11.3</td></tr>
<tr><td>12</td><td>348</td><td>2012年9月18日</td><td>22.5</td><td>10.68</td></tr>
<tr><td>13</td><td>356</td><td>2012年9月26日</td><td>25.5</td><td>11.2</td></tr>
</table>

续表

<table>
<tr><th>序号</th><th>浇筑天数（d）</th><th>浇筑日期</th><th>层顶高度（m）</th><th>入仓温度（℃）</th><th>二冷时间</th><th>三冷时间</th></tr>
<tr><td>14</td><td>370</td><td>2012 年 10 月 10 日</td><td>28.5</td><td>9.88</td><td>无</td><td rowspan="3"></td></tr>
<tr><td>15</td><td>378</td><td>2012 年 10 月 18 日</td><td>30.5</td><td>9.6</td><td>无</td></tr>
<tr><td>16</td><td>390</td><td>2012 年 10 月 30 日</td><td>32.5</td><td>7.43</td><td>无</td></tr>
<tr><td>17</td><td>562</td><td>2013 年 4 月 20 日</td><td>35.5</td><td>10</td><td rowspan="11">2013 年 10 月 1 日，水温 10℃，持续 15d</td><td rowspan="13">2014 年 10 月 1 日，水温 4℃，持续 30d</td></tr>
<tr><td>18</td><td>577</td><td>2013 年 5 月 5 日</td><td>38.5</td><td>10</td></tr>
<tr><td>19</td><td>592</td><td>2013 年 5 月 20 日</td><td>41.5</td><td>10</td></tr>
<tr><td>20</td><td>607</td><td>2013 年 6 月 4 日</td><td>44.5</td><td>12</td></tr>
<tr><td>21</td><td>622</td><td>2013 年 6 月 19 日</td><td>47.5</td><td>12</td></tr>
<tr><td>22</td><td>637</td><td>2013 年 7 月 4 日</td><td>50.5</td><td>12</td></tr>
<tr><td>23</td><td>652</td><td>2013 年 7 月 19 日</td><td>53.5</td><td>12</td></tr>
<tr><td>24</td><td>667</td><td>2013 年 8 月 3 日</td><td>56.5</td><td>12</td></tr>
<tr><td>25</td><td>682</td><td>2013 年 8 月 18 日</td><td>59.5</td><td>12</td></tr>
<tr><td>26</td><td>697</td><td>2013 年 9 月 2 日</td><td>62.5</td><td>10</td></tr>
<tr><td>27</td><td>712</td><td>2013 年 9 月 17 日</td><td>65.5</td><td>10</td></tr>
<tr><td>28</td><td>727</td><td>2013 年 10 月 2 日</td><td>68.5</td><td>10</td><td>无</td></tr>
<tr><td>29</td><td>742</td><td>2013 年 10 月 17 日</td><td>71.5</td><td>10</td><td>无</td></tr>
<tr><td>30</td><td>757</td><td>2013 年 11 月 1 日</td><td>32.5</td><td>10</td><td>封拱</td><td></td></tr>
<tr><td>31</td><td>1122</td><td>2014 年 11 月 1 日</td><td>71.5</td><td>10</td><td></td><td>封拱</td></tr>
</table>

（四）材料参数

材料参数由试验结果确定，计算中岩石弹性模量和泊松比分别取值 16.0GPa 和 0.23，混凝土材料泊松比均取值 0.2，坝体混凝土和基岩基本热学参数见表 3-17 所示。

表 3-17　　混凝土材料和岩石热学参数

材料编号	混凝土强度等级和级配	比热［kJ/（kg·K）］	导温系数（m^2/h）	热膨胀系数（$10^{-6}/K$）
A（Ⅰ）	C_{90}30W10F400，三级配	0.918	0.0038	10.00
A（Ⅱ）	C_{90}30W10F400，四级配	0.897	0.0035	9.98
岩石		0.805	0.0032	7.0

不同龄期混凝土的绝热温升用公式$\theta = \frac{\theta_0 t}{t+d}$来拟合，其中$\theta_0$及$d$为常数，混凝土的绝热温升公式见表 3-18。

表 3-18　　混凝土材料绝热温升公式

配合比编号	混凝土强度等级和级配	绝热温升（℃）
A（Ⅰ）	C_{90}30W10F400，三级配	T=24.5 d /（1.42+d）
A（Ⅱ）	C_{90}30W10F400，四级配	T=22.5 d /（1.98+d）

不同龄期混凝土的弹性模量用公式$E = E_0(1-\mathrm{e}^{-at^b})$来拟合，其中$E_0$、$a$、$b$为常数，混凝土的弹性模量公式见表 3-19。

表 3-19　　混凝土材料弹性模量公式

配合比编号	混凝土强度等级和级配	弹性模量（GPa）
A（Ⅰ）	C_{90}30W10F400，三级配	$31.98\times(1-\mathrm{e}^{-0.368t^{0.515}})$
A（Ⅱ）	C_{90}30W10F400，四级配	$32.64\times(1-\mathrm{e}^{-0.546t^{0.373}})$

混凝土的自生体积变形见表 3-20。

表 3-20　　混凝土自生体积变形统计表

混凝土	自生体积变形（$\times10^{-6}$）								
	2d	3d	7d	14d	21d	28d	45d	65d	90d
A（Ⅰ）	16.8	16.8	11.2	4.9	−0.7	−7.7	−14.7	−19.6	−25.2
A（Ⅱ）	14.4	14.4	14.4	9.6	4.2	−0.6	−6.6	−12	−17.8

混凝土	自生体积变形（$\times10^{-6}$）							
	100d	120d	150d	180d	240d	270d	320d	360d
A（Ⅰ）	−25.2	−28.7	−32.2	−37.8	−39.9	−34.2	−43.4	−44.1
A（Ⅱ）	−21.6	−21.6	−24.6	−27	−32.4	−34.2	−37.2	−37.8

混凝土的徐变度采用式（3-2）拟合：

$$C(t,\tau) = \left(A_1 + \frac{B_1}{\tau^{m1}}\right)[1-\mathrm{e}^{-r_1(t-\tau)}] + \left(A_2 + \frac{B_2}{\tau^{m2}}\right)[1-\mathrm{e}^{-r_2(t-\tau)}] \tag{3-2}$$

山口拱坝混凝土徐变度参数见表 3-21。

表 3-21　　混凝土徐变度参数统计表

混凝土	A_1	A_2	B_1	B_2	r_1	r_2	m_1	m_2
A（Ⅰ）	0.17	0.49	42.98	23.54	0.6	0.003	0.003	0.4
A（Ⅱ）	0.17	0.49	42.98	23.54	0.6	0.003	0.003	0.4

山口拱坝混凝土不同龄期允许拉应力见表 3-22。

表 3-22　　混凝土不同龄期允许拉应力　　单位：MPa

混凝土	1d	3d	7d	14d	28d	90d	180d
A（Ⅰ）	0.2	0.43	0.74	1.09	1.52	2.13	2.27
A（Ⅱ）	0.2	0.43	0.74	1.09	1.52	2.13	2.27

（五）边界条件和其他计算条件

（1）上、下游面在浇筑以后覆盖 2cm 厚聚氨酯泡沫被进行临时保温，按第三类边界条件考虑。

（2）浇筑层面采用 2cm 厚聚氨酯泡沫被进行临时保温，并对 5～9 月浇筑的混凝土采取表面洒水方式养护，水温在 5～8 月约为 15℃，在 9 月约为 10℃。

（3）对 2011～2012 年浇筑混凝土（587.5m 高程以下）布设 1.0m×1.0m 冷却水管、2013 年浇筑混凝土布设 1.0m×1.5m 冷却水管，开始浇筑混凝土前 0.5h 即开始通水，通水结束时间为浇筑以后 20d。通水流量 25L/min，通水方向每天变换一次，采用 6℃水温进行冷却。

（4）587.5m 高程以下混凝土 2012 年 10 月 1 日开始中期冷却，通水 15d，水温 10℃；2013 年 10 月 1 日开始三期冷却，水温 4℃，通水 30d；2013 年 11 月 1 日封拱灌浆。587.5m 高程以下混凝土 2013 年 10 月 1 日开始中期冷却，水温 10℃，通水 15d；2014 年 10 月 1 日开始三期冷却，通水 30d，水温 4℃；2014 年 11 月 1 日封拱灌浆。

（5）2011 年浇筑混凝土在 2011 年 10 月 25 日进行永久保温，2012 年浇筑混凝土在 2012 年 10 月 30 日进行永久保温，2013 年采用跟进保温，上下游面均采用 10cm 厚聚氨酯进行保温，等效放热系数为 23.90kJ/（m^2·d·K）。

（6）越冬顶面采用26cm厚棉被进行保温，等效放热系数15.37kJ/（m^2·d·K）。

（7）外界气温从2012年6月14日到2013年4月1日采用山口气象站同期实测气温。廊道在2012/2013年越冬期结冰，由于没有廊道测温值，计算中采用假设月平均气温值，1～12月廊道月平均气温分别取–5、–3.5、–1、8、8、10.3、10、10、8、5、–1、–3℃。

（8）地基温度随深度增加而变化，建基面地温取7.1℃。

（9）计算时间从2011年10月6日开始，直到2015年11月14日结束。

（六）结论与建议

通过对9号坝段基于监测资料的反馈分析以及封拱时间调整方案的计算和分析可知：

（1）2012年夏季（8月）浇筑的混凝土一期冷却效果不明显，在同年10月进行15d二期冷却和2013年10月进行三期冷却后可以满足封拱温度要求，但在2012年8月29日浇筑的混凝土层内拉应力较大，最大拉应力在封拱灌浆前已接近2.5MPa，封拱灌浆后约束增大，拉应力增加到接近3MPa，超过混凝土允许拉应力，有开裂风险。导致该浇筑层拉应力较大的原因主要有：①浇筑间隔时间较长，该浇筑层与前一个浇筑层间隔16天；②该工程混凝土自生体积变形较大；③一期冷却效果不佳。

（2）对于2012年10月浇筑的混凝土，取消其二期冷却，仅在2013年10月进行后期冷却，可以满足封拱温度要求。10月浇筑的混凝土层内最大拉应力在封拱灌浆以后最大不超过1.5MPa，小于混凝土允许拉应力，满足防裂要求。

（3）对于2013年夏季浇筑的混凝土，在做好一期、二期冷却的基础上，选在2014年的10月1日开始后期冷却可以满足封拱灌浆温度要求。封拱之后混凝土应力略有变化，但是远小于允许拉应力。

（4）对于2013年秋季浇筑的混凝土，其一期冷却不能取消，以防越冬期因内部混凝土温度较高形成较大的内外温差。在缺少二期冷却的情况下在来年10月进行后期通水冷却，可以满足封拱温度要求，混凝土内拉应力在接缝灌浆前后都小于允许拉应力，满足防裂要求，方案可行。但出于降低温度应力的目的，不建议取消中期冷却。

廊道附近混凝土内拉应力较大，存在开裂风险，原因之一是 2012/2013 年越冬期廊道内气温低 0℃，造成廊道周围混凝土温度下降到 0℃以下；原因之二是廊道底板混凝土由于固结灌浆的原因与其底层混凝土间隔时间达 51d 之久；原因之三是该工程混凝土自生体积变形较大。

六、封拱灌浆分期及实施

（一）封拱灌浆分期

根据后期冷却和接缝灌浆时间调整计算分析结果、工程建设进度、工期要求（导流洞封堵/下闸蓄水时间）、2014 年底发电最低水位（620m，原定计划）要求、帷幕灌浆施工计划、规范对封拱灌区两侧坝块混凝土的龄期要求（应大于 6 个月，在采取有效措施情况下，也不得小于 4 个月）及灌浆压重要求（除顶层外，灌区上部混凝土的厚度不宜小于 6m），建议山口拱坝封拱灌浆分四期进行，每期区域见图 3-1。

（1）第一期封拱灌浆时间为 2013 年 11 月中旬或下旬，具体区域为：

1）567m 高程以下的 8～10 号横缝；

2）567～576m 高程之间的 8～10 号、576m 高程以下的 7 号和 11 号横缝。

3）576～588m 高程之间的 7 号和 588m 高程以下的 6 号横缝。

（2）第二期封拱灌浆时间为 2014 年 4 月上旬和中旬，具体区域为：

1）576～588m 高程之间的 8～11 号、588m 高程以下的 12 号和 13 号横缝。

2）600m 高程以下的 4、5、14、15 号，588～600m 高程之间的 6～13 号横缝。

3）600～609m 高程之间的 4～15 号横缝和 609m 高程以下的 16 号横缝。

（3）第三期接缝灌浆时间为 2014 年 11 月上旬和中旬，具体区域为：627m 高程以下的所有未灌浆横缝。

（4）第四期接缝灌浆时间为 2015 年 4 月上旬和中旬，具体区域为：627～636m 高程之间的 2～19 号、649m 高程以下的 1～7 号和 11～21 号横缝。

（二）接缝灌浆混凝土水管冷却相关要求

根据工程现场实际条件，为使坝体混凝土温度达到接缝灌浆要求，需要

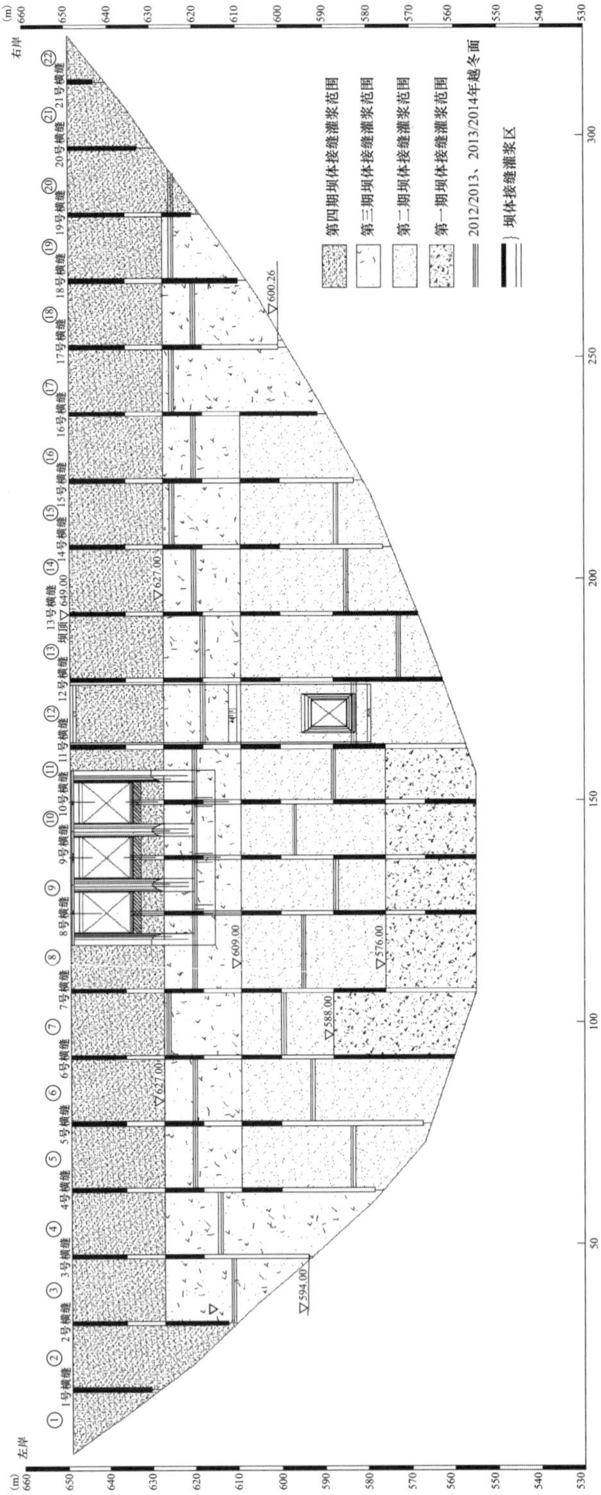

图 3-1 山口拱坝接缝灌浆分期范围示意

采用天然河水对坝体混凝土进行水管冷却。第一、三期坝体接缝灌浆后期水管冷却期间河水温度从10月中旬的6℃左右降低到11月中旬0℃左右，第二、四期后期水管冷却期间河水温度从3月中旬0℃左右上升到4月底的3.1℃左右。第一、三期坝体接缝灌浆水管冷却后期和第二、四期坝体接缝灌浆水管冷却前期河水温度很低（0～1℃），应当通过坝体内部埋设温度计和水管闷温测值密切关注各区混凝土的温度变化，通过控制冷却通水流量和通水时间，使坝体混凝土温度逐渐减低到目标冷却温度，温度降幅应不超过0.5℃/d，避免超冷和相邻灌区之间出现较大温差。为加快冷却速度并使坝体均匀冷却到目标温度，水管冷却通水方向应每24h变换一次。

建议从9月开始对当年8月以前浇筑的混凝土和前一年浇筑的混凝土进行二期冷却，对于当年冬季进行灌浆的坝体混凝土，二期冷却可降低后期冷却温降要求，减小混凝土在接缝灌浆及运行时的应力，降低开裂风险；对于当年冬季不进行灌浆的坝体混凝土，二期冷却可降低坝体混凝土越冬期内外温差，宜有利于坝体混凝土温控防裂。

对于秋季以后浇筑的混凝土，其一期冷却不宜取消，一方面是降低混凝土内部温升从而减小越冬期混凝土内外温差，另一方面可降低来年春季后期冷却压力。应根据坝体混凝土温度变化，调整通水流量和时间，控制坝体混凝土温度日降幅不超过0.5℃，当坝体内部温度降低到18～20℃时，宜停止一期冷却通水。

若后期冷却时坝体混凝土龄期小于6个月（180d），应对灌区及盖重区混凝土进行适度（1～2℃）超冷。

（三）接缝灌浆水管冷却通水的量化管理

为保证山口大坝接缝灌水管冷却范围内的水管冷却达到预期目的，建议定期（每天、最长不超过每3d）对接缝灌水管冷却范围内埋设温度计的测值变化进行分析，用以判断冷却水管通水情况和指导冷却水管通水工作：

（1）若温度变化速度-0.5℃/d$\leqslant T' \leqslant -0.3$℃/d，属正常通水，可维持相应高程及附近冷却水管通水现状继续通水。

（2）若温度变化速度$T' < -0.5$℃/d，属超常通水，应减小相应高程通水流量至15～20L/min。

（3）若温度变化速度−0.3℃/d＜T'＜−0.1℃/d，属通水中断或流量不足，应对相应高程及附近高程冷却水管进行检查，排除问题，加大通水流量至20～25L/min。

（4）若温度变化速度T'≥−0.1℃/d，属未通水或流量很小，应对相应高程及附近高程冷却水管进行检查，排除问题，加大通水流量至20～25L/min；若冷却水管因某种原因损坏无法通水，应适当增加相邻高程冷却水管流量和通水时间；若连续3m高程范围内的冷却水管都损坏，应研究并采取其他补救措施。

（四）通水平压

部分横缝最底层灌区面积较大，有些达到450m^2（如5号和6号横缝的最底层灌区），大大超过规范推荐的灌区面积（200～300m^2）。对于灌区面积超过300m^{2}的灌区施灌时，若相邻灌区不能同时灌浆时，应采取通水平压措施，平压压力同灌浆压力，灌浆压力消除后平压方可结束。

（五）关于加冰降低冷却水温

为使坝体冷却到封拱灌浆温度（6～7℃），后期（20d左右）冷却水温不宜高于4℃，坝址河水在4月底以前满足这一要求，在5月上旬和中旬坝址河水平均温度达到5.8℃和6.9℃，若因各种原因使第二期坝体接缝灌浆推迟到5月上旬或中旬，必须采取措施使冷却水温从天然河水温度的平均5.8～6.9℃下降4℃，将天然河水抽至水池，在水池加冰屑可达到这一目的。

七、河床坝段563m高程以下坝体混凝土补救冷却措施计算和分析

（一）计算目的

山口拱坝8、9、10、11号坝段位于主河床。根据8号坝段556.3m高程、9号坝段555.0m高程和10号坝段556.3m高程埋设温度计的观测结果，建基面附近混凝土温度在后期（第三期）冷却期间不仅没有下降，大多数部位反而微微上升（见表3-23）。可以断定，这3个坝段这些高程附近的冷却水管没有通水。很大可能是这些坝段563m高程（坝下游回填混凝土顶部高程）以下部分冷却水管因固结灌浆或坝下游回填混凝土施工而损坏。

按设计要求，8、9、10、11号坝段在接缝灌浆时必须冷却到设计接缝灌浆温度（6.0℃）。目前这些坝段建基面附近混凝土温度大都在10.0℃左右，

与设计接缝灌浆温度还差 4.0℃左右。为保证大坝在 2014 年 9 月下闸蓄水，555～567m 高程灌区最迟必须在 2014 年 3 月底以前完成接缝灌浆。经初步估算，如不采取其他措施，仅靠自然冷却（与基岩、上游回填混凝土或沙土、下游回填混凝土和 563m 高程以上低温混凝土区进行热交换），至 2014 年 3 月底，建基面以上 3.5m 范围内的混凝土温度依然在 9.2℃以上，建基面以上 6.0 m 范围内的混凝土温度依然在 8.6℃以上，不能满足设计要求。因水管冷却失效，拟采取横缝流水冷却和廊道注水冷却的方式进行这些部位坝体混凝土的冷却，为了评价补救冷却的效果，选择 8 号坝段进行计算分析，为主河床坝段 563m 高程以下坝块补救冷却措施的实施提供参考。

表 3-23　　山口拱坝 8、9、10 号坝段建基面附近混凝土三期冷却期间温度测值

坝段	设计编号	高程	11 月 11 日测值（℃）	11 月 22 日测值（℃）	11 月 28 日测值（℃）
8 号坝段	TL_{8-1}	556.3	9.91	9.9	9.98
	TL_{8-2}		9.55	9.78	10.23
	TL_{8-3}		9.35	9.42	14.31
9 号坝段	T_{2-1}	555.0	9.44	9.51	9.55
	T_{2-2}		9.30	9.56	9.63
	T_{2-3}		10.68	10.8	10.88
10 号坝段	TL_{10-1}	556.3	9.93	9.96	9.98
	TL_{10-2}		10.32	10.26	10.23
	TL_{10-2}		13.92	14.23	14.31

（二）计算模型

计算模型沿坝轴线方向取 8 号坝段宽度的一半，即 8.75m，8 号坝段已浇筑至 620m 高程，因本计算重点在于分析补救冷却措施对 567m 高程灌区处横缝开度的影响，计算模型在坝体高度方向仅取至 607m 高程，在坝踵上游和坝趾下游各取 100m，深度取 100m 作为基岩，根据坝基开挖情况，基岩顶部在上游取至 570m 高程，在下游取至 560m 高程，计算几何模型垂直坝轴线的剖面如图 3-2 所示。

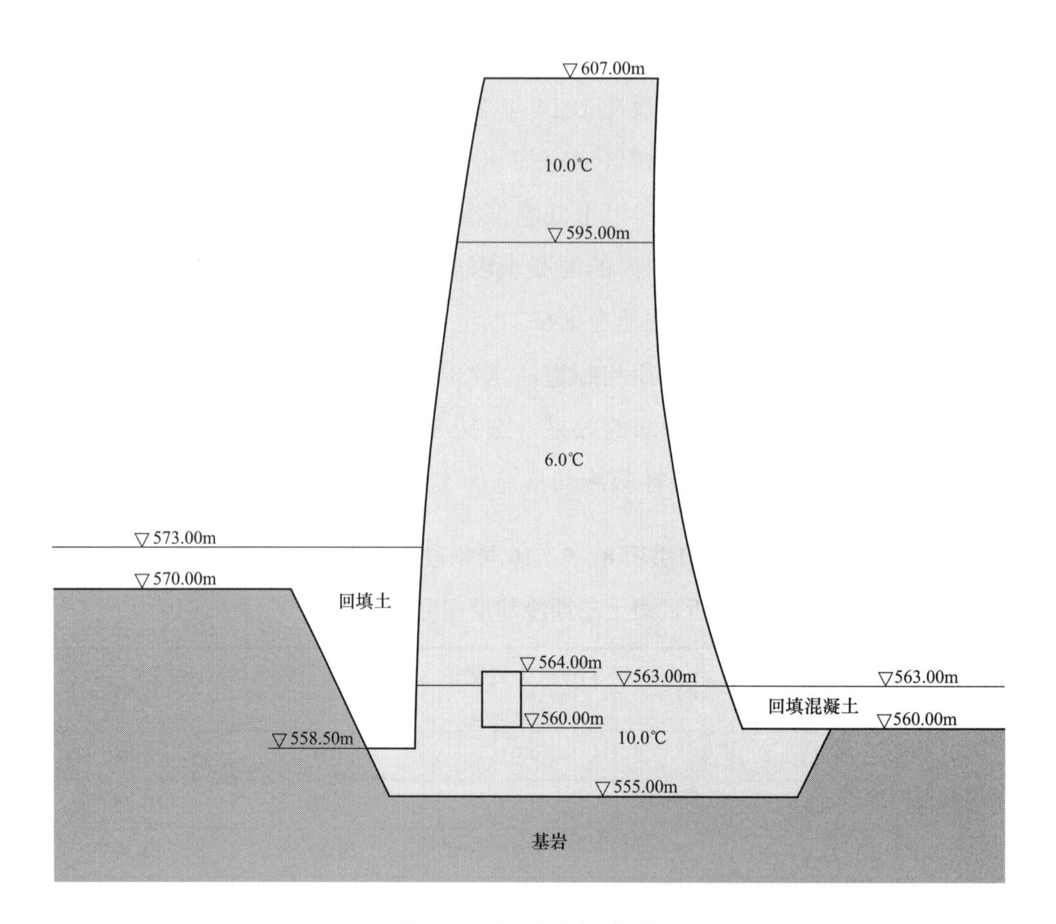

图 3-2 计算几何模型

560m 高程廊道计算中简化按宽 3m 和高 4m 的方孔考虑，其上游墙壁距离上游面 8m。坝上游回填砂土/黏土至 573m 高程，下游回填混凝土至 563m 高程，回填混凝土和回填砂土/黏土部分不包括在计算模型中，在静力计算中亦未考虑其影响，仅在温度计算边界条件中予以考虑。

计算中基岩初始温度按 2013 年 11 月 28 日 9 号坝段基岩温度计实测结果进行插值。假设坝体 563～595m 高程范围内混凝土已冷却至 6℃，563m 高程以下和 595m 高程以上混凝土温度均为 10℃。

计算整体坐标系坐标原点在坝段坝踵处，x 轴为顺水流方向，正向为上游指向下游；y 轴为垂直水流方向，正向为右岸指向左岸；z 轴正向为铅直向上。地基底面按固定支座处理，地基在上下游方向按 x 向简支处理，地基沿坝轴线方向的两个边界按 y 向简支处理。

（三）计算工况

为分析廊道注水冷却和横缝流水冷却对横缝张开度的影响，根据廊道是否注水、横缝是否采用流水冷却以及廊道在不注水情况下是否控制廊道内温度等假设，按表 3-24 所示各种情况对典型坝段，重点是对 567m 高程灌区部位横缝张开度变化、坝块混凝土内温度和应力进行了计算。另外，对 563m 高程以下坝块混凝土采用冷却水管通水冷却至设计接缝灌浆温度（6℃）情况下 567m 高程灌区处横缝张开度亦进行了计算，以此作为基准，对不同措施（不同工况）的效果进行评价。

表 3-24　　　　计算工况

工况编号	工况类别	廊道注水情况	横缝流水情况	廊道温度	563m 高程以下冷却水管通水情况
1	基准	—	—	绝热	正常通水
2	对比	满注 2℃水 120d	无流水	—	不能通水
3	对比	不注水	流 2℃水 120d	绝热	不能通水
4	对比	满注 3℃水 120d	流 2℃水 120d	—	不能通水
5	对比	满注 3℃水 120d	流 2℃水 60d	—	不能通水
6	对比	不注水	流 2℃水 60d	绝热	不能通水
7	对比	不注水	流 2℃水 60d	3℃	不能通水
8	对比	不注水	流 4℃水 120d	绝热	不能通水
9	对比	不注水	流 3℃水 120d	5℃	不能通水

工况 5 中横缝流 2℃水 60d 是为了考虑在 2014 年 1、2 月因过于寒冷，横缝流水冷却水管冻结而被迫中断，仅 2013 年 12 月（1～30d）和 2014 年 3 月（90～120d）两个月，共计 60d 通水。

在廊道所有进、出口密封较好的情况下，廊道内空气和外界空气热交换可以忽略，廊道内空气温度可近似按其附近廊道墙壁（包括顶/底板）混凝土温度考虑，廊道墙壁散热条件近似按绝热考虑。

因补救冷却措施是通过横缝流水和廊道注水对 563m 高程以下的混凝土进行冷却，达到预期效果需要相对较长时间，考虑到气候条件和工期安排，主河床坝段 555～567m 高程灌区接缝灌浆拟在 2014 年 3 月底或 4 月初进行，计算时段从 2013 年 12 月初开始至 2014 年 4 月初结束，共计 120d。

为便于比较不同工况下横缝开度的变化，各种工况的起始和结束时间假设相同。基准工况计算时段亦从 2013 年 12 月初开始至 2014 年 4 月初结束，假设对 563m 高程以下坝块混凝土采用 6℃冷却水进行水管冷却，在计算时段末，563m 高程以下坝块混凝土温度基本稳定在 6℃左右，达到设计要求。

（四）材料参数和边界条件

1. 材料参数

在计算开始时刻，所有河床坝段 607m 高程以下混凝土龄期除 11 号坝段较小（100d 左右）外，其他都在 4 个月以上，所有河床坝段 567m 高程以下混凝土龄期都在 16 个月以上，故计算中不考虑混凝土水化热、自生体积变形和徐变的影响。混凝土弹性模量和泊松比根据试验结果均近似按 32.5GPa 和 0.20 取值。基岩弹性模量和泊松比按 16.0GPa 和 0.23 考虑。基岩和混凝土其他热学参数见表 3-25。

表 3-25　　混凝土和基岩热学参数

材料种类	比热 [kJ/（kg·℃）]	导温系数 （m^2/h）	热膨胀系数 （$10^{-6}/℃$）
三级配混凝土 A（Ⅰ）：$C_{90}30W10F400$	0.842	0.0035	0.9
四级配混凝土 A（Ⅱ）：$C_{90}30W10F400$	0.858	0.0039	0.9
基岩	0.805	0.0032	0.7

2. 边界条件

上、下游坝面均采用 10cm 厚聚氨酯永久保温；上游面 573m 高程以下除考虑 10cm 厚聚氨酯永久保温外，亦考虑回填砂/黏土的保温作用，上游坝面 573m 高程以下表面散热系数按式（3-3）估算：

$$\beta = 1/(h_p/\lambda_p + h_e/\lambda_e) \tag{3-3}$$

式中　β ——表面散热系数，kJ/（m^2·d·K）；

h_p ——聚氨酯永久保温层厚度，h_p=0.1m；

λ_p ——聚氨酯永久保温层导热系数，λ_p=0.024W/（m·K）=2.074kJ/（m·d·K）；

h_e ——573m 高程以下上游坝面前砂/黏土厚度，m；

λ_e ——砂/黏土导热系数，λ_e=97.0kJ/（m·d·K）。

外界气温采用坝址处旬平均气温。

（五）结论和建议

（1）对 563m 高程以下坝块混凝土采用冷却水管通水冷却至设计接缝灌浆温度（6℃），在计算时段（120d）末，除坝踵和坝趾回填混凝土外，坝体混凝土的温度为 5.57～6.01℃，绝大部分为 5.9～6.0℃，达到设计要求。在计算时段（120d）末，除建基面附近（约 1.0m）和坝趾区外，横缝开度增加（相对于计算时段开始，下同）0.4～0.6mm。坝趾区混凝土受冬季气温影响，温度最低下降至 1.88℃，致使坝趾部位横缝开度变化较大，大都在 0.6mm 以上。

（2）在流水温度和流水时间满足要求的情况下，仅仅采用横缝流水冷却可以使主河床坝段 555～567m 高程灌区 563m 高程以下的横缝张开度达到设计预期，亦即达到采用水管冷却将 563m 高程以下坝体混凝土冷却到设计接缝灌浆温度（6℃）时的横缝张开度。流水温度应不高于 3℃，为了减少横缝处发生表面裂缝的可能性，流水温度最好控制在 2～3℃。流水时间应尽可能长，最好贯穿整个越冬期（2013 年 12 月初～2014 年 3 月底），至少保证在 2013 年 12 月和 2014 年 3 月对横缝流水冷却 2 个月，在后者情形下应使廊道温度维持在 3℃左右。

（3）廊道注水冷却有助于廊道附近混凝土的冷却，增加廊道附近横缝张开度，但在不采用横缝流水冷却或横缝流水冷却时间较短的情况下，即使在整个越冬期（2013 年 12 月初～2014 年 3 月底）对廊道注 2℃水进行冷却，至 2014 年 3 月底，横缝张开度在坝踵和坝趾附近相当大的范围内仍不能达到设计预期。

（4）由于廊道注水，除 560m 高程以下 8 支温度计可继续工作外，其他所有坝体原形观测中断，因廊道注水冷却仅仅有助于廊道附近横缝张开，单独采用横缝流水冷却已可达到设计预期，建议停止廊道注水冷却，恢复所有坝体原形观测，重点是恢复所有温度观测和横缝张开度（测缝计）观测，为坝体水管冷却工作提供依据。

八、拱坝三期接缝灌浆区及其影响范围内温度测值分析

按设计要求，山口拱坝在其6、9、13号坝段混凝土内部应分别埋设50、52、42支温度计。至2014年11月越冬收工为止，已完成所有温度计的埋设工作。

通过对山口大坝6、9、13号坝段三期接缝浆范围（609～627m高程区域）及其影响区域（601～609m高程和627～635m高程区域）已埋设温度计2013/2014年越冬期以来或自埋设以来（2014年埋设部分）测值变化规律的分析，对已埋设温度计的运行状况、山口大坝坝体混凝土温度变化情况、温度计埋设高程及其附近冷却水管的通水情况以及坝体上下游面永久保温层的保温效果有了进一步的了解，重点是对6、9、13号坝段三期接缝浆区和影响区（601～635m）内混凝土的温度变化和观察时段末（2014年11月25日7时）的温度状况进行分析，可得出以下结论：

（1）后期冷却水温低，通水效果明显，后期水管冷却期混凝土温度下降速度一般在–0.2～–0.5℃/d，满足相应温控设计要求。

（2）至观察时段末（2014年11月25日7时），6、9、13号坝段三期灌浆区及其影响区内（601～635m高程）温度计测值已大部分下降到低于相应设计接缝灌浆温度（参见表3-26～表3-28），部分高程测值小幅超冷（超冷幅度–10%～0%），相当一部分高程测值已中度超冷（超冷幅度：–20%～–10%）或大幅度超冷（超冷幅度：＜–30%）。但仍有一些高程的部分区域温度测值还未达到相应接缝灌浆温度（欠冷）。分坝段表述如下：

1）6号坝段。

三期灌浆区及邻近影响区域（607～630m高程）中5个高程共计17支工作正常的温度计测值均下降到低于相应设计接缝灌浆温度（详见表3-26）。其中，613m和625m高程的所有温度计测值均大幅度超冷（超冷温度达–3.28～–2.28℃，超冷幅度达–48.1%～–32.6%）；其他3个高程（607m、619m和630m高程）所有温度计测值，除630m高程上游坝面温度计测值亦大幅度超冷外，均小幅度或中度超冷（超冷温度–1.17～–0.17℃，超冷幅度–16.7%～–2.4%）。

三期灌浆区影响区域下部边缘的601m高程温度计测值较相应接缝灌浆

温度高很多，严重欠冷。

三期灌浆区影响区域上部边缘的635m高程位于三期灌区的压重区（627～635m高程）上部边缘，该高程内部温度计测值虽未达到相应设计接缝灌浆温度，但仅欠冷0.43℃（欠冷幅度5.4%），在其他高程温度计测值或闷温测值均适度超冷的情况下可忽略其影响。

表3-26　　6号坝段三期灌浆区及影响范围内温度计观测时段末测值及超/欠冷情况

高程（m）	温度计编号	观察时段末（2014年11月25日）温度测值（℃）	设计接缝灌浆温度（℃）	超冷或欠冷温度（℃）	超冷或欠冷幅度（%）
		（1）	（2）	（1）－（2）	[（1）－（2）]/（2）
601	Tw_{1-5}	9.25	7	2.25	32.1
	T_{1-17}	10.12	7	3.12	44.6
	T_{1-18}	8.73	7	1.73	24.7
607	Tw_{1-6}	6.83	7	−0.17	−2.4
	T_{1-19}	6.62	7	−0.38	−5.4
	T_{1-20}	6.68	7	−0.32	−4.6
	T_{1-21}	6.63	7	−0.37	−5.3
613	Tw_{1-7}	4.28	7	−2.72	−38.9
	T_{1-22}	4.54	7	−2.46	−35.1
	T_{1-23}	4.72	7	−2.28	−32.6
	T_{1-24}	3.63	7	−3.37	−48.1
619	Tw_{1-8}		7		
	T_{1-25}	6.81	7	−0.19	−2.7
	T_{1-26}	6.32	7	−0.68	−9.7
	T_{1-27}	5.83	7	−1.17	−16.7

续表

高程（m）	温度计编号	观察时段末（2014年11月25日）温度测值（℃）	设计接缝灌浆温度（℃）	超冷或欠冷温度（℃）	超冷或欠冷幅度（%）
		（1）	（2）	（1）－（2）	[（1）－（2）]/（2）
625	Tw_{1-9}	4.28	8	−3.72	−46.5
	T_{1-28}	4.18	8	−3.82	−47.8
630	Tw_{1-10}	5.49	8	−2.51	−31.4
	T_{1-29}	6.88	8	−1.12	−14.0
	T_{1-30}	6.93	8	−1.07	−13.4
	T_{1-31}	6.98	8	−1.02	−12.8
635	Tw_{1-11}				
	T_{1-32}	8.43	8	0.43	5.4
	T_{1-33}				

2）9号坝段。

三期灌浆区及邻近影响区域（607～630m高程）中5个高程共计15支工作正常的温度计测值部分还未达到设计接缝灌浆温度（详见表3-27）。其中，位于三期灌区内的3个高程（613m、619m和625m高程）温度计测值已达到或基本达到设计接缝灌浆温度，有3支温度计测值虽高于相应设计接缝灌浆温度，但仅欠冷0.05～0.2℃（欠冷幅度0.8%～3.3%）；邻近三期灌区下部的607m高程的所有温度计测值均大幅度超冷（超冷温度达−3.53～−3.03℃，超冷幅度达−58.8%～−50.5%）；在邻近三期灌区上部的630m高程的4支温度计中，靠近上游面和下游面（溢流面）的两支温度计测值大幅度超冷（超冷温度−2.84℃和−6.75℃，超冷幅度−47.3%和−112.5%），位于其内部的2支温度计测值却仍高于相应设计接缝灌浆温度（欠冷温度0.91℃和3.63℃，欠冷幅度15.2%和60.5%），不满足设计接缝灌浆要求。

三期灌浆区影响区域下部边缘的601m高程温度计测值较相应接缝灌浆温度高很多，严重欠冷。

三期灌浆区影响区域上部边缘635m高程位于三期灌区的压重区（627～635m）边缘，该高程温度计或靠近上游坝面或距离9号坝段溢流中墩侧墙面仅1.5m左右，由于保温较晚，且效果不理想，635m高程温度计已低于0℃，大幅超冷。

表3-27　9号坝段三期灌浆区及影响范围内温度计观测时段末测值及超/欠冷情况

高程（m）	温度计编号	观察时段末（2014年11月25日）温度测值（℃）	设计接缝灌浆温度（℃）	超冷或欠冷温度（℃）	超冷或欠冷幅度（%）
		（1）	（2）	（1）－（2）	[（1）－（2）]/（2）
601	Tw_{2-5}	8.51	7	1.51	21.6
	T_{2-17}	9.61	7	2.61	37.3
	T_{2-18}	10.12	7	3.12	44.6
607	Tw_{2-6}	2.47	6	−3.53	−58.8
	T_{2-19}	2.60	6	−3.40	−56.7
	T_{2-20}	2.97	6	−3.03	−50.5
	T_{2-21}		6		
613	Tw_{2-7}	5.42	6	−0.58	−9.7
	T_{2-22}		6		
	T_{2-23}	5.48	6	−0.52	−8.7
	T_{2-24}	6.20	6	0.20	3.3
619	Tw_{2-8}	5.76	6	−0.24	−4.0
	T_{2-25}	6.20	6	0.20	3.3
	T_{2-26}	6.05	6	0.05	0.8
	T_{2-27}		6		
625	Tw_{2-9}	3.05	6	−2.95	−49.2
	T_{2-28}	5.76	6	−0.24	−4.0

续表

高程（m）	温度计编号	观察时段末（2014年11月25日）温度测值（℃）	设计接缝灌浆温度（℃）	超冷或欠冷温度（℃）	超冷或欠冷幅度（%）
		(1)	(2)	(1)－(2)	[(1)－(2)]/(2)
630	Tw_{2-10}	−0.75	6	−6.75	−112.5
	T_{2-29}	6.91	6	0.91	15.2
	T_{2-30}	9.63	6	3.63	60.5
	T_{2-31}	3.16	6	−2.84	−47.3
635	Tw_{2-11}		6		
	T_{2-32}		6		
	T_{2-33}	−0.93	6	−6.93	−115.5
	T_{2-34}	−0.20	6	−6.20	−103.3

3）13号坝段。

三期灌浆区及其邻近影响区域（607～630m高程）中5个高程共计18支工作正常的温度计测值，除个别靠近坝面的温度计测值欠冷（619m高程上游坝面温度计，欠冷0.55℃，欠冷幅度7.9%）或中度超冷外，其他均大幅度超冷（超冷−14.44～−1.59℃，超冷幅度−63.4%～−22.7%），详见表3-28。

表3-28　13号坝段三期灌浆区及影响范围内温度计观测时段末测值及超/欠冷情况

高程（m）	温度计编号	观察时段末（2014年11月25日）温度测值（℃）	设计接缝灌浆温度（℃）	超冷或欠冷温度（℃）	超冷或欠冷幅度（%）
		(1)	(2)	(1)－(2)	[(1)－(2)]/(2)
601	Tw_{3-4}	11.75	7	4.75	67.9
	T_{3-13}	13.80	7	6.80	97.1
	T_{3-14}	12.87	7	5.87	83.9
607	Tw_{3-5}	5.64	7	−1.36	−19.4
	T_{3-15}	4.33	7	−2.67	−38.1

续表

高程（m）	温度计编号	观察时段末（2014 年 11 月 25 日）温度测值（℃）	设计接缝灌浆温度（℃）	超冷或欠冷温度（℃）	超冷或欠冷幅度（%）
		（1）	（2）	（1）－（2）	[（1）－（2）]/（2）
	$T_{3\text{-}16}$	5.41	7	−1.59	−22.7
	$T_{3\text{-}17}$	5.78	7	−1.22	−17.4
613	$Tw_{3\text{-}6}$	3.47	7	−3.53	−50.4
	$T_{3\text{-}18}$	3.51	7	−3.49	−49.9
	$T_{3\text{-}19}$	3.22	7	−3.78	−54.0
	$T_{3\text{-}20}$	3.25	7	−3.75	−53.6
619	$Tw_{3\text{-}7}$	7.55	7	0.55	7.9
	$T_{3\text{-}21}$	5.59	7	−1.41	−20.1
	$T_{3\text{-}22}$	4.94	7	−2.06	−29.4
	$T_{3\text{-}23}$	2.56	7	−4.44	−63.4
625	$Tw_{3\text{-}8}$	4.80	7	−2.20	−31.4
	$T_{3\text{-}24}$	4.43	7	−2.57	−36.7
630	$Tw_{3\text{-}9}$	4.84	7	−2.16	−30.9
	$T_{3\text{-}25}$	5.08	7	−1.92	−27.4
	$T_{3\text{-}26}$	4.85	7	−2.15	−30.7
	$T_{3\text{-}27}$	5.75	7	−1.25	−17.9
635	$Tw_{3\text{-}10}$	6.36	8	−1.64	−20.5
	$T_{3\text{-}28}$	6.84	8	−1.16	−14.5
	$T_{3\text{-}29}$	8.08	8	0.08	1.0

三期灌浆区影响区域下部边缘的 601m 高程温度计测值较相应接缝灌浆温度高很多，严重欠冷。

三期灌浆区影响区域上部边缘（635m 高程）的温度计测值，除其中靠近下游面的温度计测值稍高于相应接缝灌浆温度（欠冷 0.08℃，欠冷幅度 1.0%）外，另外 2 支温度计测值较大或大幅超冷（超冷–1.16℃和–1.64℃，超冷幅度–14.5%和–20.5%），可认为基本满足设计接缝灌浆要求。

由于表孔溢流坝段 627～635m 高程上游面未喷永久聚氨酯做永久保温，9 号坝段 630m 高程靠近上游坝面的 Tw_{2-10} 温度计测值在气温剧降的 2014 年 11 月 21 日降至–5.51℃（相应气温–8.46℃），在做临时保温以后，有所回升，但在观测时段末测值仍在零下（–0.75℃）。

（3）根据 6、9、13 号坝段三期接缝浆区和影响范围（601～609m）内坝体埋设温度计自 2013/2014 年越冬期或自 2014 年埋设以来测值变化和其在观察时段末（2014 年 11 月 25 日 7 时）的测值以及上述分析结论，特提出以下建议：

1）鉴于 6、9、13 号坝段三期接缝浆区和影响范围内各高程混凝土测值差别较大，部分高程严重超冷，部分高程或部分高程的一些区域还未达到接缝灌浆温度，建议推迟三期接缝灌浆时间，具体时间视各高程混凝土温度变化和分布情况而定，若在 2014 年 12 月中旬以前，各高程混凝土温度均化后满足下列条件：

a．未灌区域各高程混凝土温度低于相应接缝灌浆温度。

b．各高程平均超冷幅度降至–20%以内。

c．沿高程混凝土平均温度差应超过 1.0℃/m。

2）三期接缝灌浆可在 2014 年进行，否则建议推迟到 2015 年 4 月和四期接缝灌浆一并进行。这样一是有利于坝体内部（尤其是新老灌区交界区和部分过度超冷区）混凝土温度进一步均化，避免人为引起坝体内部温度分布严重不均，改善坝体应力状态，二是可避免三期灌浆时发生串孔但其上部灌区还不具备灌浆条件带来的问题。

3）对部分高程（如 9 号坝段 630m 高程）内部混凝土温度仍高出设计接缝灌浆温度很多，建议根据温度计观测结果或闷温测值，对未到达设计接缝灌浆的部位继续通水冷却。

4）加强溢流表孔和 13 号坝段下游面临时保温，以免在越冬期温度下降过大，造成混凝土开裂。

第四节 山口拱坝温控防裂实施效果

拱坝是受两岸坝肩、基岩三面约束的高次超静定混凝土薄壳结构，在坝体温度变化过程中受外界的约束较强，容易产生较大的温度应力。同时，混凝土拱坝本身比较单薄，受外界气温和水温变化影响较大。山口拱坝地处严寒地区，坝址区年平均气温低，冬季寒冷、夏季炎热，全年寒潮频繁、空气干燥。“冷”“热”“风”“干”的气候特点导致混凝土拱坝承受的基础温差、内外温差、上下层温差及运行期非线性温差都很大。另外，坝体每年施工期为 4～10 月，冬季停止混凝土施工。严酷的气候条件以及间歇式的施工进一步增加了坝体混凝土坝温控防裂的难度，必须采取一系列措施，才能在施工期和运行期有效控制坝体混凝土温度应力在允许范围之内，达到防止裂缝的目的。

山口拱坝在施工期根据前期拟定和施工期调整或优化后的温控要求采取了以下温控措施：

（1）调整水泥，降低混凝土绝热温升和自生体积变形。

（2）控制浇筑层厚和层间间隔时间。

（3）控制坝体各部位混凝土的浇筑温度。

（4）采用水管冷却及其他辅助冷却措施。

（5）坝体混凝土保温，对坝体临空面（上、下游面，横缝面，浇筑层顶面等）进行养护和保温（临时保温和永久保温）。

根据现场的实测资料，对各种温控措施的实施效果进行了总结。

一、混凝土胶材（水泥）调整

施工初期（2011 年）采用的水泥发热量较大，混凝土绝热温升较高，自生体积变形亦较大。通过与水泥生产厂家合作，督促厂家改进水泥生产工艺，提高水泥生产品控，控制水泥生产原料配比，降低所生产水泥中矿物组分 C_3A 和 C_3S 含量，提高 C_2S 的含量，提高水泥熟料中 MgO 的含量。对调整配比和生产工艺后生产的水泥抽样进行了两个批次的水泥矿物组分检测及热力学检测和混凝土热力学性能复核试验，结果表明，调整配比和生产工艺后的水

泥中 C_3A 的含量明显降低，C_2S 的含量明显提高，MgO 的含量有所提高。调整水泥后，混凝土热力学性能满足设计要求，混凝土发热量大大降低，自生体积变形也得到一定控制，有利于大坝混凝土的温控防裂。

二、浇筑层厚和层间间隔时间控制

除各坝段地基梁和电梯井外，山口拱坝 22 个坝段和 12 号坝段深孔出口共浇筑 639 仓/层混凝土。

除靠近建基面的浇筑层外，实际实施的浇筑层厚度和温控设计拟定的浇筑层厚度基本一致，具体如下：

（1）主河床坝段（8～11 号坝段）强约区浇筑层厚度除个别较薄（0.7m）或较厚（2.0m）外，一般均为 1.0m；弱约束区和自由区浇筑层厚度以 2.0m 和 3.0m 为主，部分浇筑层厚度为 1.5m。

（2）靠近主河床的岸坡坝段（5～7 号和 12～16 号坝段）强约束区及弱约束区浇筑层厚度除个别较薄（0.84m）或较厚（建基面浇筑层 1.5～3.5m）外，一般均为 1.0m；自由区浇筑层厚度以 2.0m 和 3.0m 为主，部分浇筑层厚度为 1.5m。

（3）其他岸坡坝段强约束区及弱约束区浇筑层厚度除个别较薄（1.0m）或较厚（建基面浇筑层 2.5～5.3m）外，一般均为 1.5m；自由区浇筑层厚度以 2.0m 和 3.0m 为主，部分浇筑层厚度为 1.5m。

温控设计拟定的层间间隔时间如下：

（1）强弱约束区采用同一浇筑间歇期，春季、夏季为 7d，秋季为 5～7d。

（2）自由区混凝土浇筑间歇期，春季、夏季、秋季均为 7d。

（3）浇筑间歇期可根据施工进度要求进行调整，但约束区原则上不应超过 14d，自由区原则上不应超过 21d，也不应小于 3d。

若按温控设计拟定的层间间隔要求对实际实施的层间间隔时间做如表 3-29 所示区分：

表 3-29　　实际实施的层间间隔时间区分

约束区	不超过 7d	合理
	＞7d，≤14d	较长
	＞14d	过长

续表

自由区	不超过 7d	合理
	＞7d，≤21d	较长
	＞21d	过长

在共计 639 个浇筑仓/层之间形成 618 个上、下层间结合面，其中 155 个不超过 7d，属合理，占 25%；316 个属较长（约束区不超 14d，自由区不超过 21d），占 51%；147 个属过长（约束区超过 14d，自由区超过 21d），占 24%。各坝段层间间隔时间评价如表 3-30 所示。

表 3-30　　　　各坝段层间间隔时间评价统计表

坝段编号	间隔总数	间隔时间合理		间隔时间较长		间隔时间过长			最大最小间隔天数（d）		
		间隔数	百分比	间隔数	百分比	间隔数	百分比	越冬面数	最小	最大*	
										天数	部位
0	12	3	25%	4	33%	5	42%	2	4	47	自由区
1	3	1	33%	1	33%	1	33%	1	4	10	约束区
2	10	4	40%	3	30%	3	30%	1	4	63[1]	约束区
3	22	10	45%	7	32%	5	23%	2	3	57	自由区
4	27	12	44%	8	30%	7	26%	1	4	29	自由区
5	36	10	28%	17	47%	9	25%	2	3	90	自由区
6	42	15	36%	17	40%	10	24%	3	4	82	自由区
7	41	12	29%	19	46%	10	24%	3	2	71	自由区
8	43	2	5%	32	74%	9	21%	3	4	31	自由区
9	43	9	21%	24	56%	10	23%	4	3	111	自由区
10	41	5	12%	30	73%	6	15%	4	3	33	自由区
11	43	8	19%	25	58%	10	23%	4	2	63[1]	约束区
12	38	6	16%	25	66%	7	18%	3	3	72	自由区
13	36	12	33%	14	39%	10	28%	2	4	123[1]	约束区
14	34	7	21%	19	56%	8	24%	2	4	86[1]	约束区
15	31	7	23%	17	55%	7	23%	2	4	40	自由区
16	29	7	24%	16	55%	6	21%	2	4	35	自由区
17	25	6	24%	14	56%	5	20%	1	5	73	自由区

续表

坝段编号	间隔总数	间隔时间合理		间隔时间较长		间隔时间过长			最大最小间隔天数（d）		
		间隔数	百分比	间隔数	百分比	间隔数	百分比	越冬面数	最小	最大*	
										天数	部位
18	23	4	17%	11	48%	8	35%	1	4	53	自由区
19	17	6	35%	8	47%	3	18%	1	4	101	自由区
20	12	5	42%	3	25%	4	33%	1	4	67	自由区
21	7	4	57%	2	29%	1	14%	0	4	52	自由区
22	3	0	0%	0	0%	3	100%	1	26	116	约束区

* 越冬面间隔时间

三、浇筑温度控制和一期水管冷却效果

根据设计封拱温度及容许温差控制要求，温控设计拟定了不同浇筑月份容许最高温度，以便于施工现场具体操作。

为了达到混凝土最高温度控制要求，除了优化配比和调整胶材，减少发热量，降低绝热温升外，最有效的措施就是控制浇筑温度和一期水管通水冷却。

如表3-31和表3-32所示为山口拱坝6号和13号坝段温度计埋设高程、温度计实际所处浇筑层混凝土温控措施情况和效果一览表。可以看出：除部分高程（6号坝段581.0m高程、13号坝段571.0m和613.0m高程）温度计在一期水管冷却期间无测值，故而无法判断所埋温度计处混凝土最高温度是否满足最高允许温度要求外，其他各温度计埋设高程浇筑层混凝土最高温度基本满足相应混凝土浇筑层的允许最高温度 T_0，仅个别高程个别温度计测值超过相应混凝土浇筑层的允许最高温度，但超过幅度不大，除6号坝段625.0m高程温度计 Tw_{1-9}，最大测值27.6℃，超过该部位混凝土允许最高温度26.0℃约6.2%，和13号坝段619m高程温度计 T_{3-21}，最大测值28.3℃，超过该部位混凝土允许最高温度26.0℃约8.8%外，其他几处超标幅度仅0.3%～4.2%，都不超过5%。由此可以判断，山口拱坝一期水管冷却效果良好，达到了设计要求。

四、二期水管冷却效果

山口拱坝6号和13号坝段各高程温度计所处浇筑层二期冷却通水记录开

始和结束时间、二期水冷结束时混凝土温度和二期水冷期间混凝土温降见表3-31和表3-32。

6号坝段温度计所处各浇筑层二期水冷按温控设计在2012年9月22日～2012年10月31日和2013年10月7日～2013年10月23日期间进行，采用天然河水，平均进水温度在2012年二期冷却期间约为7.2℃，在2013年二期冷却期间约为6.3℃。二期水管冷却结束时混凝土内部温度在12.0～16.9℃之间。二期水管冷却期间内部混凝土温降一般在 2.5～5.9℃之间，个别高程温度计所在浇筑层二期冷却期间混凝土最大温降仅在1.4～2.3℃之间。13号坝段567m高程温度计所在浇筑层（浇筑层高程566.9～567.7m）二期冷却按二期通水记录在2012年10月3日～2012年10月31日期间进行，二冷期末该高程2支温度计测值分别为14.6℃和14.8℃。13号坝段581m高程温度计所在浇筑层（浇筑层高程581.0～582.5m）二期冷却按温度计测值变化推测应在2013年10月8日～2013年10月24日期间进行，二冷期末该高程温度计测值在14.6～16.5℃之间，二冷期间混凝土温降在2.9～4.0℃之间。

由以上观察分析可知，本工程在每年9月下旬至10下旬利用天然河水进行二期冷却，可以达到预期目的（将混凝土温度降至16～18℃以内）。

五、三期水管冷却效果

根据现场实际情况，本工程自2013年10月20日开始陆续对2011～2012年浇筑的混凝土和部分2013年7月以前浇筑的混凝土通天然河水进行三期冷却，通水持续至2013年12月中旬，平均冷却水温度从10月下旬的5.0℃变化到12月中旬的1.0℃。部分609m高程以下各灌区相关坝块混凝土（主要是2013年8月以后浇筑的混凝土）温度在2014年3月中旬仍高于设计接缝灌浆温度，故在2014年3月下旬至2014年4月中旬对这部分混凝土进行了三期冷却，冷却水温 1.0℃左右。各水管的实际通水流量和通水持续时间按相应坝体温度和温度变化（通过坝体埋设温度计或闷管测温法测得）情况进行控制。

山口拱坝6号和13号坝段各高程温度计所处浇筑层三期冷却通水推测结束时间，三期水冷结束时混凝土温度和相应灌区接缝灌浆时混凝土温度见表3-31和表3-32。

表 3-31　6 号坝段温度计设计埋设高程、温度计实际所处浇筑层混凝土温控措施实施情况和效果一览表

设计埋设高程（m）	温度计编号	温度计实际所处浇筑层开仓时间，收仓时间 ▪（仓底高程/m，仓顶高程/m） ▪其他说明	实测混凝土最高温度发生时间	实测混凝土最高温度 T_1（℃）	允许混凝土最高温度 T_0（℃）	平均入仓温度（℃）	一期冷却通水记录开始时间（推测开始时间）	一期冷却通水记录结束时间（推测结束时间）	平均通水温度（℃）
563	T_{1-1}	2011 年 10 月 22 日 0 时，2011 年 10 月 23 日 0 时 ▪（564.7，565.7）	2012 年 10 月 27 日 0 时	12.9	18.0	9.1			
	T_{1-2}		2012 年 10 月 27 日 0 时	13.8	18.0				
567	Tw_{1-1}	2012 年 4 月 24 日 0 时，2012 年 4 月 25 月 0 时 ▪（567.7，568.7）	2012 年 4 月 29 日 0 时	19.4	19.0	8.4	2012 年 4 月 24 日 13 时	2012 年 5 月 16 日 13 时	9.6
	T_{1-3}		2012 年 4 月 29 日 0 时	17.4	19.0				
	T_{1-4}		2012 年 4 月 29 日 0 时	17.0	19.0				
	T_{1-5}		2012 年 4 月 29 日 0 时	18.8	19.0				
	T1-6		2012 年 4 月 29 日 0 时	19.0	19.0				
573	Tw_{1-2}	2012 年 6 月 6 日 13 时，2012 年 6 月 7 日 5 时 ▪（572.7，573.7）	2012 年 6 月 7 日 0 时	25.0	24.0	12.1	2012 年 6 月 5 日 22 时	2012 年 7 月 1 日 10 时	11.7

续表

设计埋设高程（m）	温度计编号	一冷结束混凝土温度 T_2（℃）	一冷温降 T_1-T_2（℃）	二期冷却通水记录开始时间（推测开始时间）	二期冷却通水记录结束时间（推测结束时间）	二冷结束混凝土温度 T_3（℃）	二冷温降（℃）	三期冷却通水（推测结束时间）	三冷结束混凝土温度 T_4（℃）	接缝灌浆混凝土温度 T_5（℃）
563	T_{1-1}							（2013 年 12 月 3 日 16 时）	6.6	7.3
	T_{1-2}								6.0	6.5
567	Tw_{1-1}	17.3	2.0	2012 年 9 月 22 日 21 时	2012 年 10 月 31 日 2 时	10.5	4.2	（2013 年 12 月 8 日 0 时）	7.5	7.2
	T_{1-3}	14.4	3.1			13.4	3.9		5.4	5.8
	T_{1-4}	14.1	2.0			14.4	2.5		5.7	5.7
	T_{1-5}	14.1	4.8			13.7	3.5		5.4	5.6
	T1-6	13.7	5.4			11.2	5.5		4.7	5.0
573	Tw_{1-2}	21.5	3.5	2012 年 9 月 22 日 20 时	2012 年 10 月 31 日 2 时	5.7	8.5	（2013 年 11 月 30 日 16 时）	6.8	6.0

续表

设计埋设高程（m）	温度计编号	温度计实际所处浇筑层开仓时间，收仓时间 ▪（仓底高程/m，仓顶高程/m） ▪其他说明	实测混凝土最高温度发生时间	实测混凝土最高温度 T_1（℃）	允许混凝土最高温度 T_0（℃）	平均入仓温度（℃）	一期冷却通水记录开始时间（推测开始时间）	一期冷却通水记录结束时间（推测结束时间）	平均通水温度（℃）
573	T_{1-7}	2012年6月6日13时，2012年6月7日5时 ▪（572.7，573.7）	2012年6月8日0时	23.6	24.0				
	T_{1-8}		2012年6月8日0时	21.5	24.0				
	T_{1-9}		2012年6月8日0时	22.0	24.0				
	T_{1-10}		2012年6月8日0时	22.9	24.0				
581	Tw_{1-3}	2012年9月25日3时，2012年9月26日0时 ▪（581.0，582.5） ▪2012年10月27日前无测值			22.0	11.1	2012年9月25日2时	2012年10月21日2时	8.0
	T_{1-11}				22.0				
	T_{1-12}				22.0				
	T_{1-13}				22.0				
591	Tw_{1-4}	2013年5月/4日19时，2013年5月5日20时 ▪（593.0，595.0）	2013年5月9日11时	16.1	26.0	12.2	2013年5月5日20时	2013年05月25日20时（2013年05月22日12时）	5.9
	T_{1-14}		2013年5月7日10时	19.9	26.0				

续表

设计埋设高程（m）	温度计编号	一冷结束混凝土温度 T_2（℃）	一冷温降 T_1-T_2（℃）	二期冷却通水记录开始时间（推测开始时间）	二期冷却通水记录结束时间（推测结束时间）	二冷结束混凝土温度 T_3（℃）	二冷温降（℃）	三期冷却通水（推测结束时间）	三冷结束混凝土温度 T_4（℃）	接缝灌浆混凝土温度 T_5（℃）
573	T_{1-7}	16.9	6.7			12.0	5.9			
	T_{1-8}	16.2	5.3			16.0	3.1		5.1	4.5
	T_{1-9}	16.7	5.3			15.4	3.5		6.2	3.8
	T_{1-10}	17.7	5.2			9.4	8.3		3.6	1.6
581	Tw_{1-3}	11.3		无二期冷却				（2013 年 12 月 8 日 4 时）	6.9	6.5
	T_{1-11}									
	T_{1-12}	17.1							4.5	5.7
	T_{1-13}	17.5							4.1	5.1
591	Tw_{1-4}	13.6	2.5	2013 年 10 月 7 日 14 时	2013 年 10 月 23 日 14 时	15.8	0.5	（2013 年 12 月 16 日 8 时）	5.3	4.5
	T_{1-14}	11.8	8.1			16.9	1.4		6.5	4.4

续表

设计埋设高程（m）	温度计编号	温度计实际所处浇筑层开仓时间，收仓时间 ▪（仓底高程/m，仓顶高程/m） ▪其他说明	实测混凝土最高温度发生时间	实测混凝土最高温度 T_1（℃）	允许混凝土最高温度 T_0（℃）	平均入仓温度（℃）	一期冷却通水记录开始时间（推测开始时间）	一期冷却通水记录结束时间（推测结束时间）	平均通水温度（℃）
591	T_{1-15}	2013年5月/4日19时，2013年5月5日20时 ▪（593.0，595.0）	2013年5月7日10时	18.8	26.0				
	T_{1-16}		2013年5月7日10时	19.6	26.0				
601	Tw_{1-5}	2013年7月7日20时，2013年7月9日0时 ▪（601.0，604.0）	2013年7月15日0时	30.1	31.0	12.7	2013年7月7日20时（2013年7月11日6时）	2013年8月14日20时（2013年8月22日16时）	13.0
	T_{1-17}		2013年7月18日21时	31.1	31.0				
	T_{1-18}		2013年7月18日5时	30.5	31.0				
607	Tw_{1-6}	2013年7月25日22时，2013年7月26日15时 ▪（607.0，608.5）	2013年7月28日21时	26.8	31.0	13.5	2013年7月25日22时（2013年7月28日0时）	2013年8月13日22时（2013年8月16日17时）	13.0
	T_{1-19}		2013年7月28日0时	27.4	31.0				
	T_{1-20}		2013年7月28日21	28.3	31.0				
	T_{1-21}		2013年7月28日22日	28.8	31.0				

续表

设计埋设高程（m）	温度计编号	一冷结束混凝土温度 T_2（℃）	一冷温降 T_1-T_2（℃）	二期冷却通水记录开始时间（推测开始时间）	二期冷却通水记录结束时间（推测结束时间）	二冷结束混凝土温度 T_3（℃）	二冷温降（℃）	三期冷却通水（推测结束时间）	三冷结束混凝土温度 T_4（℃）	接缝灌浆混凝土温度 T_5（℃）
591	T_{1-15}	15.9	2.9			16.7	2.3		5.9	3.8
	T_{1-16}	12.7	6.9			16.6	1.5		6.5	4.2
601	Tw_{1-5}	21.5	8.7	2013年10月7日14时	2013月10月23日14时（2013年10月14日11时）	13.8	0.7	（2013年12月7日16时）	9.5	6.6
	T_{1-17}	20.4	10.7			13.2	2.0		7.3	5.9
	T_{1-18}	20.2	10.2			13.3	1.4		6.5	4.8
607	Tw_{1-6}	23.0	3.8	2013年10月7日14时	2013年10月23日14时（2013年10月29日0时）	14.6	4.8			6.3
	T_{1-19}	22.7	4.8			15.2	4.8			6.8
	T_{1-20}	24.5	3.7			16.1	4.2			6.9
	T_{1-21}	24.2	4.6			15.6	4.7			6.1

续表

设计埋设高程（m）	温度计编号	温度计实际所处浇筑层开仓时间，收仓时间 ▪（仓底高程/m，仓顶高程/m） ▪其他说明	实测混凝土最高温度发生时间	实测混凝土最高温度 T_1（℃）	允许混凝土最高温度 T_0（℃）	平均入仓温度（℃）	一期冷却通水记录开始时间（推测开始时间）	一期冷却通水记录结束时间（推测结束时间）	平均通水温度（℃）
613	Tw_{1-7}	2013 年 8 月 25 日 22 时，2013 年 8 月 26 日 10 时 ▪（616.0，618.0）	2013 年 8 月 27 日 20 时	26.0	31.0	13.0	2013 年 8 月 25 日 21 时	2013 年 9 月 14 日 13 时	11.3
	T_{1-22}		2013 年 8 月 28 日 17 时	29.0	31.0				
	T_{1-23}		2013 年 8 月 28 日 10 时	30.1	31.0				
	T_{1-24}		2013 年 8 月 28 日 10 时	30.0	31.0				
619	Tw_{1-8}	2013 年 9 月 13 日 13 时，2013 年 9 月 14 日 10 时 ▪（618.0，620.0）	2013 年 9 月 16 日 17 时	22.9	26.0	13.3	2013 年 9 月 13 日 13 时	2013 年 10 月 3 日 5 时	9.6
	T_{1-25}		2013 年 9 月 16 日 17 时	22.9	26.0				
	T_{1-26}		2013 年 9 月 18 日 18 时	22.7	26.0				
	T_{1-27}		2013 年 9 月 16 日 17 时	22.4	26.0				
625	Tw_{1-9}	2014 年 6 月 7 日 0 时，2014 年 6 月 7 日 23 时 ▪（624.5，627.5）	2014 年 6 月 8 日 17 时	27.6	26.0	13.0	2014 年 6 月 7 日 3 时	2014 年 6 月 26 日 19 时	14.2
	T_{1-28}		2014 年 6 月 9 日 17 时	22.8	26.0				

续表

设计埋设高程（m）	温度计编号	一冷结束混凝土温度 T_2（℃）	一冷温降 T_1-T_2（℃）	二期冷却通水记录开始时间（推测开始时间）	二期冷却通水记录结束时间（推测结束时间）	二冷结束混凝土温度 T_3（℃）	二冷温降（℃）	三期冷却通水（推测结束时间）	三冷结束混凝土温度 T_4（℃）	接缝灌浆混凝土温度 T_5（℃）
613	Tw_{1-7}	16.4	9.6							
	T_{1-22}	17.1	11.9							
	T_{1-23}	16.8	13.3							
	T_{1-24}	17.9	12.1							
619	Tw_{1-8}	14.7	8.3							
	T_{1-25}	13.7	9.2							
	T_{1-26}	13.2	9.5							
	T_{1-27}	12.8	9.6							
625	Tw_{1-9}	24.7	1.3							
	T_{1-28}	18.8	7.3							

表 3-32　　13 号坝段温度计设计埋设高程、温度计实际所处浇筑层混凝土温控措施实施情况和效果一览表

设计埋设高程（m）	温度计编号	温度计实际所处浇筑层开仓时间，收仓时间 ▪（仓底高程/m，仓顶高程/m） ▪其他说明	实测混凝土最高温度发生时间	实测混凝土最高温度 T_1（℃）	允许混凝土最高温度 T_0（℃）	平均入仓温度（℃）	一期冷却通水记录开始时间（推测开始时间）	一期冷却通水记录结束时间（推测结束时间）	平均通水温度（℃）
567	T_{3-1}	2012 年 4 月 22 日 0 时，2012 年 4 月 23 日 0 时 ▪（566.9，567.7）	2012 年 4 月 25 日 0 时	17.4	19.0	12.7	2012 年 4 月 21 日 21 时	2012 年 5 月 16 日 15 时	8.8
	T_{3-2}		2012 年 4 月 25 日 0 时	19.6	19.0				
571	Tw_{3-1}	2012 年 10 月 2 日 23 时，2012 年 10 月 3 日 10 时 ▪（571.7，572.7） ▪2012 年 10 月 27 日前无测值			19.0	9.8	2012 年 10 月 2 日 22 时	2012 年 10 月 25 日 10 时	7.2
	T_{3-3}				19.0				
	T_{3-4}				19.0				
	T_{3-5}				19.0				
	T_{3-6}				19.0				
581	Tw_{3-2}	2013 年 7 月 13 日 0 时，2013 年 7 月 13 日 22 时 ▪（581.0，582.5）	2013 年 7 月 16 日 1 时	24.4	31.0	12.6	2013 年 7 月 13 日 0 时	2013 年 8 月 1 日 16 时（2013 年 8 月 19 日 7 时）	13.6
	T_{3-7}		2013 年 7 月 17 日 6 时	24.9	31.0				

续表

设计埋设高程（m）	温度计编号	一冷结束混凝土温度 T_2（℃）	一冷温降 T_1-T_2（℃）	二期冷却通水记录开始时间（推测开始时间）	二期冷却通水记录结束时间（推测结束时间）	二冷结束混凝土温度 T_3（℃）	二冷温降（℃）	三期冷却通水（推测结束时间）	三冷结束混凝土温度 T_4（℃）	接缝灌浆混凝土温度 T_5（℃）
567	T_{3-1}	15.1	2.4	2012年10月3日15时	2012年10月31日2时	14.6	0.9			8.0
	T_{3-2}	16.7	2.9			14.8	0.9			
571	Tw_{3-1}	4.3		无二期冷却				（2013年12月9日19时）	7.7	5.8
	T_{3-3}	6.0							8.3	6.1
	T_{3-4}	7.6							4.7	5.7
	T_{3-5}	7.1							2.9	4.7
	T_{3-6}	6.1								
581	Tw_{3-2}	18.5	5.9	2013年10月9日9时（2013年10月8日7时）	2013年10月25日21时（2013年10月24日7时）	14.5	2.6	（2013年11月10日7时）	7.6	5.8
	T_{3-7}	20.0	4.9			16.5	2.9		7.1	5.6

续表

设计埋设高程（m）	温度计编号	温度计实际所处浇筑层开仓时间，收仓时间 ▪（仓底高程/m，仓顶高程/m） ▪其他说明	实测混凝土最高温度发生时间	实测混凝土最高温度 T_1（℃）	允许混凝土最高温度 T_0（℃）	平均入仓温度（℃）	一期冷却通水记录开始时间（推测开始时间）	一期冷却通水记录结束时间（推测结束时间）	平均通水温度（℃）
581	T_{3-8}	2013年7月13日0时，2013年7月13日22时 ▪（581.0，582.5）	2013年7月17日5时	24.8	31.0				
	T3-9		2013年7月16日19时	24.5	31.0				
591	Tw_{3-3}	2013年8月25日6时，2013年8月26日4时 ▪（590.0，593.0）	2013年8月26日11时	25.8	31.0	14.3	2013年8月25日5时	2013年9月13日21时（2013年9月5日21时）	11.4
	T_{3-10}		2013年8月27日3时	23.1	31.0				
	T_{3-11}		2013年8月28日5时	25.3	31.0				
	T_{3-12}		2013年8月31日5时	25.1	31.0				
601	Tw_{3-4}	2013年10月3日7时，2013年10月4日0时 ▪（605.0，608.0）	2013年10月5日11时	18.9	24.0	12.4	2013年10月3日7时	2013年10月22日23时（2013年10月25日19时）	6.9
	T_{3-13}		2013年10月5日11时	24.5	24.0				
	T_{3-14}		2013年10月6日11时	24.5	24.0				

续表

设计埋设高程（m）	温度计编号	一冷结束混凝土温度 T_2（℃）	一冷温降 T_1-T_2（℃）	二期冷却通水记录开始时间（推测开始时间）	二期冷却通水记录结束时间（推测结束时间）	二冷结束混凝土温度 T_3（℃）	二冷温降（℃）	三期冷却通水（推测结束时间）	三冷结束混凝土温度 T_4（℃）	接缝灌浆混凝土温度 T_5（℃）
581	T_{3-8}	18.9	5.9			14.6	4.0		6.0	3.8
	T3-9	19.3	5.2			15.2	3.7		6.5	5.0
591	Tw_{3-3}	19	6.8	（2013 年 11 月 10 日 10 时）	（2013 年 11 月 6 日时 5）	7.4	8.7			5.8
	T_{3-10}	19.7	3.4			8.1	9.9			5.1
	T_{3-11}	20.8	4.6			10.1	9.5			3.9
	T_{3-12}	21.4	3.7			8.4	7.8			4.2
601	Tw_{3-4}	10.6	8.4	（2013 年 11 月 14 日 19 时）	（2013 年 11 月 11 日 12 时）	7.7	3.2	（2013 年 4 月 18 日 19 时）	5.1	5.3
	T_{3-13}	11.5	13.0			10.3	3.7		5.5	5.5
	T_{3-14}	11.1	13.4			9.9	3.5		5.5	5.5

续表

设计埋设高程（m）	温度计编号	温度计实际所处浇筑层开仓时间，收仓时间 ▪（仓底高程/m，仓顶高程/m） ▪其他说明	实测混凝土最高温度发生时间	实测混凝土最高温度 T_1（℃）	允许混凝土最高温度 T_0（℃）	平均入仓温度（℃）	一期冷却通水记录开始时间（推测开始时间）	一期冷却通水记录结束时间（推测结束时间）	平均通水温度（℃）
607	Tw_{3-5}	2013 年 10 月 13 日 20 时，2013 年 10 月 14 日 10 时 ▪（608.0，610.0）	2013 年 10 月 16 日 17 时	12.9	21.0	9.4	2013 年 10 月 13 日 20 时	2013 年 11 月 2 日 12 时（2013 年 10 月 24 日 11 时）	5.3
	T_{3-15}		2013 年 10 月 19 日 0 时	13.5	21.0				
	T_{3-16}		2013 年 10 月 19 日 0 时	15.1	21.0				
	T_{3-17}		2013 年 10 月 19 日 0 时	15.7	21.0				
613	Tw_{3-6}	2013 年 10 月 30 日 1 时，2013 年 10 月 30 日 15 时 ▪（613.0，615.0） ▪一、二期冷却期间无测值			22.0	10.2	2013 年 11 月 2 日 20 时	2013 年 11 月 22 日 12 时	2.2
	T_{3-18}				22.0				
	T_{3-19}				22.0				
	T_{3-20}				22.0				

续表

设计埋设高程（m）	温度计编号	一冷结束混凝土温度 T_2（℃）	一冷温降 T_1-T_2（℃）	二期冷却通水记录开始时间（推测开始时间）	二期冷却通水记录结束时间（推测结束时间）	二冷结束混凝土温度 T_3（℃）	二冷温降（℃）	三期冷却通水（推测结束时间）	三冷结束混凝土温度 T_4（℃）	接缝灌浆混凝土温度 T_5（℃）
607	Tw_{3-5}	11.3	1.6	（2013 年 11 月 14 日 11 时）	（2013 年 11 月 1 日 16 时）	7.9	2.0	（2013 年 4 月 11 日 7 时）	5.3	5.9
	T_{3-15}	11.7	1.9			8.7	2.7		5.2	5.6
	T_{3-16}	13.0	2.2			9.8	3.9		5.9	6.0
	T_{3-17}	13.5	2.2			9.3	2.9		6.0	6.3
613	Tw_{3-6}									5.9
	T_{3-18}									5.3
	T_{3-19}									5.7
	T_{3-20}									6.0

续表

设计埋设高程（m）	温度计编号	温度计实际所处浇筑层开仓时间，收仓时间 ▪（仓底高程/m，仓顶高程/m） ▪其他说明	实测混凝土最高温度发生时间	实测混凝土最高温度 T_1（℃）	允许混凝土最高温度 T_0（℃）	平均入仓温度（℃）	一期冷却通水记录开始时间（推测开始时间）	一期冷却通水记录结束时间（推测结束时间）	平均通水温度（℃）
619	Tw_{3-7}	2014年4月29日13时，2014年4月30日5时 ▪（618.0，620.0）	2014年5月6日17时	22.8	26.0	12.1	2014年4月29日12时（2014年5月2日18时）	2014年5月19日4时（2014年5月25日12时）	7.4
	T_{3-21}		2014年5月4日12时	28.3	26.0				
	T_{3-22}		2014年5月3日12时	26.0	26.0				
	T_{3-23}		2014年5月3日12时	25.6	26.0				
625	Tw_{3-8}	2014年6月19日22时，2014年6月20日12时 ▪（625.0，628.0）	2014年6月24日12时	30.8	31.0	14.6	2014年6月19日22时	2014年7月27日21时（2014年7月13日12时）	13.1
	T_{3-24}		2014年6月22日12时	30.2	31.0				

续表

设计埋设高程（m）	温度计编号	一冷结束混凝土温度 T_2（℃）	一冷温降 T_1-T_2（℃）	二期冷却通水记录开始时间（推测开始时间）	二期冷却通水记录结束时间（推测结束时间）	二冷结束混凝土温度 T_3（℃）	二冷温降（℃）	三期冷却通水（推测结束时间）	三冷结束混凝土温度 T_4（℃）	接缝灌浆混凝土温度 T_5（℃）
619	Tw_{3-7}	16.0	6.8							
	T_{3-21}	12.1	16.2							
	T_{3-22}	12.8	13.3							
	T_{3-23}	15.8	9.8							
625	Tw_{3-8}	26.6	4.2							
	T_{3-24}	18.8	11.4							

从表中数据可见，本工程在河水温度较低（1.0～5.0℃）季节利用天然河水对大坝混凝土进行三期冷却基本达到预期目的。除靠近基岩（6 号坝段 565m 高程以下和 13 号坝段 568m 高程以下）部分混凝土温度在接缝灌浆时未达到设计接缝灌浆温度（6.0℃）外，其他区域混凝土温度在接缝灌浆时均达到设计接缝灌浆温度（6.0～8.0℃），且部分区域有一定程度超冷。

六、坝体保温和效果

（一）永久保温

坝体上、下游面均采用喷涂 10cm 厚发泡聚氨酯进行永久保温。6 号和 9 号坝段上游面在 2012 年 11 月越冬收工前永久保温均喷涂至 584.0m 高程，在 2013 年 11 月越冬收工前永久保温均喷涂至 620.0m 高程。13 号坝段上游面在 2012 年 11 月越冬收工前未做永久保温（越冬仓面高程低，上游面面积小），在 2013 年 11 月越冬收工前永久保温均喷涂至 616.0m 高程。

从 6、9、13 号坝段上游面温度计（$Tw_{1\text{-}6}$、$Tw_{2\text{-}6}$、$Tw_{3\text{-}5}$，距离上游坝面 5～10cm，见图 3-3）越冬期最小温度测值和夏秋季最大测值（见表 3-33～表 3-35）可以看出：

（1）本工程实施的永久保温层在越冬期有较好的保温效果。6 号坝段各高程坝面温度计在 2012/2013 年和 2013/2014 年越冬期测值最低都在 2.49℃以上，13 号坝段各高程坝面温度计在 2013/2014 年越冬期测值最低都在 4.50℃以上。9 号坝段 571m、581m 和 591m 高程坝面温度计在 2013/2014 年越冬期测值最低分别降低至 1.83℃、1.57℃和 1.18℃，明显低于该坝段其他高程以及 6 号和 13 号坝段各高程坝面温度计在 2013/2014 年越冬期的最低测值，这主要是由以下几方面的原因导致的：

1）9 号坝段下游面 595.0m 高程以下大范围未喷聚氨酯永久保温层，下游保温棚保温效果不佳，保温棚内越冬期气温随外界气温变化较大，大部分时间为负温，最低降至−12.0℃以下。

2）廊道口封堵不严，致使 575～560m 灌浆廊道和 595m 廊道及各相应观测间内气温在越冬期亦随外界气温波动较大，大部分时间为负温，最低降至−11.6℃。这两方面的原因导致 9 号坝段 563.0～595.0m 高程之间的坝体混凝土温度在越冬期大幅度下降，靠近下游面的坝体混凝土大范围降到 0.0℃以下，靠近上游面的坝体内部混凝土温度亦大范围降低到 4.0℃以下。

表 3-33　6 号坝段上游坝面温度计与内部温度计在越冬期最小和夏季最大测值

设计埋设高程（m）	温度计编号	温度计实际所处浇筑层开仓时间，收仓时间（仓底高程/m，仓顶高程/m）	2012/2013 年越冬期		2013 年夏、秋季		2013/2014 年越冬期		内部温度计到坝面温度计的距离（m）
			坝面温度计最小测值发生时间	温度测值（℃）	坝面温度计最大测值发生时间	温度测值（℃）	坝面温度计最小测值发生时间	温度测值（℃）	
567	Tw_{1-1}	2012 年 4 月 24 日 0 时，2012 年 4 月 25 日 0 时（567.7，568.7）	2013 年 2 月 24 日 7 时	4.06	2013 年 8 月 31 日 7 时	12.65	2014 年 5 月 5 日 7 时	5.84	5.11
	T_{1-3}			10.20		9.80		6.63	
573	Tw_{1-2}	2012 年 6 月 6 日 13 时，2012 年 6 月 7 日 5 时（572.7，573.7）	2013 年 3 月 22 日 17 时	5.61	2013 年 9 月 11 日 7 时	12.70	2014 年 3 月 16 日 7 时	4.23	4.88
	T_{1-7}			8.54		12.25		4.18	
581	Tw_{1-3}	2012 年 9 月 25 日 3 时，2012 年 9 月 26 日 0 时（581.0，582.5）	2013 年 4 月 6 日 7 时	6.33	2013 年 10 月 3 日 7 时	14.85	2014 年 3 月 5 日 16 时	3.33	6.71
	T_{1-11}			4.68		12.95		6.38	
591	Tw_{1-4}	2013 年 5 月 4 日 19 时，2013 年 5 月 5 日 20 时（593.0，595.0）			2013 年 7 月 14 日 14 时	29.89	2014 年 3 月 5 日 12 时	2.49	4.41
	T_{1-14}					16.50		4.28	
601	Tw_{1-5}	2013 年 7 月 7 日 20 时，2013 年 7 月 9 日 0 时（601.0，604.0）			2013 年 7 月 15 日 0 时	30.13	2014 年 3 月 13 日 7 时	5.85	8.03
	T_{1-17}					29.87		6.78	
607	Tw_{1-6}	2013 年 7 月 25 日 22 时，2013 年 7 月 26 日 15 时（607.0，608.5）			2013 年 7 月 28 日 21 时	26.77	2014 年 3 月 5 日 12 时	7.55	3.75
	T_{1-19}					26.93		8.43	

表 3-34　9 号坝段上游坝面温度计与内部温度计在越冬期最小和夏季最大测值

设计埋设高程（m）	温度计编号	温度计实际所处浇筑层开仓时间，收仓时间（仓底高程/m，仓顶高程/m）	2012/2013 年越冬期		2013 年夏、秋季		2013/2014 年越冬期		内部温度计到坝面温度计的距离（m）
			坝面温度计最小测值发生时间	温度测值（℃）	坝面温度计最大测值发生时间	温度测值（℃）	坝面温度计最小测值发生时间	温度测值（℃）	
559	Tw_{2-1}	2012 年 7 月 16 日 7 时，2012 年 7 月 16 日 15 时（558.7，560.0）	2013 年 4 月 16 日 7 时	5.37	2013 年 8 月 25 日 7 时	11.99	2014 年 7 月 21 日 7 时	8.51	9.15
	T_{2-4}			10.3		9.65			
571	Tw_{2-2}	2012 年 8 月 28 日 1 时，2012 年 8 月 29 日 22 时（569.7，572.7）	2013 年 4 月 21 日 11 时	7.35	2013 年 8 月 27 日 7 时	18.55	2014 年 3 月 7 日 7 时	1.83	3.83
	T_{2-7}			14.5		17.65		3.91	
581	Tw_{2-3}	2012 年 10 月 9 日 0 时，2012 年 10 月 10 日 3 时（580.5，583.5）	2013 年 2 月 21 日 7 时	9.26	2013 年 8 月 26 日 5 时	18.70	2014 年 3 月 5 日 14 时	1.57	7.94
	T_{2-11}			10.3		17.17		−0.1	
591	Tw_{2-4}	2013 年 4 月 28 日 22 时，2013 年 4 月 29 日 11 时（591.0，593.0）			2013 年 7 月 14 日 17 时	29.65	2014 年 3 月 5 日 11 时	1.18	1.65
	T_{2-13}					16.55		2.97	
601	Tw_{2-5}	2013 年 7 月 10 日 11 时，2013 年 7 月 11 日 11 时（601.0，604.0）			2013 年 7 月 15 日 16 时	29.75	2014 年 3 月 7 日 7 时	2.81	7.02
	T_{2-17}					28.25		4.96	
607	Tw_{2-6}	2013 年 8 月 23 日 17 时，2013 年 8 月 24 日 2 时（607.0，608.5）			2013 年 8 月 25 日 14 时	25.46	2014 年 3 月 5 日 16 时	4.63	3.90
	T_{2-19}					25.04		8.58	

表 3-35　　13 号坝段上游坝面温度计与内部温度计在越冬期最小和夏季最大测值

设计埋设高程（m）	温度计编号	温度计实际所处浇筑层开仓时间，收仓时间（仓底高程/m，仓顶高程/m）	2012/2013 年越冬期		2013 年夏、秋季		2013/2014 年越冬期		内部温度计到坝面温度计的距离（m）
			坝面温度计最小测值发生时间	温度测值（℃）	坝面温度计最大测值发生时间	温度测值（℃）	坝面温度计最小测值发生时间	温度测值（℃）	
571	Tw_{3-1}	2012 年 9 月 27 日 07 时，2012 年 9 月 27 日 17 时（570.86，571.86）	2013 年 4 月 7 日 0 时	9.00	2013 年 7 月 15 日 5 时	16.30	无测值		3.72
	T_{3-3}					13.93			
581	Tw_{3-2}	2013 年 7 月 13 日 0 时，2013 年 7 月 13 日 22 时（581.0，582.5）			2013 年 7 月 16 日 1 时	24.38	2014 年 3 月 5 日 14 时	4.50	8.98
	T_{3-7}					24.58		5.76	
591	Tw_{3-3}	2013 年 8 月 25 日 6 时，2013 年 8 月 26 日 4 时（590.0，593.0）			2013 年 8 月 26 日 11 时	25.81	2014 年 3 月 7 日 7 时	4.67	3.62
	T_{3-10}					21.95		6.44	
601	Tw_{3-4}	2013 年 10 月 3 日 7 时，2013 年 10 月 4 日 0 时（605.0，608.0）			2013 年 10 月 5 日 11 时	18.94	2014 年 3 月 5 日 13 时	5.71	7.72
	T_{3-13}					24.48		10.36	
607	Tw_{3-5}	2013 年 10 月 13 日 20 时，2013 年 10 月 14 日 10 时（608.0，610.0）			2013 年 10 月 16 日 17 时	12.85	2014 年 3 月 5 日 7 时	5.33	1.98
	T_{3-15}					13.20		7.36	

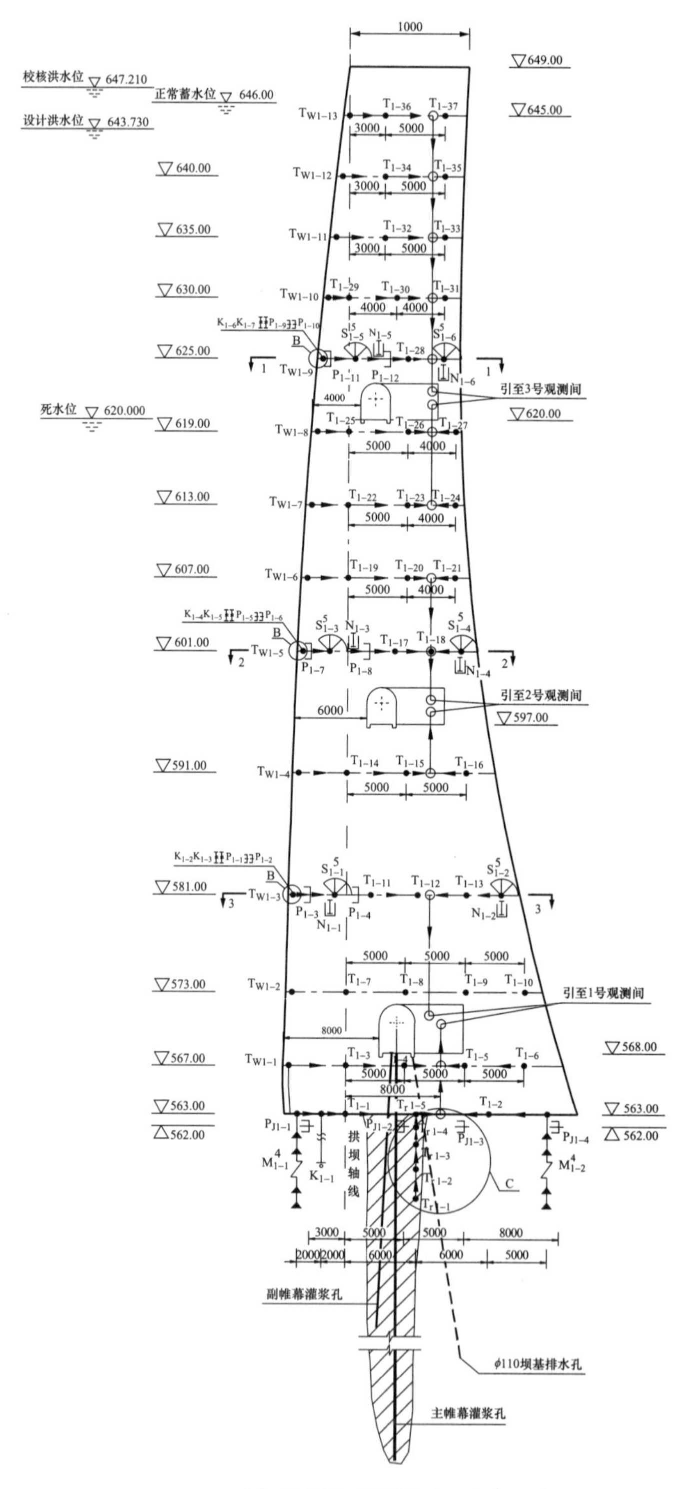

（a）6号坝段、桩号坝0+081.870(1:250)

图 3-3　6、9、13 号坝段监测仪器布置图（单位：m）（一）

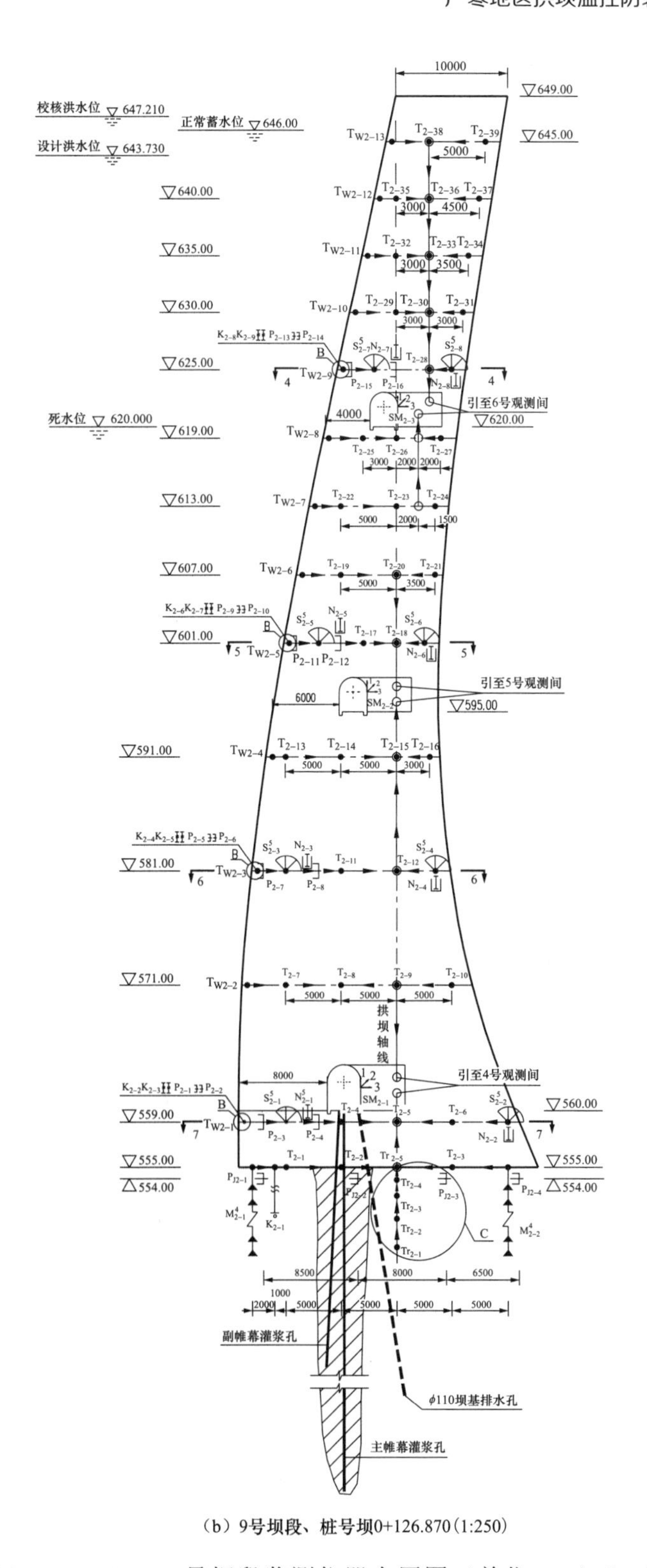

（b）9号坝段、桩号坝0+126.870(1:250)

图 3-3　6、9、13 号坝段监测仪器布置图（单位：m）（二）

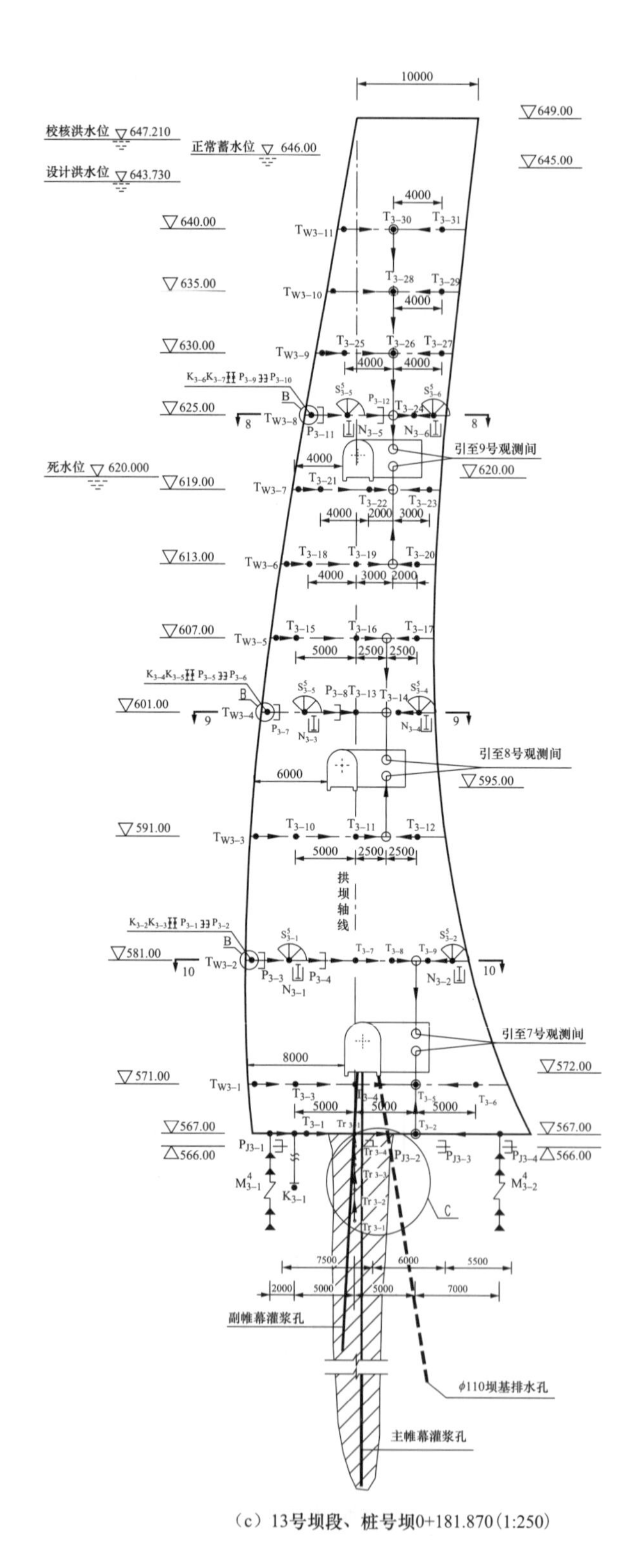

（c）13号坝段、桩号坝0+181.870（1:250）

图 3-3 6、9、13 号坝段监测仪器布置图（单位：m）（三）

（2）本工程实施的永久保温层在夏、秋季有较好的隔热效果。在2013年夏、秋季，6号和9号坝段上游面584m高程以上未喷涂聚氨酯永久保温层，除591m高程外，这两个坝段584.0m高程以上其他高程坝面温度计最大测值发生在浇筑初期，由于水化热的作用，坝面温度和内部温度测值亦差别不大。这两个坝段591m高程坝面温度计在2013年夏、秋季最大测值均发生在2013年7月14日，分别达29.89℃和29.65℃，比相应高程内部混凝土温度分别高13.49℃和13.3℃。在2013年夏、秋季，6号和9号坝段上游面584m高程以下已喷涂聚氨酯永久保层，6号坝段573m和581m高程在2013年夏、秋季最大测值分别为12.7℃和14.85℃，仅比其内部混凝土温度高0.45℃和1.9℃，9号坝段571m和581m高程在2013年夏、秋季最大测值分别为18.55℃和18.7℃，仅比其内部混凝土温度高0.90℃和1.53℃。和未喷聚氨酯的坝面相比，无论是温度最大测值，还是相应坝面温度与内部温度之差，在已喷涂聚氨酯永久保温层的坝面都大大降低。

（二）非仓面临时越冬保护

按温控设计要求，暴露的横缝面及未喷涂聚氨酯永久保温层的上下游面采用粘贴10cm厚XPS挤塑板进行越冬保温，XPS挤塑板外用三防布覆盖。

本工程非仓面临时越冬保护基本按温控设计要求进行，但在2012/2013年越冬期，由于各坝段越冬面高程相差较大，形成较高的横缝临空面，致使非仓面临时越冬保护难度较大，个别横缝面上混凝土在越冬期发生裂缝。

（三）越冬面保温

越冬面采用“1mm厚塑料膜+26cm保温棉被”的方式保温，保温被上部覆盖1层三防帆布，并用沙袋压盖，以防止越冬仓面附近混凝土越冬期因内外温差过大而开裂，同时使其温度在来年揭开保温覆盖时的相对较高以减少上、下层温差。

因坝体越冬面上下游部位属棱角双向散热，因此对上下游坝面以下2.5m范围内在已有永久保温层基础上再喷涂10cm厚的发泡聚氨酯，以加强保温。

本工程越冬面保温按上述措施实施，越冬仓面内部［距离上、下游坝面或临空横缝面一定距离（5.0m）以上］混凝土表面温度一般在8℃以上，越冬面周边（包括上、下游坝面部位）越冬期温度都在0℃以上。

七、施工期坝体裂缝

施工期坝体裂缝包括基础灌浆盖板裂缝、越冬面上新浇混凝土层裂缝、坝体下游面表面裂缝和横缝面裂缝。

（一）基础灌浆盖板裂缝

7 号坝段两层混凝土（559.7～560.7m 高程和 560.7～561.7m 高程，分别于 2011 年 10 月 13 日和 2011 年 10 月 15 日浇筑）在 2011 年 10 月 26 日上午发现开裂，裂缝垂直水流方向，大约位于坝段顺水流方向中部，从 7、8 号坝段横缝面上可以看出，裂缝垂直于混凝土浇筑层面且贯穿两层混凝土。

8 号坝段顶部浇筑层（557.2～558.5m 高程，2011 年 10 月 9 日浇筑）在 2011 年 10 月 22 日上午发现开裂，裂缝约位于顺流方向中部，从仓面和 8、9 号坝段之间的横缝面上可以明显看出，裂缝贯穿顶部浇筑层。

9 号坝段基础灌浆盖板（557.2～558.5m 高程，2011 年 10 月 5～25 日浇筑）在 2012 年春季揭开保温被后发现 3 条裂缝，裂缝深度较深，其中，2 条垂直水流方向，位于坝段顺水流方向中部，1 条为上游面劈头缝。

经分析，7 号和 8 号坝段基础灌浆盖板出现裂缝的原因主要是自 2011 年 10 月 19 日开始，连续多日，气温骤降达 13.5℃，两个坝段仓面和横缝立模面未能及时进行临时保温。

9 号坝段基础灌浆盖板出现裂缝的主要原因是越冬期仓面保温水淹结冰，加之施工初期所用水泥发热量大、自生体积变形大。

（二）越冬面上新浇混凝土层裂缝

在 2013 年 5 月 7 号前后，大坝主体 5 号坝段（583.5～585.0m 高程，2013 年 5 月 1～2 日浇筑）、7 号坝段（599.5～601.0m 高程，2013 年 4 月 26～27 日浇筑）和 14 号坝段（585.0～586.5m 高程，2013 年 4 月 25～26 日浇筑）新浇混凝土层中均出现了裂缝，其中，7 号坝段（599.5～601.0m 高程）的裂缝总长度达到 50m 左右。

通过对大坝混凝土出机口温度和入仓温度、浇筑期间外界环境因素（气温和风速）、裂缝出现时间、裂缝分布和延伸情况、新浇混凝土层的养护和保温情况、冷却水管通水冷却情况（冷却水温、通水时间和流量）、通过 7 号坝段 3 支越冬面（599.5m 高程）温度计观测的混凝土温度变化情况等因素的综合分析，认为5、7、14号坝段新浇混凝土层出现的裂缝主要是浇筑温度过高、混凝土表面养护和保温措施不力造成的。

（三）表面裂缝

15号坝段下游面在2012年11月中旬发现表面裂缝，主要原因是工程区11月7～11日遇寒潮，气温降幅超过15℃，坝面未来得及妥善保温。

2013年4月中旬冬休复工后，在6号坝段下游面、13号坝段上游面和14号坝段越冬面发现表面裂缝，经分析，导致6号坝段下游面和13号坝段上游面裂缝的主要原因是这些部位的越冬保温未达到设计预期的效果。14号坝段越冬面出现裂缝的部位靠近廊道，多向散热，加之该坝段廊道入口封堵不理想，导致该部位越冬期内外温差过大。

（四）横缝面裂缝

2013年4月中旬，揭开越冬保温后，在5、6、8、12号横缝面发现裂缝，经分析，这些裂缝属于浅层裂缝。分析其原因，主要是由于这几个坝段越冬面高差相差较大，形成较高的横缝临空面，大都在4.5m以上，有4个到达9.0m以上，这些临空面的越冬保温实施难度较大，未达到预期的保温效果，导致这些横缝面越冬期内外温差过大。

上述这些裂缝规模均在发现后按设计要求进行了化灌和其他相应的处理，如布置并缝限裂钢筋等。

总体来看，山口拱坝施工期出现的裂缝都属于局部裂缝，大多数局限于1个浇筑层，个别延伸至2个浇筑层，经采取化灌和其他措施处理后对坝体混凝土质量影响甚微，对坝体安全不构成影响。

八、接缝灌浆实施和效果

根据闷温测值和坝体内部埋设温度计测值，各灌区坝体混凝土在接缝灌浆时达到设计接缝灌浆温度要求，部分灌区有一定程度超冷（1.0～2.0℃）。2～18号横缝627.0m高程以下所有灌区（包括第一至第三共3个灌浆分期范围内所有灌区）的灌浆统计结果见表3-36。各灌区在排气管口出浆浓度达到0.5:1，排气管口达到设计压力，缝面吸浆率等于0或持续20min小于0.4L/min时结束灌浆。根据表3-36中显示的缝面注灰量估算，大坝横缝平均开合度在2.9～7.5mm之间变化。

表 3-36　2～18 号横缝 627.0m 高程以下灌区接缝灌浆成果

横缝号	设计压力（MPa）	排气管最终压力平均值（MPa）	排气管排浆密度（g/cm^3）	灌区面积（m^2）	缝面注灰总量（kg）	缝面单位注灰量（kg/m^2）
2 号横缝		0.64	1.81	152.520	2093.2	13.72
3 号横缝	0.65	0.66	1.81	383.290	2724.9	7.11
4 号横缝		0.75	1.81	797.873	5336.9	6.69
5 号横缝	0.70	0.72	1.81	880.430	8275.2	9.40
6 号横缝	0.67	0.72	1.83	1061.385	6950.3	6.55
7 号横缝	0.70	0.73	1.83	1194.267	8323.8	6.97
8 号横缝	0.73	0.73	1.82	1227.984	10371.5	8.46
9 号横缝	0.73	0.70	1.81	1216.474	7893.8	6.49
10 号横缝	0.70	0.73	1.81	1222.549	10828.5	8.86
11 号横缝	0.67	0.75	1.83	1116.102	6519.9	5.84
12 号横缝	0.68	0.73	1.81	993.351	7752.3	7.80
13 号横缝		0.71	1.81	866.165	6187.0	7.14
14 号横缝		0.84	1.81	757.406	8056.5	10.64
15 号横缝		0.79	1.81	619.776	7603.4	12.27
16 号横缝		0.73	1.81	484.757	4253.7	8.77
17 号横缝		0.67	1.81	357.335	3052.2	8.54
18 号横缝		0.62	1.81	221.659	1162.5	5.24

从第一和第三期灌浆检查孔的压水试验和压浆试验结果（见表 3-37 和表 3-38）可以看出，接缝灌浆后，各被检横缝的透水率都很小，灰浆注入量很小。检查孔芯样显示，缝内胶结率达到 100%，充填率达到 100%，结石平均厚度 3mm。

大坝横缝测缝计（测缝计距上、下游坝面 2.0m）灌浆前后开合度变化（见表 3-39）显示，各灌区封拱灌浆前的张开度及灌浆后的增开度基本上满足设计要求，封拱以后横缝变形趋于稳定状态，不再随着温度变化而发生开合变化，说明缝隙两边的坝体已经连接成为一个连续整体，达到了封拱灌浆的目的。

表 3-37　　第二期接缝灌浆质量检查孔成果一览表（检查时间：2014 年 8 月 20 日）

检查灌区	部位（高程，m）	孔号	段次	试验孔段			孔径（mm）	透水率（Lu）	水灰比		注入率（L/min）	
				自（m）	至（m）	段长（m）			开始	终止	开始	终止
6 号–2	588.0～600.0	JFJC–1	0	0.0	0.8	0.8	76	0.25	0.5:1	0.5:1	95.6	0.0
8 号–4	588.0～600.0	JFJC–2	0	0.0	0.95	0.95	76	0.00	0.5:1	0.5:1	95.5	0.0
9 号–4	588.0～600.0	JFJC–3	0	0.0	1.0	1.0	76	0.00	0.5:1	0.5:1	94.9	0.0
10 号–4	588.0～600.0	JFJC–4	0	0.0	1.2	1.2	76	0.00	0.5:1	0.5:1	95.0	0.0
12 号–2	588.0～600.0	JFJC–5	0	0.0	1.3	1.3	76	0.28	0.5:1	0.5:1	95.5	0.0
合计						5.25						

检查灌区	部位（高程，m）	孔号	水泥用量				单位注入量（kg/m）	灌浆压力（MPa）	压浆试验时间			
			注灰（kg）	废弃（kg）	管道占灰量（kg）	合计（kg）			日期（月/日）	开始（时:分）	终止（时:分）	纯灌（时:分）
6 号–2	588.0～600.0	JFJC–1	35.3	28.1	0.0	63.4	44.2	0.57	8/20	10:50	11:27	0:37
8 号–4	588.0～600.0	JFJC–2	37.3	26.8	0.0	64.1	39.2	0.57	8/20	12:28	13:05	0:37
9 号–4	588.0～600.0	JFJC–3	35.1	29.3	0.0	64.4	35.1	0.56	8/21	9:50	10:27	0:37
10 号–4	588.0～600.0	JFJC–4	44.9	26.8	0.0	71.7	37.4	0.57	8/21	11:32	12:11	0:39
12 号–2	588.0～600.0	JFJC–5	41.2	30.6	0.0	71.8	31.7	0.57	8/21	13:13	13:49	0:36
合计			193.8	141.6	0.0	335.4						

表 3-38 第三期接缝灌浆质量检查孔成果一览表（检查时间：2015 年 10 月 25 日）

检查灌区	部位（高程，m）	孔号	段次	试验孔段			孔径（mm）	透水率（Lu）	水灰比		注入率（L/min）	
				自（m）	至（m）	段长（m）			开始	终止	开始	终止
3 号–3	618.0～627.0	JF-JC–4	0	0.0	1.0	1.0	76	0.50	2:1	2:1	0.3	0.0
4 号–4	618.0～627.0	JF-JC–5	0	0.0	1.0	1.0	76	0.16	2:1	2:1	0.1	0.0
6 号–6	618.0～627.0	JF-JC–1	0	0.0	1.0	1.0	76	0.39	2:1	2:1	0.1	0.0
8 号–7	618.0～627.0	JF-JC–2	0	0.0	0.8	0.8	76	0.44	2:1	2:1	0.1	0.0
15 号–4	618.0～627.0	JF-JC–3	0	0.0	0.9	0.9	76	0.07	2:1	2:1	0.0	0.0
合计						5.25						

检查灌区	部位（高程，m）	孔号	水泥用量				单位注入量（kg/m）	灌浆压力（MPa）	压浆试验时间			
			注灰（kg）	废弃（kg）	管道占灰量（kg）	合计（kg）			日期（月/日）	开始（时:分）	终止（时:分）	纯灌（时:分）
3 号–3	618.0～627.0	JF-JC–4	0.8	8.0	0.0	8.8	0.8	0.61	10/25	10:43	11:13	0:30
4 号–4	618.0～627.0	JF-JC–5	0.2	12.9	0.0	13.1	0.2	0.62	10/25	12:17	12:52	0:35
6 号–6	618.0～627.0	JF-JC–1	0.2	12.9	15.3	28.4	0.2	0.62	10/25	9:02	9:32	0:30
8 号–7	618.0～627.0	JF-JC–2	0.1	8.0	28.9	37.0	0.2	0.59	10/25	9:00	9:30	0:30
15 号–4	618.0～627.0	JF-JC–3	0.0	0.0	12.9	12.9	0.0	0.64	10/25	10:42	11:12	0:30
合计			1.3	54.7	44.2	100.2						

表 3-39　灌浆前后横缝测缝计开合度特征值统计

灌区分段	横缝号	测点			开合度（mm）		增开度（mm）	封拱后变化情况
		测点编号	坝段位置	高程（m）	封拱前	封拱后		
建基面～609m 高程	6 号横缝	J16	6～7 号	570	0.08	0.67	0.59	趋于稳定
		J18	6～7 号	580	0.95	1.93	0.98	
		J19	6～7 号	590	1.46	2.06	0.60	
		J22	6～7 号	600	2.11	3.02	0.91	
		J23	6～7 号	610	2.40	2.81	0.41	
	8 号横缝	J32	8～9 号	560	1.28	1.69	0.41	趋于稳定
		J34	8～9 号	570	2.12	2.98	0.86	
		J36	8～9 号	580	1.20	3.45	2.25	
		J37	8～9 号	590	1.94	3.19	1.25	
		J40	8～9 号	600	2.26	3.20	0.94	
		J42	8～9 号	610	2.62	3.77	1.15	
	10 号横缝	J48	10～11 号	560	0.06	0.87	0.81	趋于稳定
		J50	10～11 号	570	3.19	3.76	0.57	
		J51	10～11 号	580	1.97	2.34	0.37	
		J53	10～11 号	590	2.46	2.91	0.45	
		J56	10～11 号	600	2.69	3.07	0.38	
		J58	10～11 号	610	2.63	3.10	0.47	
	13 号横缝	J63	13～14 号	580	1.89	2.87	0.98	趋于稳定
		J66	13～14 号	590	1.23	2.19	0.96	
		J68	13～14 号	600	1.19	2.01	0.82	
	15 号横缝	J78	15～16 号	590	2.98	4.87	1.89	趋于稳定
		J79	15～16 号	600	2.71	3.87	1.16	
		J81	15～16 号	610	0.97	2.57	1.60	

九、运行期坝体工作性态

大坝投入运行以来，大坝各廊道内未发现新的裂缝。施工期出现的裂缝按设计要求采用化学灌浆进行了处理，在运行期未再发展，大坝下游面干燥，未发现渗水现象。坝体渗水通过排水孔汇集到廊道排水沟，然后和坝基排水一起通过 560～575m 高程廊道排水沟汇集到 560m 高程廊道集水井，测得总渗漏量最大值为 2.29L/s，相应坝前水位为 644.5m，其中绝大部分为坝基渗水，坝体渗水量很小。

从运行期大坝监测成果来看，坝体内部温度变化不大，大部分在 10～20℃之间，说明大坝整体保温效果较好；坝体横缝处测缝计测值较为稳定，横缝灌浆效果较好；蓄水后，应力应变和库水位相关性较好，水位上升对坝体拉应力减小起到了显著作用；坝体内大部分渗压计处于无压状态，大坝越冬面所埋裂缝计测值变化小于 0.10mm，大坝越冬面新老混凝土结合良好。

从运行期廊道内渗水情况、大坝下游面渗水情况以及运行期大坝渗压计、温度计、应力应变计、测缝计的监测成果等综合来看，本工程的温控防裂效果显著，大坝混凝土裂缝处于整体可控状态，达到了设计目的。

参考文献

[1] 朱伯芳. 论拱坝的温度荷载 [J]. 水力发电，1984（2）：2329.

[2] 朱伯芳，厉易生. 寒冷地区有保温层拱坝的温度荷载 [J]. 水利水电技术，2003，34（11）：43-46.

[3] 朱伯芳. 混凝土拱坝运行期裂缝与永久保温 [J]. 水力发电，2006，32（8）：21-27.

[4] 朱伯芳. 从拱坝实际裂缝情况来分析边缘缝和底缝的作用 [J]. 水力发电学报，1997，（2）：59-66.

[5] 肖志乔. 拱坝混凝土温度防裂研究 [D]. 南京：河海大学，2004.

[6] 杨弘，奚智勇. 高拱坝裂缝成因及防治措施 [J]. 大坝与安全，2010（4）：1-5.

[7] 郝燕云. 白山水电站大坝混凝土保温及防裂效果 [J]. 水力发电，1987（7）：23-29.

[8] 宋恩来，孙向红. 混凝土重力拱坝出现裂缝的初步分析 [J]. 东北电力技术，1998（10）：5-8.

[9] 涂向阳，奚智勇. 二滩高拱坝裂缝监测与控制措施综合分析 [J]. 人民珠江，2010（6）：66-69.

[10] 马洪琪. 小湾水电站建设中的几个技术难题 [J]. 水力发电，2009（9）：7-21.
[11] 吕联亚. 云南某大型水电站坝体裂缝加固化学灌浆技术 [C] //新防水堵漏工程标准宣贯与技术研讨会论文集. 2011 年 8 月 26 日，宁夏银川，中国：98-102.
[12] 黄淑萍，等. 高拱坝裂缝成因关键技术研究 [C] //水工大坝混凝土材料与温度控制学术交流会论文集，2009 年 7 月，成都，中国.

第四章

大坝安全监测成果分析及评价

第一节　山口大坝安全监测系统总体情况

大坝安全监测是一种原型监测。大坝工程环境条件复杂，很难完全借鉴、参考其他类似工程，又因其安全性要求极高，施工和运行过程中需要尽可能客观、全面地了解掌握其实际状态，因此，原型安全监测就成为贯穿大坝设计、施工、蓄水和运行全过程中不可替代的一项重要工作。

混凝土拱坝是典型的超静定结构，巨大的库水推力经由自坝基至坝顶的一层层拱圈传递至两岸拱端，此外，自左岸至右岸一段段悬臂梁结构也与拱圈一起共同承担着库水推力。坝基及两岸防渗结构与坝体一起共同构筑了完整的防渗体系。

由于地处严寒地区，山口拱坝无论是施工期还是蓄水后的运行期每年都要经受高至 38℃以上、低至-40℃的环境温度变化，这对于高次超静定的混凝土拱坝结构是一种严峻考验。另外，历时数年的建坝期间，每年冬季均因无法施工而于 11 月至次年 3 月暂停混凝土浇筑，已浇混凝土的表面如何平安过冬也是工程设计和施工需要面对的重要问题。

针对混凝土拱坝的一般性问题以及山口拱坝的特殊性问题，对其安全监测系统做了精心设计布置，选用优良的仪器设备，监测工作的实施也紧随主体工程进度有条不紊开展。经过若干年艰苦、细致的工作，获得了施工期、蓄水期及运行以来完整、可靠的监测数据，并通过对监测成果的处理和分析，客观、全面地了解了这座严寒地区混凝土拱坝的实际状况，为总结类似工程的设计、施工经验积累了宝贵资料，也为山口大坝今后的长期运行、管理提供了科学依据。

大坝的安全监测包括拱坝坝体、坝基和坝肩高边坡监测。

一、监测项目

根据拱坝及区域地质特点，拱坝仪器监测项目有：变形监测、应力应变监测、渗流渗压监测、坝肩边坡稳定监测和自动化采集系统等。

二、变形监测

变形监测包括坝体水平位移、竖直位移和坝肩变形，特别是两坝肩坝体的切向位移，它反映出坝肩基础的变形状态。拱坝本身具有较强的超载能力，它是建立在稳定性较好的坝肩基础之上的，因此，坝肩变形监测和坝体切向位移监测是变形监测的关键项目。

根据山口拱坝多拱梁法计算成果及坝体结构、地质条件，拟定垂线作为变形监测的主要测量方法，垂线采用正、倒垂线相结合，垂线设置在地质或结构复杂的具有代表性的坝段，所谓代表性坝段，指最高坝段，或是观测成果易于和计算成果或模型试验成果比较的坝段。正垂线采用“单段式或一线多测站式”，倒垂线锚固深度参照坝工设计计算结果，取坝高的 1/3～1/2 深度，且不小于 10m。

根据大坝结构共布置 5 条倒垂线、9 条正垂线，分别在 2、6、9、13、20 号坝段的中心断面设置垂线，垂线为正倒垂组。

2 号坝段处倒垂线从坝顶钻孔穿过基础至 603m 高程，形成一条倒垂线，钻孔孔深 15m，共计 1 个测点，1 台坐标仪，选用二维坐标仪。且在该处设置双金属管标，孔深 15m。

6 号坝段处垂线从坝顶钻孔至 620m 高程廊道，形成一条正垂线，再从 620m 高程廊道钻孔至 597m 高程廊道，形成一条正垂线，再从 597m 高程廊道钻孔至坝基灌浆廊道，形成一条正垂线。倒垂线从坝基灌浆廊道钻孔穿过基础至 528m 高程，钻孔深 35m，该处垂线分别在 620m 和 597m 高程、基础廊道内均设置测点，共计 4 个测点，共 4 台坐标仪，采用二维坐标仪。

9 号坝段处垂线从坝顶钻孔至 620m 高程廊道，形成一条正垂线，再从 620m 高程廊道钻孔至 597m 高程廊道，形成一条正垂线，再从 597m 高程廊道钻孔至坝基灌浆廊道，形成一条正垂线。倒垂线从坝基灌浆廊道钻孔穿过基础至 515m 高程，钻孔深 40m，该处垂线分别在 620m 和 597m 高程、基础廊道内均设置测点，共计 4 个测点，共 4 台坐标仪，选用二维坐标仪。同时，在该处设置双金属管标，孔深 40m。

13 号坝段处垂线从坝顶钻孔至 620m 高程廊道，形成一条正垂线，再从 620m 高程廊道钻孔至 597m 高程廊道，形成一条正垂线，再从 597m 高程廊道钻孔至坝基灌浆廊道，形成一条正垂线。倒垂线从坝基灌浆廊道钻孔穿过基础至 530m 高程，钻孔深 35m，该处垂线分别在 620m 和 597m 高程、基础廊道内均设置测点，共计 4 个测点，共 4 台坐标仪，选用二维坐标仪。

20 号坝段处倒垂线从坝顶钻孔穿过基础至 608m 高程，形成一条倒垂线，钻孔孔深 15m，共计 1 个测点，1 台坐标仪，选用二维坐标仪，同时在该处设置双金属管标，孔深 15m。

坝肩变形：在两坝肩各布置 2 个测斜孔，在坝顶和 620m 高程设两个测斜孔，监测两坝肩在不同高程的水平位移，测斜管的主槽方向与拱端径向一致。

在坝顶设置 9 个综合标，用平面控制网监测坝顶水平位移，与垂线附近测点可互相对比。利用水准网监测坝顶的沉降位移。

坝体沉降监测：在基础廊道内设置 6 个精密水准点，监测坝基的沉降量和不均匀沉降，在拱冠处设置一个标定点，在 620m 高程监测廊道内，布置 8 个精密水准点测点，在右坝肩设一标定点。在 3 个重点监测断面的上、下游坝基内埋设多点式岩石变位计各 2 支，共计 6 支，以监测坝基变形量。

弦长监测：用坝顶两坝肩监测墩监测坝顶弦长变化。

三、应力应变监测

应力应变按四拱三梁控制，即选取 560m、579m、605m、620m 高程拱圈，3 个主监测断面分别为主河床拱冠梁 9 号坝段、左岸岸坡 6 号坝段、右岸岸坡 13 号坝段进行应力应变监测，另外，对 12 号深孔坝段辅助观测断面的控制闸井段和孔洞周围进行应力应变监测。

在 6、9、13 号 3 个主监测断面各拟定 3 个观测截面，在各高程观测截面的上、中、下游布设五向应变计组，共 27 组，并每组配备 1 支无应力计，共 27 支，间距 1.0m；在 4 个高程拱圈内，初步选取 3～4 个截面，布设五向应变计组，共计 30 组，并配备 1 支无应力计，共计 30 支。

在溢流坝段的闸墩底部内外侧以及底板上下侧布设12支钢筋计和1支无应力计，同时在表孔门机大梁内共布设3支钢筋计。

在12号深孔控制闸井的边墙内外侧、底板上下侧受拉受压比较大的部位各布设6支钢筋计和1支无应力计，深孔坝段在其过水孔洞段拟定2个观测断面，在各观测断面的孔口四周分别布设钢筋计、钢板计以及渗压计，共计钢筋计4支、钢板计4支、渗压计4支。

在6、9、13号各重点监测断面坝基的下游即坝趾处均设置压应力计，以监测坝趾基础应力，共计压应力计3支。

应力监测采用五向应变计组，布置在距上、下游面2.0m，拱端应变计组距拱端面3.0m。因施工干扰较大，坝体中部不考虑。应变计组成的平面，拱端五向“1–4”向组成平面平行于拱端，“1、5”向组成平面为水平面。拱冠梁五向，“1–4”组成平面平行于坝面，“1、5”向平面为水平面，每组应变计配上1支无应力计，施工方法采用挖钻法，应变计和无应力计均采用大应变计。

四、温度监测

温度监测包括坝体混凝土温度、基础温度分布、表面温度、库水温等监测。常态混凝土坝的温度变化对坝体应力影响比较大，坝体温度场监测采用“三梁三拱”网状控制，即选取560m、579m、605m、620m高程拱圈，3个主监测断面主河床拱冠梁坝段、左岸岸坡坝段、右岸岸坡坝段进行温度监测。

坝体温度测点应按温度场的状态进行布置，在温度、梯度较大的坝面附近或孔口附近测点宜适当加密，在能兼测温度的其他仪器处不再布置温度计。

坝体表面温度采用埋设在距坝体上、下游表面5～10cm的坝体混凝土内沿高程布置温度计进行监测，坝体内部混凝土温度采用网格布置温度测点，网格间距为8～15m。基岩温度在温度观测断面的基础底部，靠上、下游设置深入基岩5～10m深的钻孔，在孔内不同的深度处设置测点布设温度计，以监测基础温度分布。

选取3个重点监测断面主河床溢流坝段、左岸岸坡坝段、右岸岸坡坝段的中心断面上按高程布设温度计，对大坝温度进行监测。另外，对深孔坝段辅助观测断面的孔洞周围进行温度监测。

坝体上游表面温度观测：在死水位以上，温度计布置间距为1/10～1/15的坝高，即6～9m，死水位以下测点间距为10～12m，各观测断面的温度计沿高程布设测点，位置控制在距上游表面5～10cm的混凝土内，温度计共计67支。

坝体混凝土温度监测：在重点监测断面即主河床溢流坝段、左岸岸坡坝段、右岸岸坡坝段的中心断面上沿高程按矩形网格布设温度计，且在坝体表面和孔洞周围适当加密布置温度计，以观测坝体内部温度，共计温度计81支。在深孔坝段其孔洞周围拟定两个观测断面，在每个观测断面布设温度计，共计温度计8支。

基础温度监测：在各重点监测断面基础的上、下游钻孔（孔径ϕ56mm），孔深10m、埋设5支温度计，观测基岩在混凝土水化热温升时对基础的温度传递和基础不同深度下温度分布，共计温度计30支；另在温度观测断面的基础混凝土垫层内埋设温度计，观测垫层常态混凝土的温度，共计温度计15支。

施工越冬面的温度监测为重点监测部位，选择主河床7、8、9、10、11号坝段施工越冬面（即575m、610m高程平面）上、中、下游新旧混凝土接触面处的5～10cm范围内埋设温度计各3支，共计30支。

五、横缝及裂缝监测

横缝开合度监测：在主河床选取8、10号两条横缝沿高程每10m位置的距上、下游坝面2m各布置1支测缝计，共32支。在两岸坡坝段选择4、6、13、15号4条横缝沿高程每10m位置的距上、下游坝面2m各布置1支裂缝计，共56支。

施工越冬面的裂缝监测作为一个重点监测部位来监测，在河床坝段的7、8、9、10、11号坝段施工越冬面即575m、610m高程平面上、下游新旧混凝土截面的200cm范围内埋设裂缝计，共计20支。

接触缝的观测：在各个重点监测断面和深孔坝段观测断面坝体与基础结合部位的上、下游布置裂缝计3支，监测坝体基础面的开合度，共计9支。

六、渗流渗压监测

渗流渗压观测包括大坝坝基扬压力、两坝肩绕坝渗流、混凝土浇筑层面渗压分布以及大坝和坝基渗漏量观测，另外，还包括对施工越冬面的渗压观测。

6、9、13 号坝段内部监测仪器布置参考图 3-3。

1. 混凝土浇筑层面渗压分布

坝体水平施工缝面上的渗透压力测点，设在上游坝面至坝体排水管之间，测点间距自上游面起，由密渐稀，靠近上游面的测点与坝面的距离不应小于 0.2m。在混凝土浇筑施工缝面布设渗压计，由各高程上游侧的第一支渗压计，可得到坝体混凝土在高程方向的渗透压力分布，各层渗压计可得到坝体沿水平方向的渗透压力分布。

在主监测断面即主河床 9 号溢流坝段、左岸岸坡 6 号坝段、右岸岸坡 13 号坝段的中心断面上拟定 3 个观测截面，在各个观测截面上布设渗压计，共计 36 支；在深孔坝段其过水孔洞段拟定两个观测断面，在各观测断面的孔口四周布设渗压计，共计 4 支。

2. 坝基扬压力

沿平行坝轴线、垂直坝轴线布设测压管，以观测坝基帷幕前后纵横向的扬压力分布。纵向监测断面设 1 个，在上游主帷幕灌浆 560m 高程廊道。纵向：在上游帷幕后每个坝段均设 1 个测点，帷幕前仅在 3 个主监测坝段处布设测点，共计渗压计 3 支。横向：在 3 个主监测坝段建基面以下 1.0m 处，从上游到下游由密渐疏布设渗压计，以观测坝基横向扬压力分布，各设 4 个测点，共计渗压计 12 支。上游帷幕前的测点和横向测点均采用埋设渗压计，其他纵向扬压力测点处均设置测压管，在测压管内安装渗压计，共计测压管 17，渗压计 17 支。

3. 绕坝渗流

绕坝渗流：在两坝肩的 649m 高程廊道及 620m、590m 高程两层排水洞内钻孔安装渗压计，监测两坝肩的渗压分布情况。左、右坝肩选两个监测断面，每个断面布置 3～4 个测点，共计渗压计 10 支。

4. 渗漏量

渗漏量监测：依据坝体及坝肩排水和汇集抽排，在 560m 高程廊道及坝基集水井前安装量水堰，监测基础、坝体、坝肩渗漏量，共计 5 个量水堰。

七、高边坡监测

边坡监测：包括坝肩开挖边坡、左岸坝肩高边坡监测。拟定两坝肩上、下游边坡各布置 2 个测斜孔，下游坡各布置 4 套多点位移计。左岸坝肩平台高边坡选择两个最大断面，布置 4 个测斜孔、4 套活动测斜仪、8 套多点位移计，以监测边坡在施工期和运行期的变形稳定。外部水平位移监测利用水平位移监测网中的基点，在马道等处布置 8 个高边坡监测点（兼作垂直位移测点），采用边角交会方法进行观测。

为监测左岸坝肩平台高边坡的变形稳定性，在左岸坝肩平台高边坡选择 2 个最大监测断面，在边坡预应力锚索中，选取最大边坡两个断面上的 4 个高程位置的锚索，设置相应吨位的锚索测力计，共计 8 支，同时，在深入岩石 4.5m 的锚杆中选择 10 根锚杆布置 10 支锚杆应力计，以观测边坡的支护效果。

八、左岸拱座加固监测

为监测左岸拱座加固边坡的变形稳定性，在左岸拱座加固边坡选择 2 个监测层面，在 606m、594m 高程层面的边坡预应力锚索中，分别交叉选择 3 个和 4 个位置的锚索，设置相应吨位的锚索测力计，共计 7 支，同时，在深入岩石 9.0m 的锚杆中选择 10 根锚杆布置 10 支锚杆应力计，以观测边坡的支护效果。

第二节 监测成果分析

山口大坝安装埋设了大量的安全监测仪器设备，在工程施工期、运行期获得了一系列宝贵的监测数据。对大坝、左右岸边坡的主要监测成果进行分析总结，数据资料时间截至 2019 年 4 月。

一、坝基及基岩

（一）建基面及基岩变形

建基面及基岩变形监测包括两种监测项目：建基面附近变形和基岩大深度范围变形，前者采用裂缝计观测（仪器埋设在建基面以上混凝土内，连接仪器的 2m 长变形杆埋设在建基面以下岩体内，所测成果为 2m 范围岩体变形和建基面接缝变形的和），布置在河床 7～12 号坝段；后者采用多点位移计观测，所测基岩深度范围为 6～25m 不等，布置在 6、9、13 号主监测坝段，详见表 4-1。

表 4-1　　　　建基面及基岩变形监测布置情况

监测项目	监测仪器	监测部位	深度范围
浅层基岩变形	裂缝计	河床坝段坝踵及坝中	2m
深层基岩变形	多点位移计	主监测坝段 6、9、13 号坝踵、坝趾	6～25m 不等

监测基岩大深度范围变形的多点位移计埋设时需要向基岩深处钻孔，将位移传递杆伸进孔内后灌注砂浆，以将杆端锚固在基岩深处。但在埋设时，由于孔内不断涌水，灌浆锚固效果不佳，造成多点位移计监测成果质量不高（仅 6 号坝段监测数据较好），故以裂缝计所测成果为基岩变形的主要分析依据。

（1）从裂缝计监测成果中发现：8、9、10 号坝段建基面以下距上游面 2m 处变形明显，2011 年 10 月下旬仪器埋设后不久因入冬不具备观测条件，从 11 月至次年 5 月一直未测，6 月恢复观测后上述变形较入冬以前增大显著（见图 4-1），8、9、10 号坝段的变化量分别约在 4mm、9mm、4mm，此后则基本保持稳定，未再继续增大。这几个坝段的位移增大可能与 2011 年坝基固结灌浆有关。除这几个坝段外，其余坝段变形值不大，无异常变化。

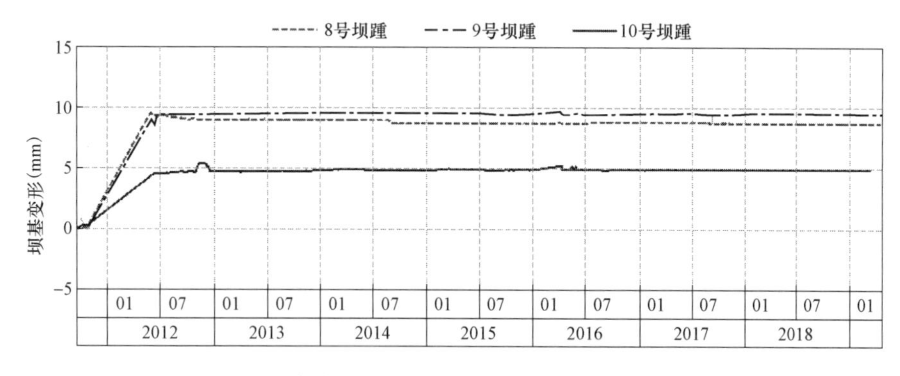

图 4-1　主监测坝段坝踵基岩浅层变形过程线

（2）从 6 号坝段多点位移计测值来看，在蓄水初期，随着库水位上升，靠近下游侧的基岩向压缩方向变化，其中，6 号坝段下游侧 25m 深处测点位移变化较为明显，在蓄水阶段该点竖直位移变化 1.6mm（压缩方向）。

（二）基岩温度

在6、9、13号坝段基岩不同深度布置了温度计来观测基岩温度情况，其中，Tr_{1-1}～Tr_{1-5}和Tr_{2-1}～Tr_{2-5}在2011年10月左右埋设，Tr_{3-1}～Tr_{3-5}在2012年4月埋设。从监测成果来看：基岩温度计深度越深，其温度变幅也越小，说明基岩深处温度较为稳定，2019年6月基岩温度在8℃左右。

二、坝体位移

（一）坝体水平位移

为监测坝体的位移情况，在6、9、13号坝段布置了正垂线，以6、9号坝段监测成果为主要分析依据。6号和9号坝段正垂线测值和库水位过程线见图4-2和图4-3，典型时刻拱坝位移统计表见表4-2。

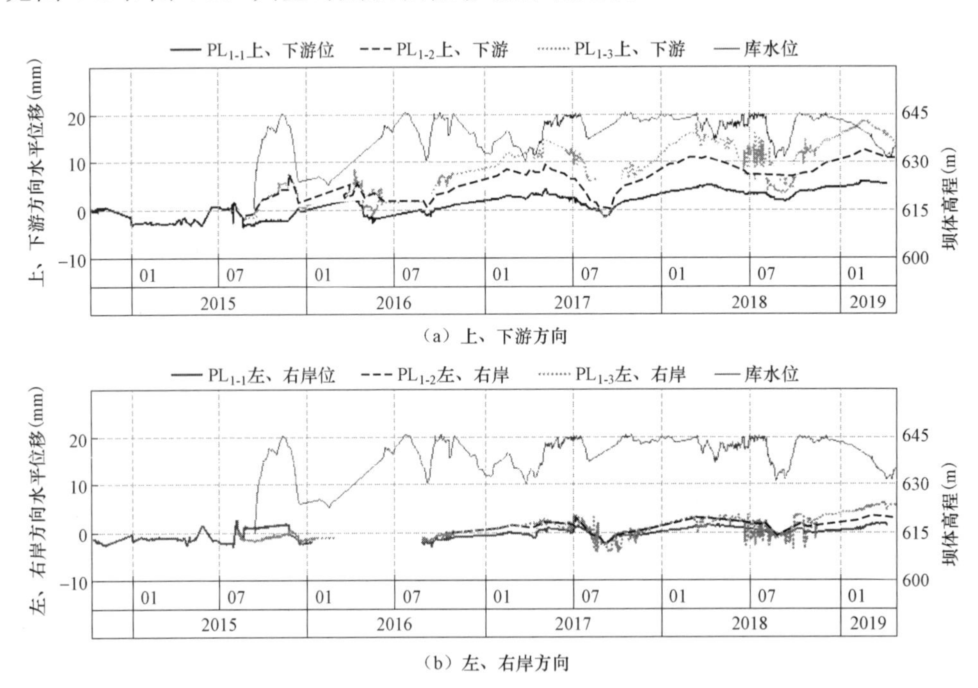

（a）上、下游方向

（b）左、右岸方向

图4-2　6号坝段正垂线和库水位对比过程线图

表4-2　　6号和9号坝段正垂线典型时刻位移统计表　　单位：mm

测点编号	高程（m）	2015年8月10日（蓄水前）		2018年3月8日（高水位644.82m）		2018年9月12日（水位632.77m）	
		上、下游	左、右岸	上、下游	左、右岸	上、下游	左、右岸
PL_{1-1}	595	0.03	0.03	4.53	1.32	1.99	−0.53

续表

测点编号	高程（m）	2015年8月10日（蓄水前）		2018年3月8日（高水位644.82m）		2018年9月12日（水位632.77m）	
		上、下游	左、右岸	上、下游	左、右岸	上、下游	左、右岸
$PL_{1\text{-}2}$	620	0.01	0.01	11.10	3.16	3.69	−0.05
$PL_{1\text{-}3}$	649	−0.02	0.02	15.92	2.63	5.35	—
$PL_{2\text{-}1}$	595	0.06	−0.03	14.68	4.46	8.49	3.59
$PL_{2\text{-}2}$	620	0.08	0.02	—	4.32	17.63	−0.87
$PL_{2\text{-}3}$	649	0.07	0.04	—	−5.62	—	−9.74

（1）一般来说，随着库水位上升，水位对拱坝坝体有向下游和向两岸的推力作用，因此，坝体位移一般呈现向下游和向两岸位移的趋势。

（2）从山口拱坝正垂线监测成果来看，6号和9号坝段坝体上、下游位移和库水位呈正相关关系，即：库水位上升，坝体向下游位移，库水位下降，坝体向上游位移。从6号和9号坝段来看，坝体整体向下游位移，且高程越高，位移越大，6号和9号坝段坝顶处位移最大，最大位移分别为18.73mm和19.99mm。总体上，向下游位移逐年有所增大。

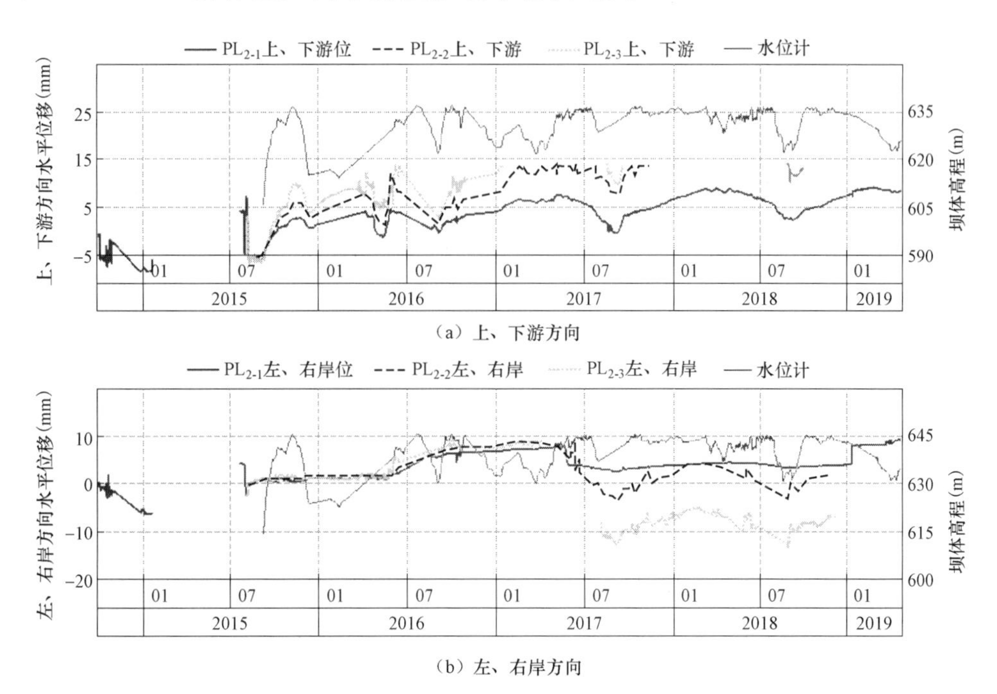

图 4-3　9号坝段正垂线和库水位对比过程线图

（3）6 号坝段在 2015 年 8 月蓄水初期向右岸位移，至 8 月底向右岸位移为 1.5mm（PL_{1-3} 测点），到 9 月中旬随着库水位进一步上升，6 号坝段开始向左岸方向位移，至 2015 年 11 月 10 日期间向左岸位移了约 1mm（2015 年 8 月底至 11 月 10 日期间）。出现这种变化规律的可能原因：由于 6 号坝段坝基高程较高（563m 高程），蓄水初期，库水位对拱的作用力不大，后随着库水位逐渐上升，拱的作用力也逐渐增大，目前最大向左岸位移为 6.5mm，发生在 2019 年 3 月。9 号坝段在蓄水初期，左、右岸方向位移呈现出向左岸位移的规律，向左岸最大位移为 10.2mm；2017 年 7 月以后，坝体上部 PL_{2-2} 和 PL_{2-3} 测点逐渐向右岸变形，截至 2019 年 6 月，最大向右岸位移为 13.1mm。

（二）坝体垂直位移

为监测坝体的垂直位移，在 560m 高程和 595m 高程分别布置了 1 条静力水准仪，但由于施工干扰，静力水准仪时常出现漏液现象，整体来看，在 2017 年 7 月以前数据规律性不好。2017 年 7 月以后，静力水准仪所测沉降变化平稳，变化量较小，基本在 1.5mm 以内，无明显趋势性变化，如图 4-4 所示。

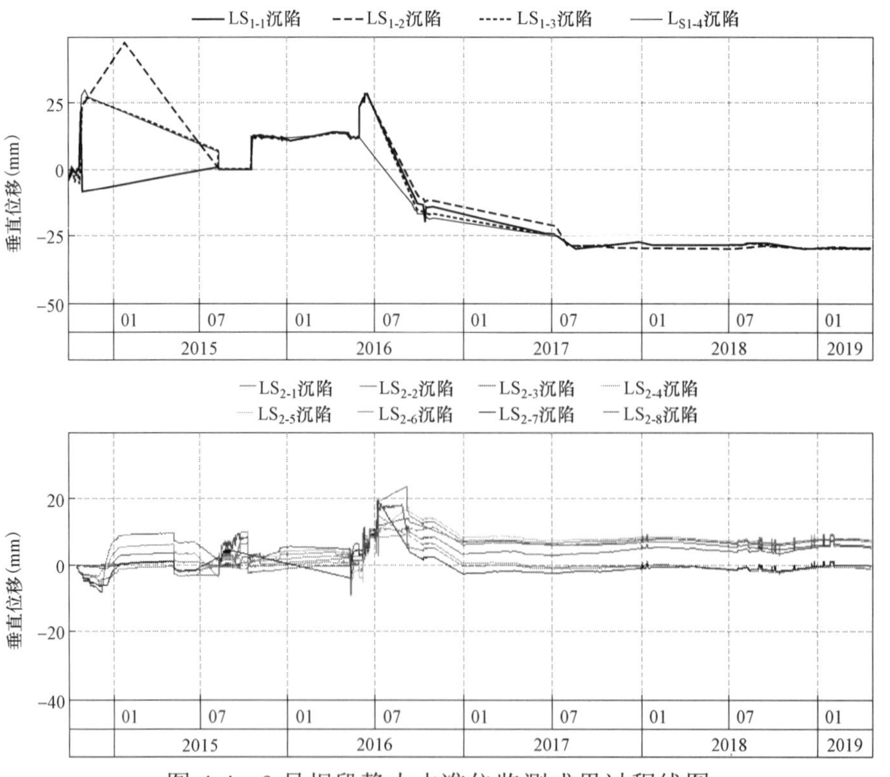

图 4-4　9 号坝段静力水准仪监测成果过程线图

595m 高程处双管标监测成果过程线如图 4-5 所示。可以看出，从蓄水以后至 2016 年底，垂直位移呈现下沉趋势，其下沉量为 6.4mm；2017 年以后，沉降变形基本稳定，并呈年周期性变化，2 月沉降较大，9 月沉降较小，年变幅约为 2mm。

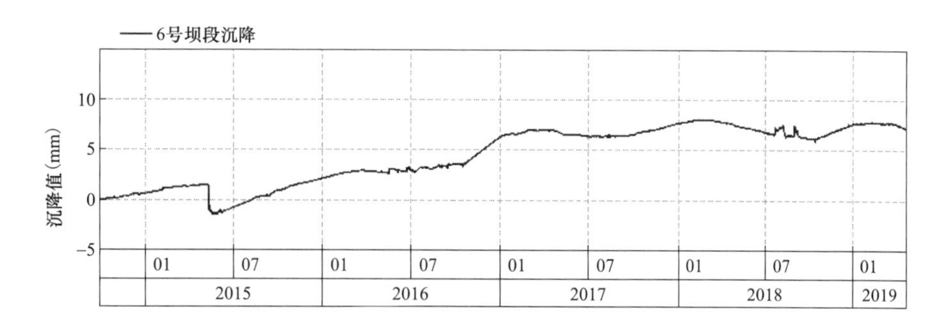

图 4-5　双管标监测成果过程线图

出现下沉的原因可能为：双管标埋设位置更靠近下游侧（埋设位置离上游侧 7.6m，离下游侧 4m），由于受到库水位作用，坝体呈现下游倾斜的规律，因此，更靠近下游侧的测点位置出现下沉。

三、坝体温度

山口拱坝基岩内、建基面、上游表面以及坝体内若干高程上埋设了大量温度计，主要布置在主监测坝段，即 6、9、13 号坝段，借此了解施工期、蓄水期和运行期坝体内部及其边界温度分布和变化情况。这些温度计监测成果同时也是评价施工温控效果的重要依据。

（一）施工期坝体温度

在山口坝址区，夏季炎热、冬季严寒且持续时间长，夏季极端最高气温为 39.4℃，冬季极端最低气温为−41.2℃；昼夜温差大且寒潮频繁，常态混凝土坝每年 4～10 月为施工期，冬季停止混凝土施工，这种间歇式的施工方法及恶劣的气候条件使其具有独特的温度应力时空分布规律，因此，山口大坝的温控与防裂的难度极大。

山口大坝埋设了大量的温度计，这些实测温度体现了混凝土浇筑以后在水化热影响下的升温以及随后的降温过程，这一过程也很好地反映了温控措施的作用。

1. 温度控制标准

大坝混凝土温控标准见表 3-1、表 3-2，各坝段封拱温度见表 4-3。

表 4-3　　山口拱坝各坝段封拱温度表　　单位：℃

高程（m）	坝段																					
	1	2	3	4	5	6	7	8	9	10	11	12	13	14	15	16	17	18	19	20	21	22
649	8	8	8	8	8	8	8	6	6	6	6	6	8	8	8	8	8	8	8	8	8	8
635		8	8	8	8	8	8	6	6	6	6	6	8	8	8	8	8	8	8	8	8	
620			6	6	7	7	7	6	6	6	6	6	7	7	7	7	7	6	6			
605				6	6	7	7	6	6	6	6	6	7	7	7	7	6	6				
592					6	6	7	7	7	7	7	7	7	7	7	6	6					
579						6	6	7	7	7	7	7	7	7	6	6						
567							6	6	6	6	6	6	6	6	6							
555								6	6	6	6	6	6	6								

2. 坝体分期通水冷却

根据坝址区气候条件，对不同季节浇筑的混凝土进行初、中、后期通水冷却。

（1）初期冷却。初期冷却在开仓前 0.5h 即开始通天然河水（春季）或 6～8℃制冷水（夏季、秋季）对新浇混凝土进行初期冷却，冷却时间按混凝土降温幅度控制，约束区为 6～8℃、自由区为 8～10℃通水时长 14～21d。目的主要是削减浇筑混凝土初期水化热温升，控制混凝土不超过允许最高温度，同时削减坝体混凝土内外温差，降低二期冷却开始时的混凝土温度，减小温度应力。

（2）中期冷却。中期冷却在每年 9 月对当年 4～7 月浇筑的混凝土，10 月对当年 8、9 月浇筑的混凝土进行中期冷却，冷却采用天然河水，冷却时间按混凝土温度降到 16～18℃为准（30～50d）。目的一是对每年夏季的混凝土在入冬前通水进行冷却，以减小大坝上、下游坝面附近混凝土的内、外温差，减小越冬时的温度应力，防止产生坝面裂缝；二是对大坝混凝土的温度进行缓慢降温，以减小接缝灌浆前三期通水的压力。

（3）后期冷却。后期冷却应两个灌区（2×9m=18m）同时冷却，后期冷却开始时间按该组混凝土最短龄期 90d 为准，通 4～6℃制冷水，最终冷却至封拱温度，通水时长 50～60d。目的是将坝体混凝土温度降至稳定温度或设计要求的封拱温度，使混凝土充分收缩，进行接缝灌浆。

（二）温控效果分析

6、9、13 号坝段为 3 个特征坝段，埋设了坝体温度计，施工期坝体典型温度过程线见图 4-6～图 4-8 和表 4-4～表 4-8。

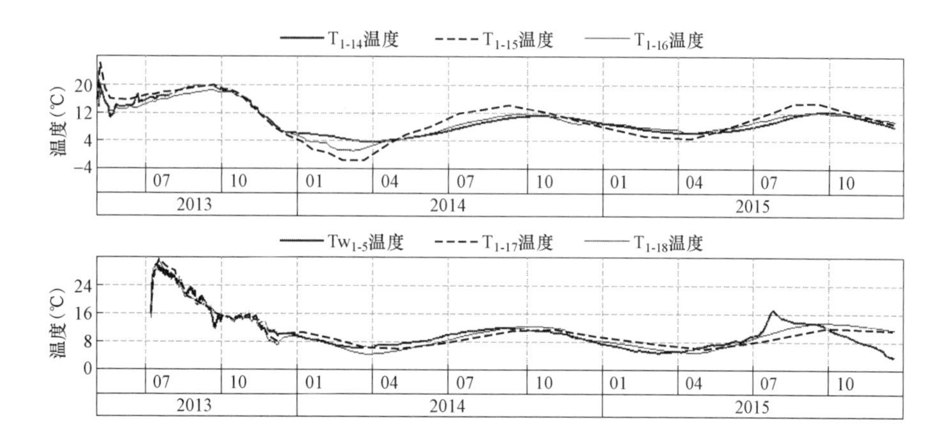

图 4-6　6 号坝段 597m 高程温度过程线

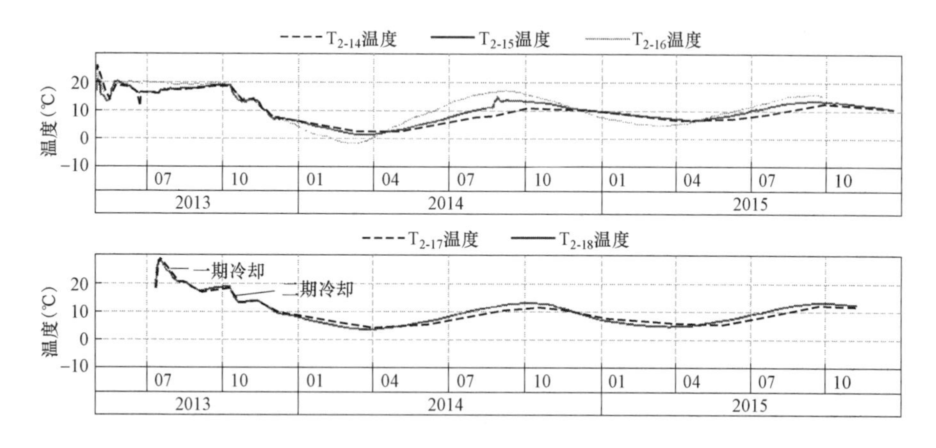

图 4-7　9 号坝段 591m 高程温度过程线

施工期温度监测成果表明：

（1）根据浇筑期最高温度控制标准，主监测坝段存在部分测点超标现象，测点超标率约为 10%，但整体超标幅度不大，超出幅度大部分在 5℃以内，监测到的最高温度为 31.1℃，出现在 6 号坝段的 T_{1-17} 测点。

（2）混凝土浇筑后进行了通水冷却，根据温控要求“混凝土的日降温速度控制在每天 0.5～1.0℃范围内”，整体来看，通水冷却降温速率控制较好，日降温速度控制达标率为 91.7%，少数超标的原因可能是一期冷却水采用河水，其水温无法控制。

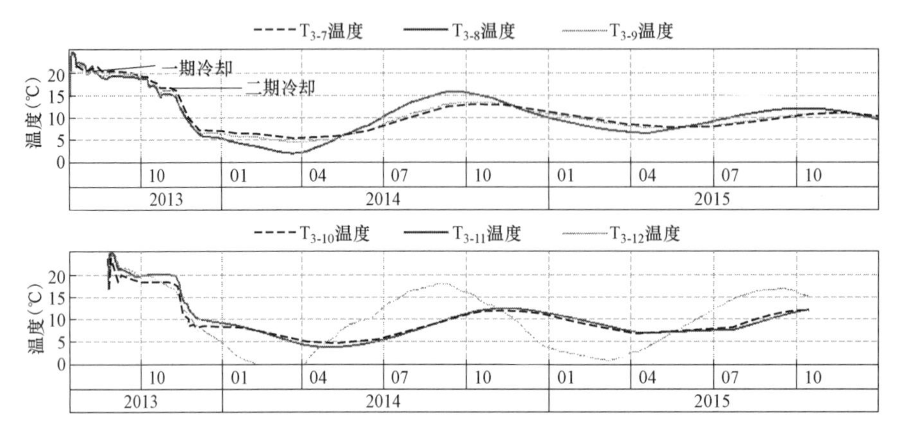

图 4-8　13 号坝段 581m 高程温度过程线

（3）根据设计要求，拱坝混凝土浇筑后经历了一期、中期和后期冷却。

从实测混凝土温度来看，一期冷却降温速率满足设计要求，中期冷却后混凝土温度均在 18℃以下，也满足设计要求。

（4）从强约束区典型混凝土温度—时间过程线可以看出，该测点 T_{1-4} 位于 6 号坝段 567.7m 高程。由图 4-9 可以看出，混凝土温度经历了 5 个阶段：

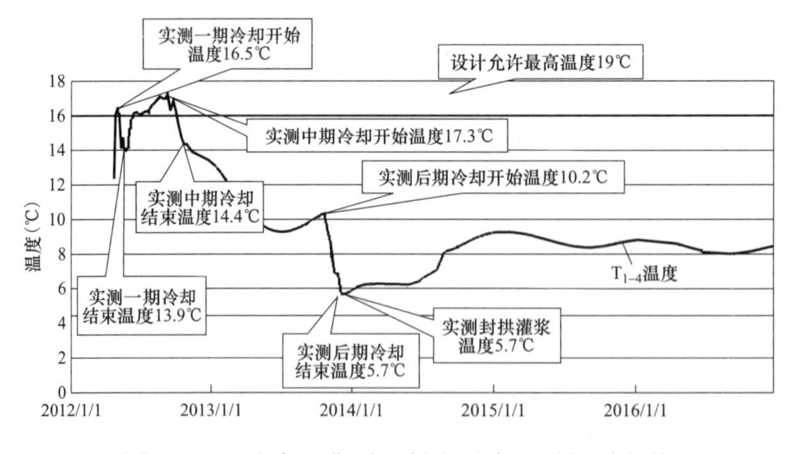

图 4-9　强约束区典型混凝土温度—时间过程线

1）一期冷却阶段，混凝土浇筑后由于水化热作用，温度逐渐升高，达到最高温度 16.5℃，在冷却作用下，温度逐渐降低，至一期冷却结束，混凝土温度为

13.9℃。一期冷却期间混凝土平均降温速率为0.1℃/d，符合设计要求（1.0℃/d）。

2）一期冷却结束后，混凝土温度开始回升，至中期冷却开始前，达到最高温度17.3℃，满足设计允许最高温度19℃要求。

3）中期冷却阶段，随着冷却的实施，混凝土温度再次降低，至中期冷却结束，混凝土温度14.4℃，平均降温速率小于0.1℃/d，符合设计要求。

4）中期冷却结束后，随着冬季来临，外界环境温度的下降，混凝土温度也继续降低，至次年夏季，混凝土温度又有缓慢回升。

5）后期冷却阶段，后期冷却开始时混凝土温度为10.2℃，后期结束温度为5.7℃，平均降温速率为0.1℃/d，符合设计要求。后期冷却结束后，实测封拱灌浆温度为5.7℃，符合设计要求的封拱灌浆温度为6℃的要求。

（5）为说明坝体温度分布情况，图4-10绘制了6、9、13号坝段2013年7月1日～2014年6月30日期间各高程（591m高程以下）平均温度和平均变幅分布图，可以看出：各层年均温度较为均匀，在7.5℃至10℃之间，均高于多年平均气温（5℃），坝体温度仍将继续下降。9号坝段各层年均温均过9℃，总体高于6号坝段。

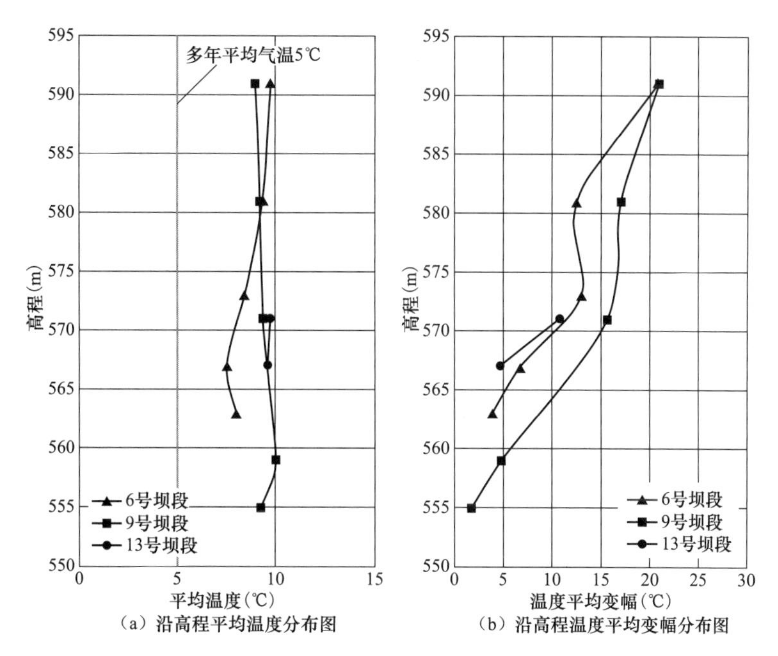

(a) 沿高程平均温度分布图　(b) 沿高程温度平均变幅分布图

图4-10　主监测坝段沿高程平均温度和平均变幅分布图

（2013年7月1日～2014年6月30日）

从各高程温度平均变幅来看，各层年均变幅差异明显，低处小高处大，这和低处降温速率趋缓有关。

（6）为说明封拱灌浆时的坝体温度情况（横缝灌浆情况统计见表 4-4），统计了 2013 年 12 月 20 日（一期）和 2014 年 4 月 20 日（二期）各高程的平均温度，并和设计封拱温度进行了对比，见表 4-5，可以看出：一期灌浆时封拱温度偏高，部分超出设计封拱温度；二期灌浆时因刚经历过一冬，封拱温度较一期明显降低，均满足设计封拱温度要求。

表 4-4　　横缝灌浆情况统计表

横缝号	高程范围	灌浆时间
一期灌浆		
6 号横缝	建基面～588.0m	2013 年 12 月 20 日
8 号横缝	建基面～576.0m	2013 年 12 月 20 日
10 号横缝	建基面～576.0m	2013 年 12 月 20 日
二期灌浆		
4 号横缝	建基面～609.0m	2014 年 4 月 20 日
6 号横缝	588.0～609.0m	2014 年 4 月 25 日
8 号横缝	576.0～588.0m	2014 年 4 月 20 日
8 号横缝	588.0～609.0m	2014 年 4 月 22 日
10 号横缝	576.0～588.0m	2014 年 4 月 20 日
10 号横缝	588.0～609.0m	2014 年 4 月 22 日
13 号横缝	建基面～588.0m	2014 年 4 月 20 日
13 号横缝	588.0～609.0m	2014 年 4 月 22 日
15 号横缝	建基面～609.0m	2014 年 4 月 20 日

表 4-5　　6、9、13 号坝段封拱灌浆温度对比表

6 号坝段				9 号坝段				13 号坝段		
高程（m）	2013 年 12 月 20 日	2014 年 4 月 20 日	设计封拱温度（℃）	高程（m）	2013 年 12 月 20 日	2014 年 4 月 20 日	设计封拱温度（℃）	高程（m）	2014 年 4 月 20 日	设计封拱温度（℃）
	平均温度（℃）	平均温度（℃）			平均温度（℃）	平均温度（℃）			平均温度（℃）	
563	6.9	—	6	555	9.9	—	6	567	—	6

续表

6号坝段				9号坝段				13号坝段		
高程（m）	2013年12月20日 平均温度（℃）	2014年4月20日 平均温度（℃）	设计封拱温度（℃）	高程（m）	2013年12月20日 平均温度（℃）	2014年4月20日 平均温度（℃）	设计封拱温度（℃）	高程（m）	2014年4月20日 平均温度（℃）	设计封拱温度（℃）
567	5.9	—	6	559	7.5	—	6	571	5.6	6
573	4.0	—	6	571	5.9	—	6	581	5.1	7
581	6.4	—	6	581	—	3.4	7	591	4.7	7
591	—	4.1	6	591	—	2.7	7	601	5.4	7
601	—	5.7	7	601	—	4.1	6	607	5.9	7
607	—	6.6	7	607	—	5.5	6			

（7）主监测坝段存在部分测点温度低于0℃的情况，低于0℃的测点相关信息统计见表4-6，其中T_{1-27}、T_{2-9}、T_{2-11}测点负值较小未统计入表。

表4-6　　　　主监测坝段低于零度的测点统计

测点编号	坝段	高程（m）	混凝土覆盖层厚度	距下游侧距离（m）	最低温度（℃）	发生时间
T_{1-10}	6号	573	距离575m高程廊道底板2m	1.5	−6.1	2014年2月17日
T_{1-15}	6号	591	距离595m高程廊道底板4m	7.5	−2.0	2014年3月7日
T_{2-16}	9号	591	距离595m高程廊道底板4.3m	0.9	−2.3	2014年3月8日
T_{3-12}	13号	591	距离595m高程廊道底板4m	2.5	−2.8	2014年3月10日

总体来看，低于0℃的测点大部分靠近下游侧，其中，最低温度为−6.1℃，出现在6号坝段的T_{1-10}测点（573m高程距下游侧1.5m）。

低于0℃的测点大部分出现在591m高程，如：6号坝段的T_{1-15}、9号坝段的T_{2-16}、13号坝段的T_{3-12}测点，且最低温度较为接近，最低温度分别为−2.0℃、−2.3℃、−2.8℃，发生时间在2014年3月9日前后。这3个测点和气温的对比图见图4-11。可以看出，这几个测点温度和气温的相关性较好，但存在一定的滞后性，混凝土最低温度比最低气温滞后约1个月。由于后期冷却需要，沿下游面铺设了冷却水管，造成下游面未做保温措施，这几个测点温度较低可能和此有关。

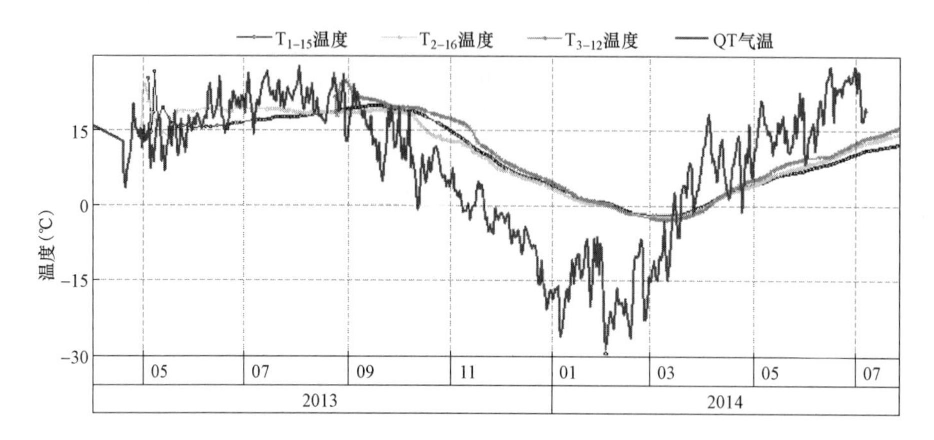

图 4-11 T_{1-15}、T_{2-16}、T_{3-12} 测点和气温对比过程线

（8）越冬面。在部分坝段越冬面布置了温度计和测缝计，用来观测越冬面混凝土温度情况以及新老混凝土结合情况。越冬面大部分测点温度在 0℃以上，但也有部分测点温度低于 0℃，详见表 4-7。

表 4-7　　越冬面低于 0℃的测点统计表　　单位：℃

测点编号	坝段	高程（m）	冬季最低温（℃）	最低温时间
TB_{3-2}	9 号坝段	557.7	−3.6	2011 年 12 月 25 日
TB_{1-4}	7 号坝段	599.5	−5.4	2013 年 2 月 22 日
TB_{1-5}	7 号坝段		−5.5	2013 年 2 月 22 日
TB_{1-7}	4 号坝段	614	−2.1	2014 年 3 月 5 日
TB_{1-9}	4 号坝段		−1.4	2014 年 3 月 7 日
TB_{2-7}	6 号坝段	620	−4.6	2014 年 2 月 17 日
TB_{2-8}	6 号坝段	620	−3.5	2014 年 2 月 17 日
TB_{2-9}	6 号坝段		−4.2	2014 年 3 月 5 日
TB_{3-7}	9 号坝段	620	−6.3	2014 年 2 月 17 日
TB_{3-9}	9 号坝段		−3.1	2014 年 1 月 7 日
TB_{4-7}	11 号坝段	620	−3.5	2014 年 2 月 17 日
TB_{4-8}	11 号坝段		−1.6	2014 年 3 月 3 日
TB_{4-9}	11 号坝段		−6.9	2014 年 2 月 17 日

越冬时温度低至0℃下的共监测到以上13处，大部分在–5℃以内。其中，最低温度为–6.9℃，出现在11号坝段的620m高程。

整体来看，2011/2012年越冬面保温情况较好，仅个别测点温度低于0℃；2013年保温效果比前两年略有降低，低于0℃的测点较前两年有所增加。

根据设计温控指标，新老混凝土上、下层允许温差为15～20℃。从监测成果来看，越冬面浇筑混凝土后，上、下层混凝土温差均小于15℃。

从测缝计监测成果来看，越冬面新老混凝土结合情况较好，测值变幅均在1mm以内，无异常变化。

（三）蓄水期坝体温度

1. 坝体温度数据统计

表4-8～表4-10依次是6、9、13号坝段蓄水期坝体温度计特征值统计表，表4-11是3个坝段坝前水温温度计特征值统计表（埋设时间至2019年4月25日）。

表4-8　　　　6号坝段温度特征值统计表

测点编号	高程（m）	距坝轴线距离	最大值（℃）	最大值时间	最小值（℃）	最小值时间	变幅（℃）
$T_{1\text{-}1}$	563	0m	15.6	2012年9月2日	5.7	2018年8月25日	9.9
$T_{1\text{-}3}$	567.7	0m	17.5	2012年9月7日	4.9	2017年4月8日	12.6
$T_{1\text{-}4}$		5m	17.2	2012年9月7日	5.7	2013年12月14日	11.6
$T_{1\text{-}6}$		15m	21.4	2017年2月1日	1.3	2014年3月17日	20.1
$TL_{6\text{-}1}$	568.3	上游3分点	22.1	2012年5月9日	3.9	2013年12月4日	18.3
$TL_{6\text{-}2}$		下游3分点	20.0	2012年5月11日	3.7	2014年4月11日	16.3
$T_{1\text{-}8}$	572.7	5m	24.5	2012年6月1日	3.3	2014年1月15日	21.2
$T_{1\text{-}11}$	581	2m	16.5	2013年8月7日	2.2	2013年2月22日	14.3
$T_{1\text{-}13}$		10m	19.5	2012年10月27日	2.0	2014年3月23日	17.4
$T_{1\text{-}14}$	591	0m	24.8	2013年5月3日	3.6	2016年4月13日	21.2
$T_{1\text{-}15}$		5m	26.9	2013年5月7日	–2.0	2014年3月9日	28.9
$T_{1\text{-}16}$		10m	24.3	2013年5月3日	1.2	2014年3月8日	23.1
$T_{1\text{-}17}$	601	4m	31.1	2013年7月18日	5.6	2015年5月2日	25.5
$T_{1\text{-}18}$		8m	30.4	2013年7月18日	4.0	2014年3月27日	26.4

续表

测点编号	高程(m)	距坝轴线距离	最大值(℃)	最大值时间	最小值(℃)	最小值时间	变幅(℃)
T_{1-19}	607	0m	27.4	2013年7月28日	4.5	2015年4月24日	22.9
T_{1-20}		5m	28.2	2013年7月28日	4.4	2015年5月7日	23.9
T_{1-21}		9m	28.8	2013年7月28日	3.1	2015年4月12日	25.6
T_{1-22}	613	0m	29.0	2013年8月28日	1.6	2014年4月10日	27.3
T_{1-23}		5m	30.1	2013年8月28日	1.8	2014年4月10日	28.2
T_{1-24}		9m	30.0	2013年8月28日	0.4	2015年3月9日	29.5
T_{1-25}	619	0m	22.9	2013年9月16日	0.4	2014年4月6日	22.5
T_{1-26}		5m	22.7	2013年9月18日	0.5	2014年4月6日	22.2
T_{1-27}		9m	22.4	2013年9月16日	−0.1	2014年4月6日	22.5
T_{1-28}	625	5m	22.8	2014年6月9日	3.7	2015年4月11日	19.1
T_{1-30}	630	4m	30.6	2014年7月28日	0.8	2017年3月25日	29.8
T_{1-31}		8m	26.9	2014年7月26日	1.8	2019年1月16日	25.1
T_{1-32}	635	3m	30.2	2014年7月25日	3.9	2015年2月5日	26.3
T_{1-34}	640	3m	31.2	2014年9月2日	2.9	2019年4月7日	28.3
T_{1-36}	645	3m	29.5	2014年9月14日	0.1	2019年3月24日	29.4
T_{1-37}		8m	23.9	2014年9月12日	−1.3	2019年2月27日	25.2

表 4-9　　9号坝段温度特征值统计表

测点编号	高程(m)	距坝轴线距离	最大值(℃)	最大值时间	最小值(℃)	最小值时间	变幅(℃)
T_{2-1}	555	−10m	20.9	2012年7月12日	7.7	2019年3月12日	13.2
T_{2-3}		5m	21.7	2012年7月12日	7.1	2019年4月24日	14.6
T_{2-6}	559	5m	25.2	2012年7月25日	4.9	2013年12月12日	20.3
T_{2-7}	571	−10m	22.3	2012年10月3日	3.4	2014年3月28日	18.9
T_{2-8}		−5m	22.2	2012年10月27日	3.1	2014年3月20日	19.2
T_{2-9}		0m	21.8	2012年10月3日	−0.4	2014年3月7日	22.2
T_{2-10}		5m	22.7	2012年10月3日	0.9	2013年3月22日	21.7
T_{2-11}	581	−5m	21.9	2012年10月3日	−0.1	2014年3月7日	22.0
T_{2-12}		0m	23.8	2012年10月3日	1.1	2014年3月12日	22.7

续表

测点编号	高程（m）	距坝轴线距离	最大值（℃）	最大值时间	最小值（℃）	最小值时间	变幅（℃）
$T_{2\text{-}13}$	591	−10m	24.1	2013 年 4 月 30 日	−40.0	2016 年 4 月 15 日	64.0
$T_{2\text{-}14}$		−5m	25.6	2013 年 5 月 1 日	2.5	2014 年 3 月 23 日	23.0
$T_{2\text{-}15}$		0m	20.5	2013 年 5 月 1 日	0.8	2014 年 3 月 20 日	19.7
$T_{2\text{-}16}$		3m	24.2	2013 年 5 月 1 日	−2.3	2014 年 3 月 8 日	26.5
$T_{2\text{-}17}$	601	−3.25m	29.3	2013 年 7 月 16 日	4.0	2014 年 4 月 2 日	25.3
$T_{2\text{-}18}$		0m	28.2	2013 年 7 月 16 日	3.4	2014 年 3 月 29 日	24.8
$T_{2\text{-}19}$	607	−5m	25.4	2013 年 8 月 26 日	2.6	2014 年 11 月 25 日	22.8
$T_{2\text{-}20}$		0m	26.0	2013 年 8 月 26 日	3.0	2014 年 11 月 25 日	23.1
$T_{2\text{-}21}$	613	3.5m	26.1	2013 年 8 月 26 日	7.1	2018 年 8 月 1 日	19.0
$T_{2\text{-}23}$		0m	18.4	2013 年 9 月 22 日	3.5	2015 年 4 月 25 日	14.9
$T_{2\text{-}25}$	619	−3m	21.3	2013 年 10 月 27 日	2.7	2015 年 4 月 10 日	18.6
$T_{2\text{-}26}$		0m	22.8	2013 年 10 月 27 日	3.8	2015 年 4 月 14 日	18.9
$T_{2\text{-}27}$		4m	20.9	2013 年 10 月 27 日	2.2	2015 年 3 月 28 日	18.6
$T_{2\text{-}28}$	625	3.25m	29.2	2014 年 5 月 21 日	2.5	2015 年 4 月 13 日	26.8
$T_{2\text{-}29}$	630	0m	27.2	2014 年 9 月 23 日	−5.9	2015 年 2 月 13 日	33.1
$T_{2\text{-}30}$		3m	27.1	2014 年 9 月 24 日	−1.9	2015 年 3 月 29 日	29.1
$T_{2\text{-}31}$		6m	30.4	2014 年 9 月 20 日	−5.8	2018 年 2 月 2 日	36.2
$T_{2\text{-}33}$	635	3m	26.6	2015 年 7 月 27 日	−12.5	2014 年 12 月 20 日	39.1
$T_{2\text{-}34}$		6.5m	28.1	2015 年 8 月 8 日	−18.4	2018 年 1 月 30 日	46.4
$T_{2\text{-}36}$	640	0m	28.7	2015 年 7 月 26 日	−15.6	2014 年 12 月 19 日	44.3
$T_{2\text{-}37}$		4.5m	28.5	2015 年 8 月 8 日	−23.0	2018 年 1 月 30 日	51.5
$T_{2\text{-}39}$	645	8m	29.2	2015 年 7 月 27 日	−19.5	2018 年 2 月 2 日	48.7

表 4-10　　13 号坝段温度特征值统计表

测点编号	高程（m）	距坝轴线距离	最大值（℃）	最大值时间	最小值（℃）	最小值时间	变幅（℃）
$T_{3\text{-}3}$	571	5m	22.5	2012 年 10 月 2 日	3.6	2013 年 4 月 7 日	18.9
$T_{3\text{-}4}$		0m	21.6	2012 年 10 月 2 日	5.1	2013 年 4 月 7 日	16.5
$T_{3\text{-}5}$		5m	19.5	2012 年 10 月 2 日	4.7	2013 年 12 月 9 日	14.9

续表

测点编号	高程（m）	距坝轴线距离	最大值（℃）	最大值时间	最小值（℃）	最小值时间	变幅（℃）
T_{3-7}	581	0m	24.9	2013年7月17日	5.4	2014年3月28日	19.6
T_{3-8}		3m	24.8	2013年7月17日	2.2	2014年3月22日	22.6
T_{3-9}		6.25m	24.5	2013年7月16日	4.6	2014年3月26日	19.9
T_{3-10}	591	–5m	23.1	2013年8月27日	3.8	2016年4月25日	19.2
T_{3-11}		0m	25.3	2013年8月28日	2.2	2018年4月18日	23.2
T_{3-12}		5m	25.1	2013年8月31日	–2.8	2014年3月10日	27.8
T_{3-13}	601	0m	24.5	2013年10月5日	5.4	2014年4月25日	19.1
T_{3-15}	607	–5m	15.4	2014年9月9日	3.3	2019年4月6日	12.0
T_{3-16}		0m	15.9	2014年11月2日	4.5	2013年10月13日	11.4
T_{3-17}		5m	16.9	2014年9月12日	3.7	2015年3月7日	13.2
T_{3-18}	613	–4m	18.1	2014年9月16日	3.1	2015年3月25日	14.9
T_{3-19}		0m	17.1	2014年9月26日	2.8	2014年11月28日	14.3
T_{3-20}		5m	18.4	2014年9月17日	0.4	2019年3月4日	18.0
T_{3-21}	619	–3m	28.3	2014年5月4日	1.5	2015年4月6日	26.7
T_{3-22}		1m	26.0	2014年5月3日	0.9	2015年3月2日	25.1
T_{3-23}		6m	26.9	2015年7月26日	–5.9	2014年12月19日	32.8
T_{3-28}	635	3m	29.9	2014年8月6日	–37.5	2016年3月7日	67.5
T_{3-29}		7m	31.6	2014年8月5日	–37.6	2016年3月7日	69.2

表 4-11　坝前水温（坝体表面温度）特征值统计表

测点编号	坝段	高程（m）	最大值（℃）	最大值时间	最小值（℃）	最小值时间	变幅（℃）
Tw_{1-1}	6号坝段	567	19.4	2012年4月29日	4.1	2013年2月25日	15.3
Tw_{1-2}		573	26.2	2012年6月1日	4.2	2014年3月16日	22
Tw_{1-3}		581	14.9	2013年10月3日	2.2	2016年4月10日	12.6
Tw_{1-4}		591	29.9	2013年7月14日	0.9	2016年3月19日	29
Tw_{1-5}		601	30.1	2013年7月15日	2.6	2016年3月11日	27.5
Tw_{1-6}		607	26.8	2013年7月28日	4.3	2019年4月25日	22.4
Tw_{1-7}		613	26	2013年8月27日	0.4	2015年2月7日	25.6
Tw_{1-9}		625	27.6	2014年6月8日	–4.4	2016年2月22日	31.9

续表

测点编号	坝段	高程（m）	最大值（℃）	最大值时间	最小值（℃）	最小值时间	变幅（℃）
$Tw_{1\text{-}10}$	6号坝段	630	31.5	2014年8月15日	−11.0	2016年2月23日	42.4
$Tw_{1\text{-}12}$		640	29.5	2014年9月1日	−8.3	2017年1月21日	37.8
$Tw_{1\text{-}13}$		645	21.1	2014年9月12日	−3.9	2019年2月10日	25.0
$Tw_{2\text{-}1}$	9号坝段	559	30.5	2012年7月24日	4.2	2012年11月3日	26.4
$Tw_{2\text{-}3}$		581	21.9	2012年10月3日	1.6	2014年3月5日	20.3
$Tw_{2\text{-}4}$		591	29.7	2013年7月14日	0.3	2016年3月12日	29.4
$Tw_{2\text{-}5}$		601	29.8	2013年7月15日	0.7	2016年3月19日	29.1
$Tw_{2\text{-}6}$		607	25.5	2013年8月25日	1.2	2016年3月19日	24.3
$Tw_{2\text{-}7}$		613	25.9	2013年9月22日	1.2	2015年2月5日	24.7
$Tw_{2\text{-}8}$		619	18.3	2014年8月27日	−8.5	2018年3月11日	26.8
$Tw_{2\text{-}9}$		625	26.5	2014年5月21日	−6.3	2015年2月8日	32.8
$Tw_{2\text{-}10}$		630	29.9	2015年7月22日	−16.2	2014年12月19日	46.1
$Tw_{2\text{-}12}$		640	31.6	2018年8月11日	−19.6	2017年1月11日	51.2
$Tw_{2\text{-}13}$		645	29.5	2015年7月27日	−22.3	2018年2月2日	51.8
$TW_{3\text{-}2}$	13号坝段	581	24.4	2013年7月16日	1.9	2016年4月10日	22.5
$Tw_{3\text{-}3}$		591	27.1	2013年8月24日	1.9	2016年4月12日	25.2
$Tw_{3\text{-}4}$		601	18.9	2013年10月5日	1.5	2019年3月23日	17.4
$Tw_{3\text{-}5}$		607	16.4	2014年8月26日	2.0	2019年3月23日	14.4
$Tw_{3\text{-}6}$		613	23.7	2014年8月15日	1.1	2015年2月7日	22.6
$Tw_{3\text{-}7}$		619	26.4	2014年8月15日	−0.2	2015年3月8日	26.6

2. 表面温度

（1）库水温度计在蓄水前反映的是靠近表面的混凝土温度，在蓄水后表示库水温度。总体来看，库水到达高水位后，靠近基础部位的测点温度变幅较小，大部分测点变幅在5℃以内；581m高程以上的温度变幅大多在10℃以上；9号坝段630m高程以上水温温度计变幅都在46℃以上，变幅较大，这是由于该处靠近表孔，混凝土温度受气温和水温影响较大。

（2）在水位到达的高程，上游表面温度计可反映库水温的变化情况。6、9、13号坝段2015年11月10日（库水位645.65m）库水温度沿水深分布见

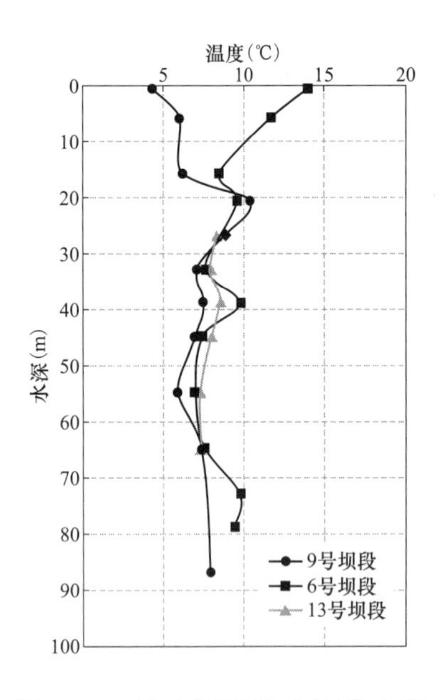

图4-12　库水温度沿水深分布图
（2015年11月10日）

图4-12。可以看出：

1）在水深20m以下几个坝段规律较为一致，库水温度基本在7～10℃之间。

2）水深20m以内库水温度变化较大，且6号坝段和9号坝段两者温度相差较大，分析原因：一是2015年11月10日库水位刚刚超过仪器安装高程，仪器安装位置距上游面尚有0.1m的距离，且上游面贴有保温材料，库水温度计对库水温度的反映存在滞后性；二是9号坝段630m高程以上靠近表孔，其温度受外界环境温度影响较大，在库水位到达之前，和6号坝段同高程部位相比其温度存在差异。

3. 内部温度

（1）内部温度在蓄水前温度相对较高，蓄水之后温度普遍降低，目前温度大部分在15℃以内，并受气温和水温影响呈年周期性变化，无明显趋势性变化。

（2）在冬季，部分部位混凝土出现温度低于0℃的情况，出现的部位主要集中在9号坝段630m高程以上（见表4-12），该部位测点距表面距离在0.8m左右，由于距表面距离普遍不大，因此受外界温度影响较大，此处应加强保温措施，防止混凝土冻融破坏。

表4-12　　9号坝段0℃以下测点统计表

测点编号	高程（m）	距坝轴线距离（m）	最低温度（℃）	最低温度时间	距表孔表面距离（m）
T_{2-33}	635	3	-12.5	2014年12月20日	0.8
T_{2-34}		6.5	-18.4	2018年1月30日	
T_{2-35}	640		-17.2	2015年2月9日	
T_{2-36}		0	-15.6	2014年12月19日	
T_{2-37}		4.5	-23.0	2018年1月30日	
T_{2-39}	645	8	-19.5	2018年2月2日	

四、坝体应力应变

在坝体混凝土内布置了5拱（559m、581m、601m、607m、625m高程）3梁（6、9、13号坝段）共计40组五向应变计组及配套的无应力计，布置在拱圈两端混凝土内坝踵和坝趾以及3个主监测坝段上、下游侧，应变计组的主平面为拱向。

（一）五向应力计数据分析

6、9、13号坝段应变计组特征值统计见表4-13～表4-15。

（1）从主监测坝段坝体混凝土应力应变监测成果来看：3个主监测坝段均有出现拉应力，但6、13号坝段受拉较轻、分布零星，9号坝段受拉较明显，且集中分布在581～601m高程。9号坝段受拉部位示意见图4-14，过程线见图4-13。

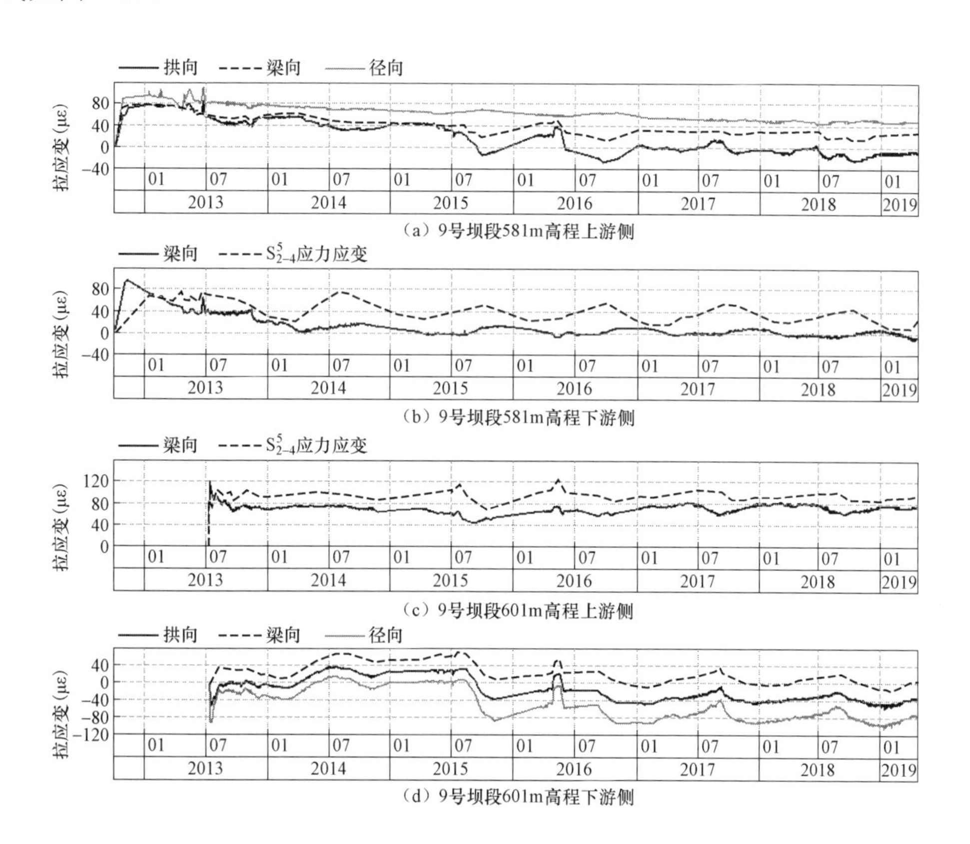

（a）9号坝段581m高程上游侧

（b）9号坝段581m高程下游侧

（c）9号坝段601m高程上游侧

（d）9号坝段601m高程下游侧

图4-13　9号坝段受拉测点过程线图

拉应力主要发生在混凝土浇筑后最早一段时间内，水化热释放完毕后的降温阶段。应变绝大多数在 100με 以下，按混凝土弹性模量 30GPa 估算，拉应力在 3MPa 左右，接近混凝土抗拉强度（根据混凝土试验结果，90d 龄期的抗拉强度约为 3.3MPa）。另外，根据设计控制标准，施工期主拉应力不大于 0.5MPa，9 号坝段受拉部位基本都超过这一控制指标，但未超过混凝土抗拉强度。

（2）从趋势性来看，随着库水位上升，大部分测点向压应变方向变化，原先受拉部位的拉应变均有所减小，水位上升对坝体拉应力减小起到了明显的作用。

（3）绝大多数监测部位应力应变表现为压应变，最大压应变为 408.6με，发生在 6 号坝段 625m 高程 S5-1-5-2 测点。除 S_{2-8}^{5} 应变计组外，拉应变均在 100με 以内；S_{2-8}^{5} 应变计组中当前最大应力应变为 115.9με，该较大的应力应变认为是无应力计在 2016 年 6 月异常突变所致，不能代表实际应力应变。

表 4-13　　　　6 号坝段应变计组特征值统计表

测点编号	坝段	高程（m）	桩号	最大值（με）	最大值时间	最小值（με）	最小值时间	变幅（με）
S5-1-1-1	6 号	581	坝 0+081.870、纵 0−001.50	0.1	2012 年 9 月 25 日	−118.7	2018 年 6 月 27 日	118.7
S5-1-1-2				0.1	2012 年 9 月 25 日	−100.9	2018 年 6 月 28 日	101.0
S5-1-1-3				17.6	2012 年 10 月 20 日	−212.1	2016 年 9 月 7 日	229.6
S5-1-1-4				45.7	2015 年 3 月 10 日	−101.9	2017 年 2 月 22 日	147.6
S5-1-3-1	6 号	601	坝 0+081.870、纵 0−000.50	38.7	2013 年 7 月 9 日	−143.0	2013 年 7 月 18 日	181.6
S5-1-3-2				40.0	2013 年 7 月 9 日	−97.8	2018 年 12 月 17 日	137.8
S5-1-3-3				84.5	2013 年 7 月 9 日	−46.0	2018 年 10 月 30 日	130.5
S5-1-3-5				16.2	2013 年 7 月 9 日	−127.7	2013 年 7 月 12 日	143.9
S5-1-4-1	6 号	601	坝 0+081.870、纵 0+010.50	−0.4	2013 年 7 月 9 日	−97.4	2013 年 7 月 11 日	97.0

续表

测点编号	坝段	高程（m）	桩号	最大值（με）	最大值时间	最小值（με）	最小值时间	变幅（με）
S5-1-4-2	6号	601	坝 0+081.870、纵 0+010.50	−0.4	2013 年 7 月 9 日	−115.7	2013 年 7 月 11 日	115.3
S5-1-4-3				−0.4	2013 年 7 月 9 日	−86.2	2013 年 7 月 11 日	85.8
S5-1-4-5				−0.1	2013 年 7 月 9 日	−90.1	2013 年 7 月 11 日	90.0
S5-1-5-1	6号	625	坝 0+081.870、纵 0+000.50	32.1	2014 年 6 月 22 日	−177.8	2018 年 7 月 27 日	209.9
S5-1-5-2				0.0	2014 年 6 月 8 日	−408.6	2019 年 3 月 19 日	408.7
S5-1-5-3				−0.1	2014 年 6 月 8 日	−146.0	2019 年 4 月 16 日	145.9
S5-1-5-4				−0.1	2014 年 6 月 8 日	−154.8	2018 年 10 月 8 日	154.7
S5-1-5-5				17.6	2014 年 6 月 15 日	−61.6	2018 年 5 月 5 日	79.1

表 4-14　　9 号坝段应变计组特征值统计表

测点编号	坝段	高程（m）	桩号	最大值（με）	最大值时间	最小值（με）	最小值时间	变幅（με）
S5-2-1-2	9号	559	坝 0+126.870、纵 0−010.00	32.42	2016 年 9 月 11 日	−77.28	2012 年 8 月 19 日	109.70
S5-2-1-3				0.00	2012 年 7 月 20 日	−102.95	2012 年 8 月 19 日	102.95
S5-2-1-4				15.85	2012 年 9 月 22 日	−81.23	2012 年 8 月 19 日	97.09
S5-2-1-5				8.06	2012 年 9 月 7 日	−86.91	2012 年 8 月 19 日	94.96
S5-2-3-1	9号	581	坝 0+126.870、纵 0−010.00	86.18	2013 年 6 月 22 日	−27.20	2016 年 9 月 20 日	113.39
S5-2-3-3				82.54	2013 年 1 月 9 日	−0.04	2012 年 10 月 4 日	82.58
S5-2-3-4				−0.02	2012 年 10 月 4 日	−164.38	2016 年 9 月 17 日	164.36
S5-2-3-5				111.97	2013 年 6 月 22 日	−0.02	2012 年 10 月 4 日	111.99

续表

测点编号	坝段	高程（m）	桩号	最大值（με）	最大值时间	最小值（με）	最小值时间	变幅（με）
S5-2-4-1	9号	581	坝 0+126.870、纵 0+003.50	78.52	2013年1月12日	−119.26	2017年9月27日	197.78
S5-2-4-2				70.88	2013年1月12日	−84.41	2018年10月10日	155.29
S5-2-4-3				96.13	2012年11月11日	−11.29	2019年4月7日	107.43
S5-2-4-4				77.07	2014年8月1日	0.02	2012年10月4日	77.04
S5-2-5-1	9号	601	坝 0+126.870、纵 0−007.00	−0.04	2013年7月11日	−125.82	2013年7月10日	125.78
S5-2-5-3				120.12	2013年7月14日	0.01	2013年7月11日	120.11
S5-2-5-4				125.35	2016年5月16日	−0.01	2013年7月11日	125.37
S5-2-5-5				−0.03	2013年7月11日	−288.59	2018年12月7日	288.57
S5-2-6-1	9号	601	坝 0+126.870、纵 0+002.50	37.69	2014年7月21日	−57.26	2019年1月15日	94.95
S5-2-6-3				70.27	2015年8月15日	−27.37	2019年1月16日	97.64
S5-2-6-4				42.33	2014年7月22日	−53.55	2019年1月20日	95.88
S5-2-6-5				15.91	2014年7月24日	−103.16	2019年1月15日	119.07
S5-2-7-1	9号	625	坝 0+126.870、纵 0−001.20	35.00	2014年6月15日	−58.52	2017年3月25日	93.52
S5-2-7-2				61.70	2014年6月29日	−72.82	2017年3月30日	134.52
S5-2-7-3				72.05	2014年5月20日	−142.80	2017年3月30日	214.85
S5-2-7-4				34.77	2014年5月24日	−143.21	2017年3月30日	177.98
S5-2-7-5				27.41	2014年9月15日	−43.32	2019年4月14日	70.73
S5-2-8-1	9号	625	坝 0+126.870、纵 0+005.00	78.86	2017年4月19日	−166.93	2014年6月1日	245.79

续表

测点编号	坝段	高程（m）	桩号	最大值（με）	最大值时间	最小值（με）	最小值时间	变幅（με）
S5-2-8-2	9 号	625	坝 0+126.870、纵 0+005.00	248.38	2014 年 5 月 17 日	–317.83	2014 年 5 月 25 日	566.21
S5-2-8-3				94.37	2014 年 5 月 17 日	–292.43	2014 年 6 月 8 日	386.80
S5-2-8-4				43.03	2017 年 4 月 15 日	–260.23	2014 年 6 月 8 日	303.26
S5-2-8-5				144.58	2017 年 7 月 26 日	–153.03	2014 年 5 月 20 日	297.62

表 4-15　　13 号坝段应变计组特征值统计表

测点编号	坝段	高程（m）	桩号	最大值（με）	最大值时间	最小值（με）	最小值时间	变幅（με）
S5-3-1-1	13 号	581	坝 0+181.870、纵 0–006.00	28.63	2013 年 11 月 15 日	–76.01	2013 年 7 月 15 日	104.64
S5-3-1-2				20.67	2013 年 11 月 16 日	–68.08	2018 年 7 月 17 日	88.75
S5-3-1-3				21.38	2013 年 11 月 22 日	–86.10	2018 年 12 月 2 日	107.48
S5-3-1-4				22.81	2013 年 11 月 14 日	–75.31	2013 年 7 月 15 日	98.12
S5-3-1-5				110.81	2013 年 11 月 15 日	5.16	2013 年 7 月 14 日	105.64
S5-3-2-1	13 号	581	坝 0+181.870、纵 0+008.00	47.70	2014 年 9 月 16 日	–25.61	2013 年 7 月 15 日	73.31
S5-3-2-2				20.72	2014 年 3 月 11 日	–37.27	2016 年 5 月 17 日	57.99
S5-3-2-3				81.80	2013 年 7 月 17 日	–18.89	2019 年 4 月 16 日	100.69
S5-3-2-4				70.95	2016 年 10 月 28 日	–1.20	2013 年 7 月 14 日	72.15
S5-3-3-1	13 号	601	坝 0+181.870、纵 0–004.80	24.13	2013 年 11 月 5 日	–27.12	2017 年 5 月 29 日	51.25
S5-3-3-4				0.58	2013 年 10 月 13 日	–75.39	2018 年 3 月 7 日	75.96
S5-3-3-5				33.52	2013 年 10 月 27 日	–79.91	2018 年 1 月 12 日	113.43

续表

测点编号	坝段	高程（m）	桩号	最大值（με）	最大值时间	最小值（με）	最小值时间	变幅（με）
S5-3-4-1	13 号	601	坝 0+181.870、纵 0+005.50	13.44	2013 年 10 月 17 日	−73.69	2019 年 4 月 19 日	87.13
S5-3-4-2				41.54	2013 年 10 月 19 日	−59.07	2014 年 9 月 4 日	100.61
S5-3-4-3				43.88	2013 年 10 月 19 日	−54.60	2015 年 6 月 30 日	98.48
S5-3-4-4				26.56	2013 年 10 月 20 日	−88.38	2018 年 10 月 16 日	114.94
S5-3-6-1	13 号	625	坝 0+181.870、纵 0+006.00	25.86	2014 年 7 月 13 日	−85.71	2014 年 6 月 24 日	111.57
S5-3-6-2				36.67	2014 年 8 月 27 日	−33.78	2014 年 12 月 20 日	70.45
S5-3-6-3				32.31	2014 年 8 月 27 日	−34.80	2014 年 7 月 8 日	67.10
S5-3-6-4				37.01	2014 年 7 月 13 日	−26.03	2014 年 12 月 19 日	63.04
S5-3-6-5				1.76	2014 年 8 月 16 日	−64.30	2014 年 12 月 19 日	66.05

（二）无应力计数据分析

无应力计实测应变主要包含温度变化引起的热胀冷缩变形和自生体积变形。通过回归分解分析，可以了解自生体积变形的类型，估计其变形量大小以及混凝土热膨胀系数。

坝体无应力计成果分析统计见表 4-16，并同时统计了相应部位是否出现拉应力的情况。

表 4-16　　无应力计监测成果分析

部位	测点编号	埋设时间	α 值（με/℃）	6 个月自生体积变形（με）	该部位是否出现拉应力	备注
6 号坝段 581m 高程上游侧	N_{1-1}	2012 年 9 月 24 日	9.64	−15		收缩
6 号坝段 581m 高程下游侧	N_{1-2}	2012 年 9 月 24 日	9.59	1		膨胀

续表

部位	测点编号	埋设时间	α 值（με/℃）	6 个月自生体积变形（με）	该部位是否出现拉应力	备注
6 号坝段 601m 高程上游侧	N_{1-3}	2013 年 7 月 7 日	10.77	11	垂直受拉	膨胀
6 号坝段 601m 高程下游侧	N_{1-4}	2013 年 7 月 7 日	11.88	8		膨胀
9 号坝段 559m 高程上游侧	N_{2-1}	2012 年 7 月 17 日	10.18	20		膨胀
9 号坝段 581m 高程上游侧	N_{2-3}	2012 年 10 月 3 日	9.26	–116	三向受拉	收缩
9 号坝段 581m 高程下游侧	N_{2-4}	2012 年 10 月 3 日	7.67	–104	垂直受拉	收缩
9 号坝段 601m 高程上游侧	N_{2-5}	2013 年 7 月 10 日	10.54	–34	垂直受拉	收缩
9 号坝段 601m 高程下游侧	N_{2-6}	2013 年 7 月 10 日	10.95	–61	三向受拉	收缩
13 号坝段 581m 高程上游侧	N_{3-1}	2013 年 7 月 13 日	12.29	–24	径向受拉	收缩
13 号坝段 581m 高程下游侧	N_{3-2}	2013 年 7 月 13 日	9.54	–8		收缩
13 号坝段 601m 高程上游侧	N_{3-3}	2013 年 10 月 4 日	9.20	11		膨胀
13 号坝段 601m 高程下游侧	N_{3-4}	2013 年 10 月 4 日	9.51	3		膨胀

综合上述成果可知：

（1）热膨胀系数大多在 9～11με/℃之间，低于此范围的只有 N_{2-4} 测点，高于此范围的有 N_{1-4} 和 N_{3-1} 测点。

（2）混凝土自生体积变形有膨胀型和收缩型，自生体积变形变化量也是大小不一。根据 6 个月龄期变形量，收缩者约占一半。对于膨胀的测点，其自身体积变形都在 20με 以内；对于收缩的测点，其自身体积变形收缩量大部分在 20με 以上，最大者在 100με 以上。

（3）出现拉应力的部位，基本上该部位混凝土自生体积变形都处于收缩状态（N_{1-3} 测点除外），说明坝体混凝土中出现的拉应力和混凝土自生体积变形的收缩是有关联的。在自生体积变形收缩量 20με 以上的部位，均出现了拉应力。

（4）综上来看，部分部位混凝土出现拉应力的原因中，温降引起的收缩未必是最主要的，混凝土自生体积变形收缩也不可忽视。

（三）横缝变形

在 4、6、8、10、13、15 号坝段 6 条横缝的不同高程埋设有测缝计监测横缝变形，每条缝的每个监测高程均成双布置，两支测缝计分别距上、下游表面各 2m。每支仪器在监测缝隙变形的同时也能兼测温度。横缝测缝计特征值统计见表 4-17。成果显示：

（1）灌浆前，横缝变形随着温度的降低或升高发生着张开或闭合变化，变形与温度的负相关性显著，即温度降低缝隙张开，反之则闭合。

（2）灌浆以后横缝大部分部位闭合情况良好，虽然温度仍然发生着升降变化，横缝变形却从此进入稳定状态，基本不再发生开合变化，说明缝隙两边的坝体已经连接起来，成为一个连续体。典型过程线如图 4-14、图 4-15 所示。

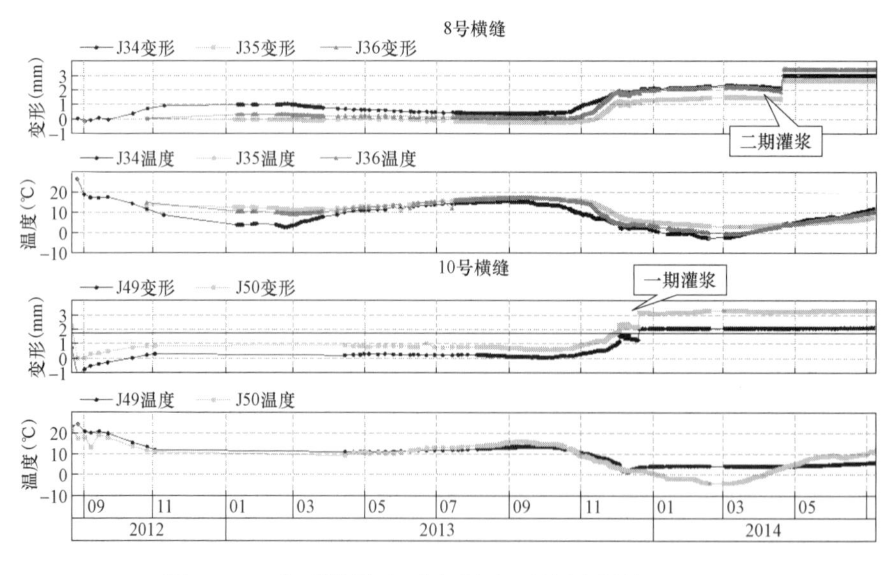

图 4-14　典型横缝变形与温度对比过程线（一）

（3）有少数部位灌浆以后缝隙依然随着温度的改变而发生变形，说明这些局部部位灌浆效果不理想。图 4-16 是这些部位从二期灌浆以后的 2014 年

4 月 20 日～6 月底的横缝变形与温度对比过程线，表 4-19 是变化量统计表。但这些缝的变形在 2016 年以后变幅有逐渐减小的趋势，如图 4-17 所示。

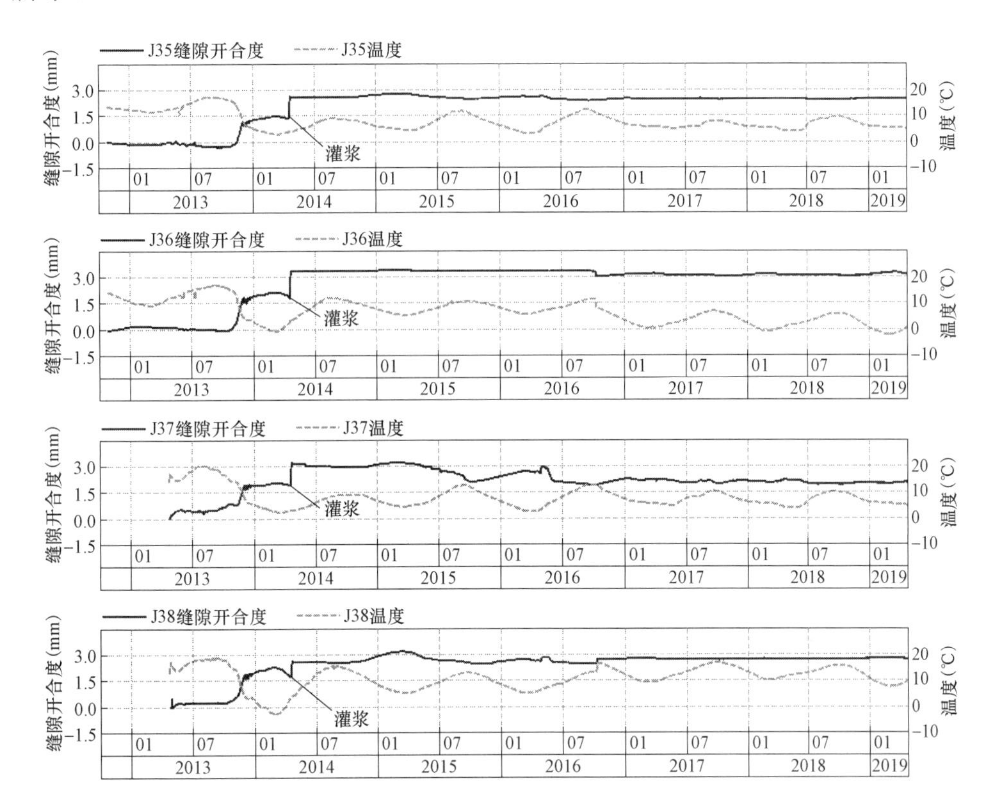

图 4-15　典型横缝变形与温度对比过程线（二）

表 4-17　　　　灌浆效果欠佳的横缝部位变形情况统计

（2014 年 4 月 20 日～6 月 30 日）

横缝	高程（m）	位置	测点编号	闭合量（mm）	温升量（℃）
6 号	580	下游侧	J18	1.45	10.5
	600	下游侧	J22	1.00	5.8
10 号	590	下游侧	J54	0.57	7.3

（4）历史最大张开变形为 4.24mm。绝大多数部位横缝变形年变幅很小（在 0.1mm 以内），个别随温度变化的横缝年变幅最大为 0.5mm。

（5）总体来看，横缝变形已趋于稳定，无趋势性变化。

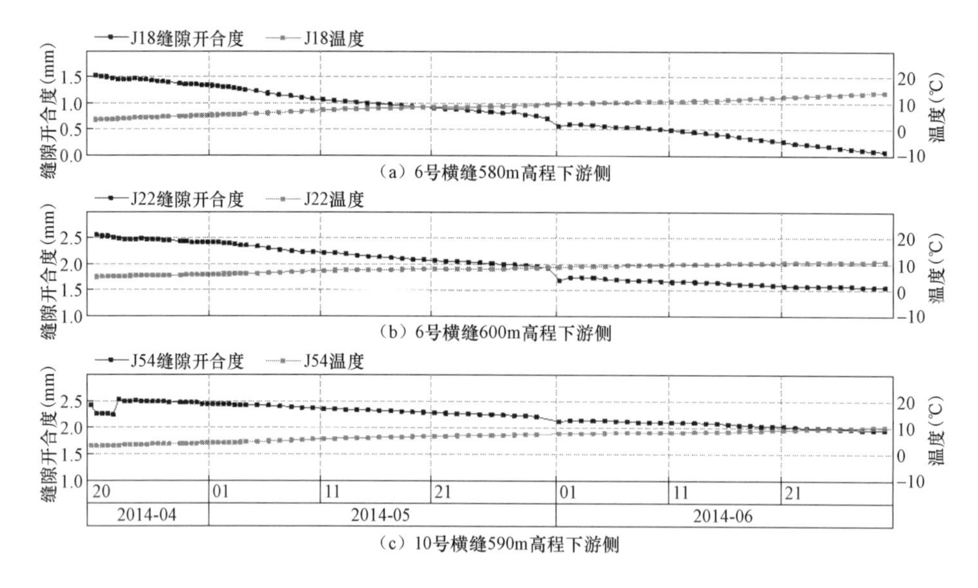

图 4-16　二期灌浆以后 2014 年 4 月 20 日～6 月 30 日横缝变形与温度对比过程线

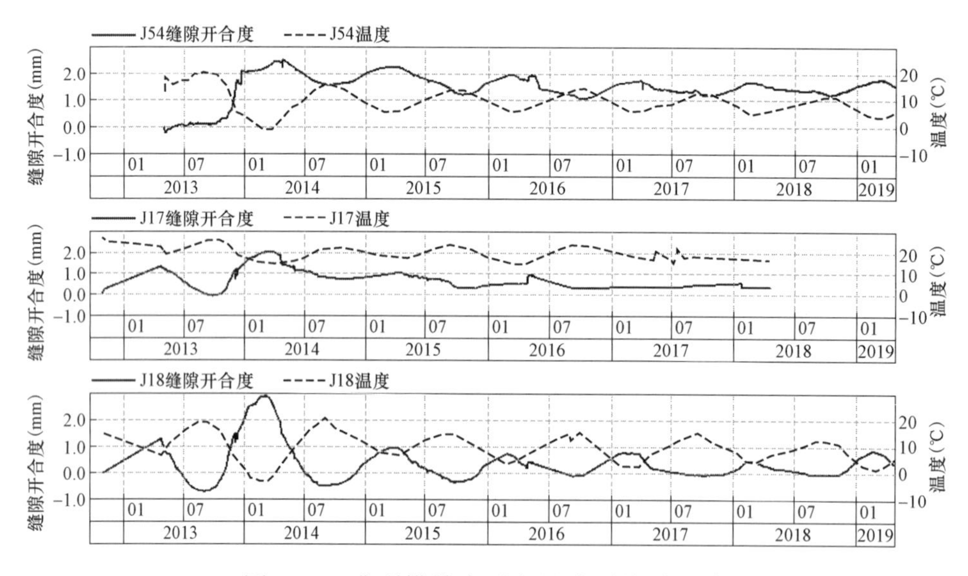

图 4-17　典型横缝变形与温度对比过程线

五、坝体渗压渗流

（一）坝基扬压力

在纵向廊道 3～18 号坝段布置了测压管，内置渗压计，共布置 16 个测点。在 6、9、13 号坝段横向廊道顺河向布置扬压力测点，共 12 个测点。

1. 纵向扬压力

（1）坝基扬压力折减系数。扬压力折减系数的计算公式为：

$$\alpha_i = \frac{H_i - H_2}{H_1 - H_2} \tag{4-1}$$

式中 α_i ——第 i 个测压孔的扬压力折减系数；

H_1——上游水位，m；

H_2——当下游水位高于测孔对应的坝基高程时，H_2 取下游水位；当下游水位低于测孔对应的坝基高程时，H_2 用坝基高程代替[注：山口工程坝后为水垫塘，无水垫塘水位观测，在计算时下游水位预估为 576m（二道坝坝顶高程 575m+1m）]；

H_i ——第 i 个测压孔的实测水位，m。

（2）监测成果分析。蓄水阶段纵向扬压力特征值统计见表 4-18。从监测成果可以看出：

1）左岸 3～6 号坝段扬压水位基本和基岩高程接近。

2）从扬压力折减系数来看，大部分扬压系数为负值，说明扬压水位低于下游水位或坝基高程，最大扬压力折减系数仅为 0.10，均满足设计要求。

表 4-18　　纵向扬压力特征值统计表

测点编号	所在坝段	安装高程（m）	当前扬压水位（m）	水头（m）	对应时间	对应的扬压力折减系数
Up_{3-1}	3 号	602	602.96	0.96	2019 年 4 月 25 日	0.00
Up_{4-2}	4 号	585	无压	—	2019 年 4 月 25 日	—
Up_{5-3}	5 号	576	无压	—	2019 年 4 月 25 日	—
Up_{6-4}	6 号	567	无压	—	2019 年 4 月 25 日	—
Up_{7-5}	7 号	559	567.98	8.98	2019 年 4 月 25 日	−0.14
Up_{8-6}	8 号	553	565.68	12.68	2019 年 4 月 25 日	−0.17
Up_{9-7}	9 号	554	559.68	5.68	2019 年 4 月 25 日	−0.28
Up_{10-8}	10 号	554	—	—	—	—
Up_{11-9}	11 号	554	555.79	1.79	2019 年 4 月 25 日	−0.34
Up_{12-10}	12 号	561	572.66	11.66	2019 年 4 月 25 日	−0.06
Up_{13-11}	13 号	566	570.37	4.37	2019 年 4 月 25 日	−0.10
Up_{14-12}	14 号	571	579.63	8.63	2019 年 4 月 25 日	0.06

续表

测点编号	所在坝段	安装高程（m）	当前扬压水位（m）	水头（m）	对应时间	对应的扬压力折减系数
$Up_{15\text{-}13}$	15 号	576	578.09	2.09	2019 年 4 月 25 日	0.02
$Up_{16\text{-}14}$	16 号	583	584.22	1.22	2019 年 4 月 25 日	0.00
$Up_{17\text{-}15}$	17 号	592	597.32	5.32	2019 年 4 月 25 日	0.10
$Up_{18\text{-}16}$	18 号	601.5	605.85	4.35	2019 年 4 月 25 日	0.10

2. 横向扬压力分布情况

横向扬压力特征值统计见表 4-19。从监测成果来看：

（1）6 号和 9 号坝段横向扬压力普遍较小，大部分水头在 1m 以下，最大水头为 7.81m。

（2）13 号坝段下游侧 $Pj_{3\text{-}4}$ 测点扬压水头最高为 19.94m（扬压水位 584.94m），与库水位相关性不明显，应主要与水垫塘水位有关。

表 4-19　　　　横向扬压力特征值统计表

测点编号	埋设高程（m）	目前扬压力水位（m）	水头（m）	对应时间
$Pj_{1\text{-}1}$	562	562.80	0.80	2019 年 4 月 25 日
$Pj_{1\text{-}2}$	562	562.47	0.47	2019 年 4 月 25 日
$Pj_{1\text{-}3}$	562	562.68	0.68	2018 年 6 月 10 日
$Pj_{1\text{-}4}$	562	569.81	7.81	2019 年 4 月 25 日
$Pj_{2\text{-}1}$	554	554.59	0.59	2019 年 4 月 25 日
$Pj_{2\text{-}3}$	554	554.19	0.19	2019 年 4 月 25 日
$Pj_{2\text{-}4}$	554	554.19	0.19	2019 年 4 月 25 日
$Pj_{3\text{-}1}$	566	—	—	—
$Pj_{3\text{-}2}$	566	567.75	1.75	2019 年 4 月 25 日
$Pj_{3\text{-}3}$	566	567.11	1.11	2019 年 4 月 25 日
$Pj_{3\text{-}4}$	566	584.94	18.94	2019 年 4 月 25 日

（二）坝体渗压

为监测拱坝坝体防渗效果，在 6、9、13 号坝段坝体混凝土中共埋设了 40 支渗压计，用来监测混凝土渗透压力，从而评价混凝土的施工质量和防渗效果。从监测成果来看，坝体内大部分渗压计处于无压状态，但也存在个别渗压计出现水头较大的情况（出现部位：6 号坝段 625m 高程 $P_{1\text{-}9}$，9 号坝段 581m 高程、601m 高程、625m 高程，13 号坝段 581m 高程，过程线见图 4-18～图 4-20），具体情况分析如下：

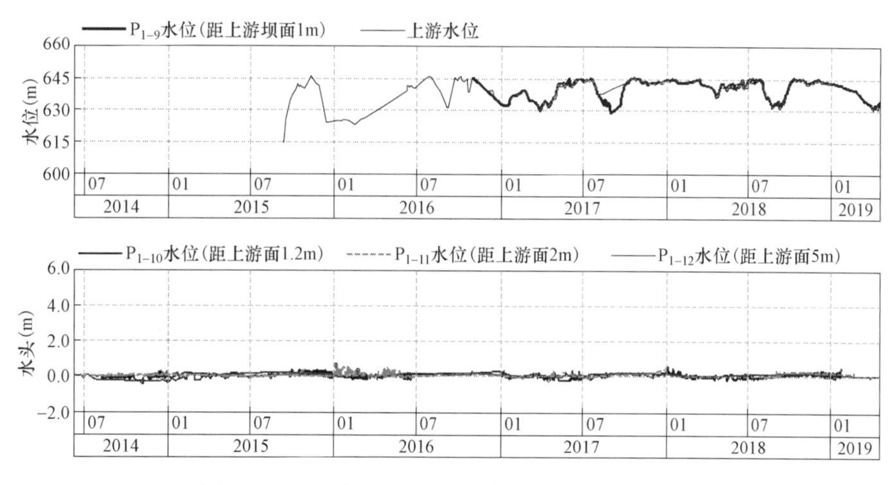

图 4-18　6 号坝段 625m 高程渗压计过程线

1. 6 号坝段

6 号坝段 625m 高程的 4 支渗压计（$P_{1\text{-}9}$～$P_{1\text{-}12}$）距离上游坝面的距离依次是 1m、1.2m、2m、5m，$P_{1\text{-}9}$ 在 2015 年 9 月 14 日之前一直处于无压状态，当上游水位到达 625m 高程时，$P_{1\text{-}9}$ 的水位也随之上涨，此后 $P_{1\text{-}9}$ 的水位和上游水位几乎保持一致，说明此处存在顺畅的渗漏通道，且该渗漏通道在蓄水位到达该高程之前就已存在。

同一高程其他 3 支渗压计一直处于无压状态，说明渗漏通道止于 $P_{1\text{-}9}$ 埋设位置附近。

2. 9 号坝段

（1）9 号坝段 581m 高程的 4 支渗压计，$P_{2\text{-}5}$～$P_{2\text{-}8}$ 距离上游坝面的距离依次是 1m、1.2m、2m、5m，在 2015 年 8 月 15 日之前基本处于无压状态，之后当上游库水位进一步上涨时，$P_{2\text{-}5}$ 和 $P_{2\text{-}6}$ 开始出现水头，最高渗透水位出现在 2016 年 9 月 5 日，两支渗压计的水位分别是 595.62m 和 596.24m，此时库水位为 630.84m，水位差 35m；此后这两处渗透水位有所下降，目前在 580m 左右。

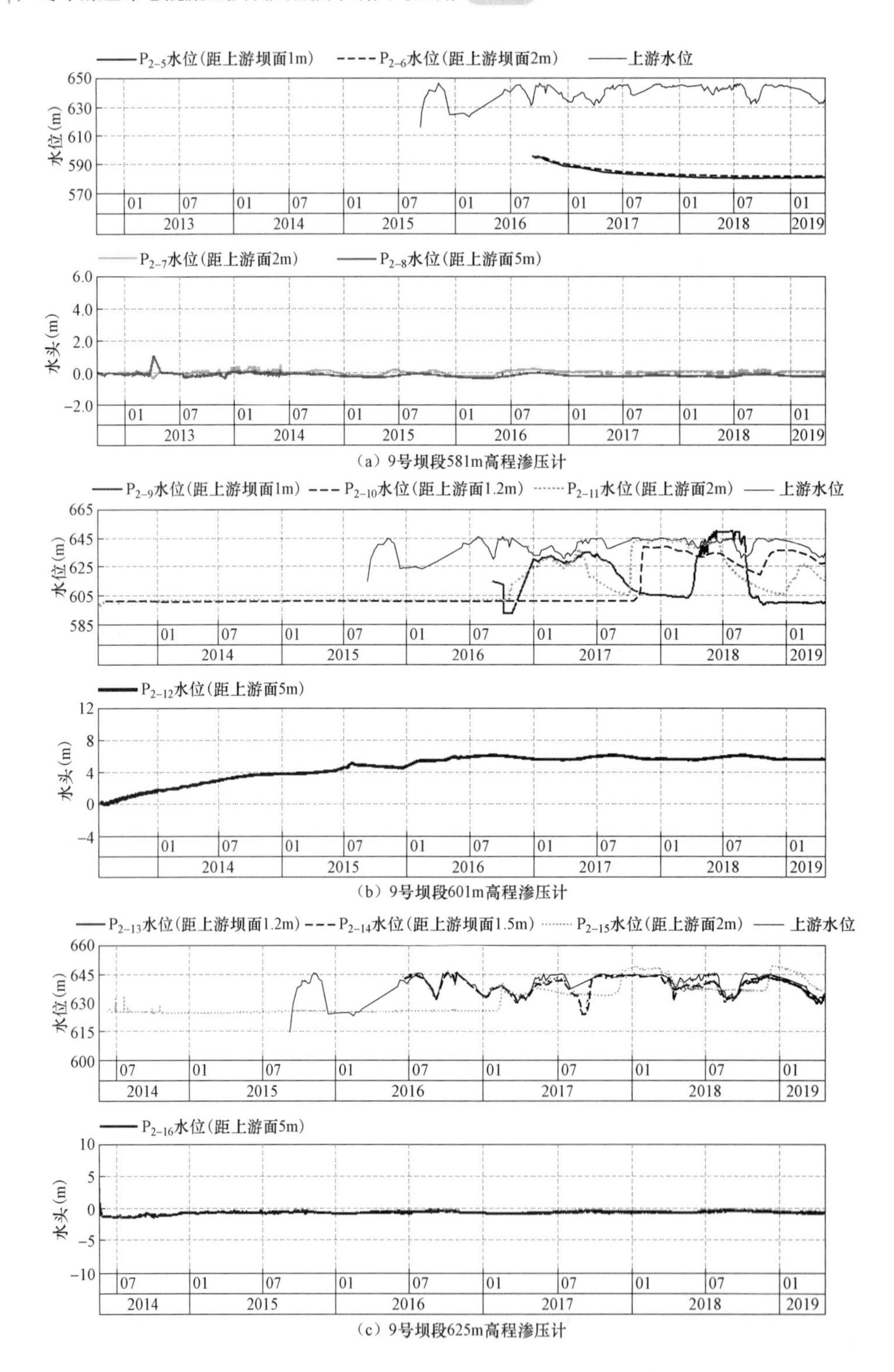

(a) 9号坝段581m高程渗压计

(b) 9号坝段601m高程渗压计

(c) 9号坝段625m高程渗压计

图 4-19 9 号坝段 581m、601m、625m 高程渗压计过程线

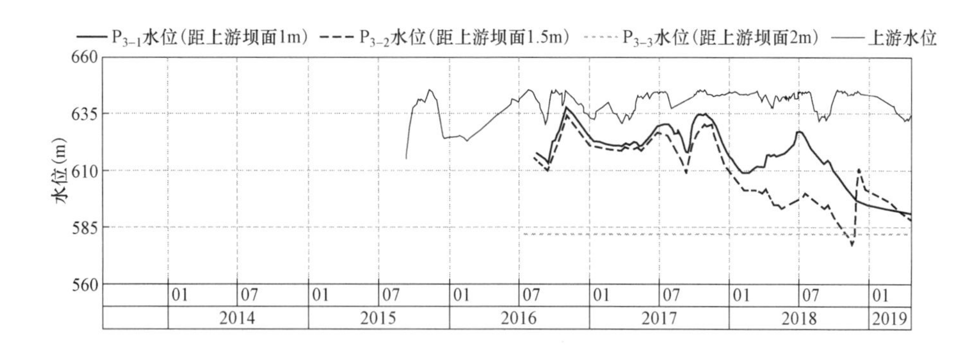

图 4-20　13 号坝段 581m 高程渗压计过程线

从这两支渗压计的变化过程来看，渗漏通道存在的原因可能是该高程附近出现了竖向或斜竖向的裂缝，在蓄水初期库水沿着裂缝渗漏，而随着库水位的进一步的抬升，受拱的压力作用影响裂缝闭合，从而使得渗透水位降低。

P_{2-7}和P_{2-8}在蓄水期间基本处于无压状态，说明渗漏通道尚未扩展到此处。

（2）9 号坝段 601m 高程的 4 支渗压计（P_{2-9}～P_{2-12}），在 2015 年 10 月 12 日库水位到达 641.60m 之前（水头 40.6m），渗压计基本处于无压状态，2015 年 10 月 12 日之后，P_{2-9} 测点渗透水位逐渐上升，最大接近库水位。P_{2-11} 和 P_{2-12} 测点渗透水位在 2016 年和 2017 年陆续上升至接近库水位，并随库水位波动而变化；P_{2-10} 测点渗压水头相对较小。

从渗压计变化规律来看，其渗漏通道的发展存在一个过程，蓄水初期水头压力较小时，P_{2-9} 测点并未出现变化，说明渗漏通道尚未出现或渗漏通道尚未扩展到此处，之后随着库水位进一步上升，P_{2-9} 测点渗透水位开始增大，P_{2-11} 和 P_{2-12} 测点渗透水位最后受库水影响明显而增大，目前仅该两处水位较高，说明该渗漏通道并不是畅通无阻，渗径也不断发生着变化。

（3）9 号坝段 625m 高程的 4 支渗压计（P_{2-13}～P_{2-16}），在 2015 年 9 月 19 日库水位到达 630.18m 之前（水头 5.18m），渗压计基本处于无压状态，2015 年 9 月 19 日后 P_{2-13} 和 P_{2-14} 测点渗透水位开始增大，并逐渐上升至与库水位持平，并与库水位变化同步，说明该处的渗漏通道较为通畅。2017 年 2 月，P_{2-15} 测点渗压水位也升高至库水位水平，说明渗漏通道逐渐延伸到该部位。P_{2-16} 测点一直处于无压状态，说明渗漏通道尚未扩展到此处。

3. 13号坝段

13号坝段581m高程的4支渗压计（P_{3-1}～P_{3-4}），在2015年11月7日库水位到达644.67m之前（水头63.67m），渗压计基本处于无压状态，2015年11月7日后P_{3-1}、P_{3-2}的渗透水位开始增大，至2016年11月1日渗透水位达到最大，分别为637.89m、635.11m。

13号坝段581m高程渗漏通道的发展存在一个过程，蓄水至644.67m时（水头63.67m），渗压计测点才开始出现水头，可能有以下原因：①前期未出现渗漏通道，在高水头的作用下坝体出现裂缝形成渗漏通道；②前期渗漏通道可能已存在，但尚未扩展到渗压计埋设位置（或由于坝体重力作用，渗漏通道处于紧闭状态），而在库水位较高时，在高水头的作用下渗漏通道扩展。

P_{3-1}、P_{3-2}测点出现渗压水头后，其渗透水位并未完全和上游水位一致，说明渗透通道并不是完全畅通的，仍存在一定的阻渗作用。

P_{3-1}、P_{3-2}、P_{3-3}均存在渗压水头，说明渗漏通道已扩展到P_{3-3}（距上游面2m）测点附近，而P_{3-4}（距上游面5m）处于无压状态，说明渗漏通道尚未扩展此处。

（三）绕坝渗流

在575m、605m、649m高程左右岸灌浆平洞内布置了23个测压孔来观测绕坝渗流情况。蓄水期绕坝渗流特征值统计见表4-20，从监测成果来看，大部分绕渗水位不高，最高水位为615.39m，发生在605m高程右岸灌浆平洞UPR_17测点。

表4-20　绕坝渗流测点特征值统计表

测点编号	位置	高程（m）	水头（m）	绕渗水位（m）	最大水头时间
UPR_4	605m高程左岸灌浆平洞	602	1.35	603.35	2018年1月28日
UPR_5		602	0.76	602.76	2019年1月30日
UPR_6		602	1.34	603.34	2017年10月30日
UPR_7	575m高程左岸灌浆平洞	572	7.07	579.07	2018年7月30日
UPR_8		572	16.04	588.04	2016年10月7日
UPR_9		572	无压	—	—

续表

测点编号	位置	高程（m）	水头（m）	绕渗水位（m）	最大水头时间
UPR_10	575m 高程右岸灌浆平洞	572	1.23	573.23	2015 年 12 月 26 日
UPR_11		572	2.89	579.67	2018 年 7 月 20 日
UPR_12		572	无压	—	—
UPR_13		572	1.59	573.59	2015 年 12 月 11 日
UPR_14		572	9.42	581.42	2016 年 9 月 2 日
UPR_15	605m 高程右岸灌浆平洞	602	5.89	607.89	2015 年 12 月 13 日
UPR_16		602	2.5	604.5	2016 年 8 月 13 日
UPR_17		602	13.39	615.39	2016 年 10 月 29 日
UPR_18		602	2.33	604.33	2015 年 11 月 17 日
UPR_19		602	1.37	603.37	2018 年 1 月 30 日

（四）渗流量

2016 年 7 月底，坝体内量水堰全部安装完毕。坝体内渗流量均汇集到了坝基位置，坝基两台量水堰 WE1 和 WE2 测得的最大渗流量分别为 1.96L/s（右岸坝段 WE1）和 0.90L/s（左岸坝段 WE2），最大总渗流量为 2.29L/s（折合单宽流量 $0.62m^3/d$）。总体来看，大坝渗漏量不大。渗流量与水位对比过程线如图 4-21 所示。

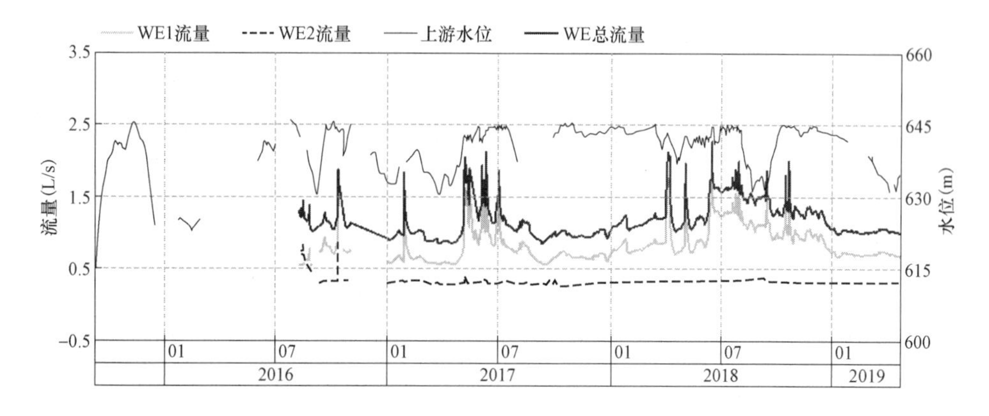

图 4-21　坝基渗流量与上游水位对比过程线

六、大坝左岸高边坡

（一）边坡位移

在大坝左岸 649m 高程平台高边坡 C-C 断面和 E-E 断面的 670m、700m、

720m、740m 高程共布置了 8 组四点式多点位移计，用来长期监测边坡岩体的深层变形。左岸高边坡位移特征值见表 4-21。由监测成果可知：

（1）总体来看，左岸边坡位移不大，位移为–1.91～2.07mm。

（2）左岸边坡位移个别测点随着时间有缓慢增大的趋势，但增长值很小，年增长率不超过 0.5mm，并且已趋缓，典型过程线如图 4-22 所示。

表 4-21　左岸高边坡位移特征值表　单位：mm

测孔编号	位置	测点编号	测点深度	起始时间	最大值	最大值时间	最小值	最小值时间	变幅
M4B1-1	C-C 断面 s670	1 号	孔口	2011 年 4 月 28 日	0.06	2018 年 1 月 29 日	–0.86	2015 年 3 月 24 日	0.93
		2 号	1m		0	2011 年 4 月 30 日	–2.09	2019 年 4 月 20 日	2.09
		3 号	13.2m		0.02	2011 年 6 月 19 日	–1.8	2015 年 3 月 23 日	1.82
		4 号	32m		0.02	2011 年 6 月 15 日	–1.96	2014 年 2 月 17 日	1.98
M4B1-2	C-C 断面 s700	1 号	孔口	2011 年 4 月 28 日	0.49	2018 年 8 月 11 日	0	2011 年 4 月 30 日	0.49
		2 号	6.6m		0.51	2019 年 3 月 31 日	–0.85	2019 年 3 月 25 日	1.37
		3 号	21.8m	2011 年 4 月 28 日	0.52	2018 年 8 月 10 日	–0.56	2018 年 10 月 3 日	1.08
		4 号	36m		0.5	2018 年 9 月 9 日	–0.8	2019 年 4 月 1 日	1.3
M4B1-3	C-C 断面 s720	1 号	孔口	2011 年 4 月 28 日	1	2018 年 1 月 26 日	–0.02	2011 年 7 月 11 日	1.02
		2 号	2.5m		1.04	2019 年 1 月 30 日	–0.08	2011 年 7 月 27 日	1.12
		3 号	24.3m		0.39	2012 年 10 月 5 日	0	2011 年 4 月 30 日	0.39
		4 号	36.8m		0.16	2018 年 7 月 20 日	–0.08	2011 年 7 月 4 日	0.25
M4B1-4	C-C 断面 s740	1 号	孔口	2011 年 4 月 28 日	0.59	2018 年 1 月 26 日	0	2011 年 4 月 30 日	0.59
		2 号	1.5m		0.24	2011 年 5 月 23 日	–0.08	2017 年 3 月 16 日	0.32

续表

测孔编号	位置	测点编号	测点深度	起始时间	最大值	最大值时间	最小值	最小值时间	变幅
M4B1-4	C-C 断面 s740	3 号	17.5m	2011 年 4 月 28 日	0.3	2014 年 1 月 2 日	−0.12	2019 年 4 月 5 日	0.42
		4 号	34.6m		0.26	2014 年 1 月 12 日	−0.12	2019 年 4 月 19 日	0.38
M4B2-1	E-E 断面 s670	1 号	孔口	2011 年 4 月 30 日	2.07	2018 年 2 月 9 日	−0.08	2011 年 6 月 22 日	2.16
		2 号	4.2m		1.59	2016 年 3 月 23 日	−0.1	2011 年 6 月 23 日	1.69
		3 号	17.8m		0.08	2011 年 9 月 24 日	−0.23	2012 年 10 月 27 日	0.31
		4 号	28.8m		0.22	2012 年 8 月 19 日	−0.06	2011 年 7 月 27 日	0.28
M4B2-2	E-E 断面 s700	1 号	孔口	2011 年 4 月 30 日	0.26	2018 年 12 月 22 日	−0.06	2011 年 6 月 23 日	0.33
		2 号	7.5m		0	2011 年 4 月 30 日	−0.69	2012 年 4 月 24 日	0.69
		3 号	12m		0.37	2019 年 4 月 4 日	−0.23	2017 年 3 月 23 日	0.6
		4 号	21.5m		0.04	2011 年 8 月 6 日	−1.96	2019 年 4 月 18 日	2
M4B2-3	E-E 断面 s720	1 号	孔口	2011 年 4 月 30 日	1.08	2018 年 1 月 26 日	−0.61	2011 年 4 月 30 日	1.69
		2 号	6m		0.22	2014 年 12 月 25 日	−0.25	2011 年 4 月 30 日	0.46
		3 号	17.5m		0.52	2017 年 11 月 23 日	−0.47	2011 年 4 月 30 日	0.99
		4 号	25m		0.04	2011 年 8 月 29 日	−1	2017 年 12 月 4 日	1.04
M4B2-4	E-E 断面 s730	1 号	孔口	2011 年 4 月 30 日	0.76	2016 年 4 月 14 日	0	2011 年 4 月 30 日	0.76
		2 号	6.5m		0.35	2015 年 5 月 26 日	0	2011 年 4 月 30 日	0.35
		3 号	19m		0.19	2015 年 6 月 2 日	−0.1	2011 年 8 月 12 日	0.29
		4 号	28.8m		0.23	2014 年 4 月 24 日	−0.14	2011 年 8 月 12 日	0.37

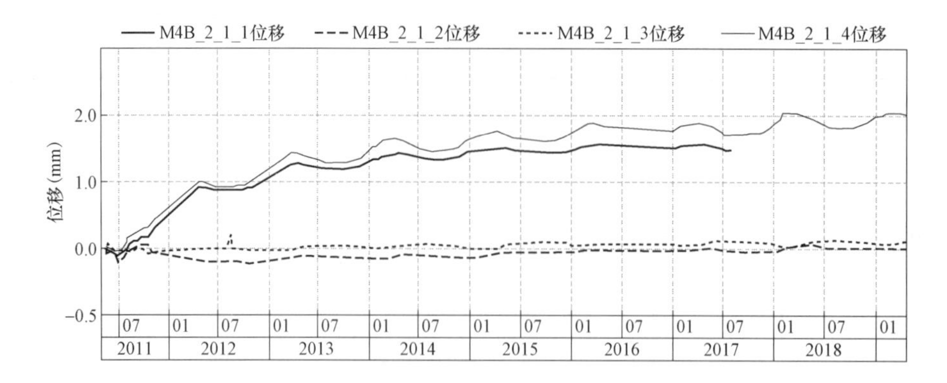

图 4-22　左岸高边坡位移典型变化过程线

（二）锚索应力

在大坝左岸边坡布置了 14 套锚索测力计，其中，1000kN 锚索测力计 6 套，2000kN 锚索测力计 8 套。锚索测力计年度监测成果见表 4-22。

从锚索测力计观测成果可看出，受各方面因素影响（气温、酷热严寒交替、边坡自身应力调整、钢绞线和锚具夹片性能），随时间推移，锚索所受张力都有不同程度地衰减，从表中可以看出，大部分锚索荷载损失率在 10%以内，仅有 RZ4-1、RZ4-3、RZ8-1 测点荷载损失率大于 10%，其中，RZ8-1 测点荷载损失率最大，为 17.7%。这 3 个测点过程线见图 4-23，可以看出，测点荷载损失主要发生在前期，之后荷载损失不大。

表 4-22　　锚索测力计荷载监测数据统计

序号	测点编号	安装高程（m）	设计值（kN）	锁定值（kN）	安装埋设日期	2014 年 6 月（kN）	荷载损失率（%）
1	RZ5-1	716	1000	780	2010 年 9 月 2 日	708	9.2
2	RZ5-2	716	1000	799	2010 年 9 月 2 日	740	7.4
3	RZ5-3	716	1000	897	2010 年 9 月 2 日	839	6.5
4	RZ1-1	680	2000	1041	2010 年 10 月 16 日	1001	3.8
5	RZ1-2	680	1000	889	2010 年 9 月 25 日	853	4.0
6	RZ1-3	680	1000	877	2010 年 9 月 24 日	803	8.4
7	RZ4-1	698	2000	1937	2010 年 10 月 8 日	1690	12.8
8	RZ4-2	698	2000	1948	2010 年 10 月 6 日	1854	4.8
9	RZ4-3	700	2000	1900	2010 年 10 月 5 日	1702	10.4

续表

序号	测点编号	安装高程（m）	设计值（kN）	锁定值（kN）	安装埋设日期	2014年6月（kN）	荷载损失率（%）
10	RZ8-1	692	2000	2091	2010年10月11日	1720	17.7
11	RZ8-2	692	1000	939	2010年10月11日	903	3.8
12	RZ8-3	734	2000	1509	2010年8月12日	1478	2.1
13	RZ10-1	746	2000	1913	2010年10月4日	1776	7.2

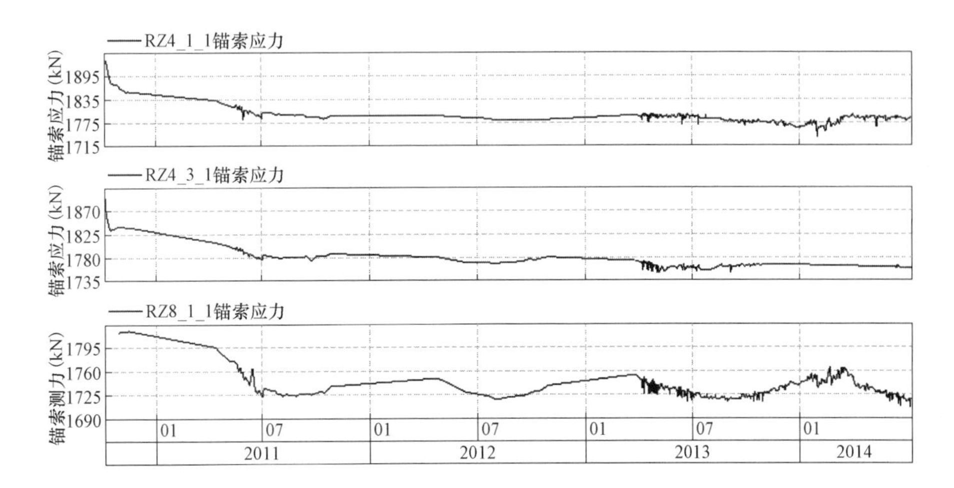

图 4-23　锚索测力计典型测点过程线图

（三）锚杆应力

在边坡 C-C 断面和 E-E 断面的 5 个不同高程部位布置了 10 支锚杆应力计，用以监测边坡系统锚杆的受力情况。锚杆应力计特征值统计见表 4-23。从监测成果可以看出：

表 4-23　　　　　　左岸高边坡锚杆特征值统计表

序号	测点编号	安装高程（m）	安装埋设日期	最大值（MPa）	最大值时间	最小值（MPa）	最小值时间	变幅（MPa）
1	ASB-1	720	2011年5月1日	16.0	2014年2月24日	0.0	2011年4月23日	16.0
2	ASB-2	720	2011年5月1日	34.7	2018年2月26日	−11.6	2014年9月13日	46.3
3	ASB-3	710	2011年5月1日	0.2	2012年8月1日	−5.2	2013年3月26日	5.4

续表

序号	测点编号	安装高程（m）	安装埋设日期	最大值（MPa）	最大值时间	最小值（MPa）	最小值时间	变幅（MPa）
4	ASB-4	710	2011 年 5 月 1 日	54.6	2015 年 4 月 12 日	−47.1	2011 年 8 月 29 日	101.6
5	ASB-5	700	2011 年 5 月 1 日	39.8	2018 年 2 月 3 日	−13.4	2011 年 8 月 29 日	53.2
6	ASB-6	700	2011 年 5 月 1 日	9.4	2019 年 3 月 15 日	−18.5	2014 年 4 月 15 日	27.8
7	ASB-7	692	2011 年 5 月 1 日	34.5	2014 年 2 月 26 日	−61.4	2011 年 8 月 28 日	95.9
8	ASB-8	692	2011 年 5 月 1 日	45.8	2014 年 2 月 21 日	−43.0	2012 年 4 月 24 日	88.8
9	ASB-9	676	2011 年 5 月 1 日	92.0	2018 年 8 月 28 日	−9.7	2012 年 6 月 22 日	101.7
10	ASB-10	670	2011 年 5 月 1 日	28.4	2014 年 2 月 26 日	−80.0	2018 年 9 月 2 日	108.3

（1）左岸锚杆应力计测值和温度存在一定的相关性，温度升高，锚杆应力向压应力变化，温度降低，锚杆应力向拉应力变化。锚杆拉应力最大为 92.0MPa，出现在 ASB-9 测点，锚杆压应力最大为 80.0MPa，出现在 ASB-10 测点，均小于锚杆的屈服强度。

（2）总体来看，左岸边坡锚杆应力不大，测值变化规律性强，无趋势性变化。

七、右岸缆机副塔边坡

（一）边坡位移

大坝右岸缆机副塔高边坡 720m 高程 0+70、0+90 断面分别布置了 1 组多点位移计，用以观测边坡岩体的深层变形。由监测成果可知：

右岸边坡位移普遍较小，最大位移值为 4.0mm，最大位移出现在 M4B-3-1-4 测点处。总体来看，右岸边坡多点位移计位移不大，无明显趋势性变化。

（二）锚杆应力

在 0+70、0+80、0+90 断面不同高程部位共布置了 10 支锚杆测力计，用以监测系统锚杆的受力变化情况。锚杆应力计特征值统计见表 4-24。由监测成果可知：

（1）右岸锚杆应力计测值和温度呈负相关，即：温度升高，锚杆应力向压应力变化；温度降低，锚杆应力向拉应力变化。

（2）锚杆拉应力历史最大值为 52.9MPa，出现在 ASB 右-1 测点，远小于锚杆的屈服强度，其余测点锚杆应力基本在 32MPa 以内。

（3）锚杆应力所受拉（压）应力均较小、应力变化不大，也无趋势性变化，表明仪器所在部位岩体目前处于稳定状态。

表 4-24　　右岸缆机副塔边坡锚杆特征值统计表

序号	测点编号	安装位置	安装埋设日期	最大值（MPa）	最大值时间	最小值（MPa）	最小值时间	变幅（MPa）
1	ASB 右-1	边坡 0+070	2011 年 5 月 7 日	52.9	2018 年 9 月 5 日	−19.7	2018 年 5 月 1 日	72.5
2	ASB 右-2	边坡 0+070	2011 年 5 月 7 日	9.4	2011 年 8 月 20 日	−49.5	2019 年 4 月 20 日	58.9
3	ASB 右-3	边坡 0+070	2011 年 5 月 7 日	18.4	2014 年 2 月 27 日	0.0	2011 年 5 月 10 日	18.4
4	ASB 右-5	边坡 0+080	2011 年 5 月 7 日	30.3	2017 年 4 月 23 日	−3.7	2011 年 10 月 12 日	33.9
5	ASB 右-6	边坡 0+080	2011 年 5 月 7 日	31.6	2014 年 3 月 3 日	−30.4	2011 年 9 月 13 日	62.0
6	ASB 右-7	边坡 0+080	2011 年 5 月 7 日	10.1	2014 年 3 月 11 日	−4.0	2011 年 5 月 7 日	14.1
7	ASB 右-8	边坡 0+090	2011 年 5 月 7 日	3.7	2013 年 3 月 15 日	−18.3	2016 年 10 月 30 日	22
8	ASB 右-9	边坡 0+090	2011 年 5 月 7 日	6.2	2013 年 2 月 24 日	−7.5	2012 年 8 月 21 日	13.7
9	ASB 右-10	边坡 0+090	2011 年 5 月 7 日	12.5	2014 年 3 月 7 日	−9.4	2011 年 9 月 12 日	21.9

第三节　监测成果评价

一、坝体位移监测

从监测结果来看，坝体施工期及蓄水运行后大坝坝体位移最大值出现在拱坝坝顶，坝体上下游位移和库水位呈正相关关系，库水位上升，坝体向下游位移。截至 2019 年 6 月，上、下游方向最大位移不超过 2cm；左、右岸方向最大位移不超过 1.5cm。坝体垂直位移 2017 年后基本稳定，下沉量不超过 1.0cm。坝体位移总体控制良好。

二、坝体温度监测

（1）坝体内部混凝土温度变化一般经历以下 6 个过程：

1）混凝土浇筑后由于水化热作用，温度升高达到最高温度。在冷却水作用下，温度逐渐下降至一定数值（一期通水冷却控制在 15～20d，温度下降速率控制在 1.0℃/d 以内）。

2）一期冷却结束后，混凝土温度在外界气温及上层混凝土温度回灌作用下开始回升，至中期冷却前，又达到一定温度。

3）中期冷却开始后，混凝土温度又开始逐渐下降至一定数值。

4）中期冷却结束后至最终冷却前，坝体混凝土温度受外界气温影响有所波动。

5）在后期冷却阶段，混凝土温度在冷却水作用下（可能经多期冷却）达到封拱温度。

6）混凝土坝封拱灌浆后，坝体混凝土温度受外界气温和水温影响进行周期性变化。

（2）施工期坝体部分测点超过最高温度控制标准，测点超标率约 10%，但超过幅度不大于 5℃，坝体监测到的最高温度为 31.1℃，出现在 6 号坝段的 T_{1-17} 测点。

（3）通水冷却日降温速度除个别部位外，基本满足控制标准；一期冷却日降温速度达标率为 91.7%，中期冷却和后期冷却均满足设计要求。低于 0℃的测点大部分出现在 591m 高程靠下游侧，和气温的相关性较好，估计跟施工越冬时下游局部保温效果不佳有关。

（4）一期灌浆时封拱温度偏高，个别部位超出设计封拱温度。二期灌浆封拱温度较一期明显降低，均满足设计封拱温度要求。

（5）2011 年和 2012 年越冬面温度控制较好，越冬期间测点温度基本在 5℃以上，低于 0℃的测点很少；2013 年越冬面低于 0℃的测点多于前两年，保温效果比前两年略差。越冬面新老混凝土上下层温差均满足设计要求的允许温差，且越冬面布置的测缝计没有张开现象，表明越冬面未开裂。

（6）大坝封拱灌浆后，各层混凝土温度较为均匀，大部分测值在6～10℃之间。

山口混凝土拱坝施工期及运行期温度控制总体良好。

三、坝体应力应变

（1）通过无应力计监测成果分析，混凝土自生体积变形基本表现为收缩变形，6个月龄期的自生体积变形为+20～–116个微应变，平均值约–30个微应变。

（2）3个主监测坝段均有出现拉应力，但6、13号坝段受拉较轻，分布零星，9号坝段受拉较明显，且集中分布在581～601m高程，应力应变最大值在100με左右，未超过混凝土极限拉伸应变。蓄水后这几个坝段的拉应力均有所减小。

（3）拱圈部位大部分处于受压状态，仅17号坝段601m高程上游侧以及607m高程上游侧拉应力较大，其拉应变在100με以内，未超过混凝土极限拉伸应变。

四、横缝变形

灌浆前，横缝的开度随温度的变化呈现负相关关系，即温度降低时横缝开度变大，温度升高时横缝开度减小。封拱灌浆时，可以看出，横缝的开度基本在1.5～2.0mm，封拱灌浆结束后，缝的开度基本在3.0mm左右。灌浆后，横缝的开度不再随温度变化而变化，表明封拱灌浆效果较好。

五、坝体渗压及总渗流量

（1）坝基扬压力监测资料表明：蓄水后运行至2019年6月，坝基扬压力水头较低，坝基防渗效果良好。

（2）从坝体渗压监测来看，在蓄水达到渗压计所在高程后，部分靠近上游坝面的渗压计（上游坝面以内1.2m范围）出现一定水头，而坝体内部渗压计没有任何反应，说明上游坝面局部有裂缝出现，但裂缝深度不大。

（3）从监测资料来看，虽然坝体局部出现裂缝，但总体渗漏量较小。自2016年7月底开始渗流量监测，运行几年以来，渗流量最大值2.29L/s，大部分时间在1.5L/s以下，大坝渗流量总体控制良好。

参考文献

［1］朱伯芳．论拱坝的温度荷载［J］．水力发电，1984（2）：2329．

［2］朱伯芳，厉易生．寒冷地区有保温层拱坝的温度荷载［J］．水利水电技术，2003，34（11）：43-46．

［3］朱伯芳．混凝土拱坝运行期裂缝与永久保温［J］．水力发电，2006，32（8）：21-27．

［4］朱伯芳．从拱坝实际裂缝情况来分析边缘缝和底缝的作用［J］．水力发电学报，1997，（2）：59-66．

［5］肖志乔．拱坝混凝土温度防裂研究［D］．南京：河海大学，2004．

［6］杨弘，奚智勇．高拱坝裂缝成因及防治措施［J］．大坝与安全，2010（4）：1-5．

［7］郝燕云．白山水电站大坝混凝土保温及防裂效果［J］．水力发电，1987（7）：23-29．

［8］宋恩来，孙向红．混凝土重力拱坝出现裂缝的初步分析［J］．东北电力技术，1998（10）：5-8．

［9］涂向阳，奚智勇．二滩高拱坝裂缝监测与控制措施综合分析［J］．人民珠江，2010（6）：66-69．

［10］马洪琪．小湾水电站建设中的几个技术难题［J］．水力发电，2009（9）：7-21．

［11］吕联亚．云南某大型水电站坝体裂缝加固化学灌浆技术［C］//新防水堵漏工程标准宣贯与技术研讨会论文集．2011 年 8 月 26 日，宁夏银川，中国：98-102．

［12］黄淑萍，等．高拱坝裂缝成因关键技术研究［C］//水工大坝混凝土材料与温度控制学术交流会论文集，2009 年 7 月，成都，中国．